U0434890

建筑与市政工程施工现场专业人员职业标准培训教材

材料员岗位知识与专业技能

建筑与市政工程施工现场专业人员职业标准培训教材编审委员会
中国建设教育协会
组织编写
魏鸿汉　主编

中国建筑工业出版社

图书在版编目（CIP）数据

材料员岗位知识与专业技能/建筑与市政工程施工现场专业人员职业标准培训教材编审委员会编写；魏鸿汉主编. —北京：中国建筑工业出版社，2013.4
建筑与市政工程施工现场专业人员职业标准培训教材
ISBN 978-7-112-14848-6

Ⅰ.①材… Ⅱ.①建… ②魏… Ⅲ.①建筑材料-职业标准培训-教材 Ⅳ.①TU5

中国版本图书馆 CIP 数据核字（2012）第 261122 号

本书根据《建筑与市政工程施工现场专业人员职业标准》（JGJ/T 250—2011）及与其配套的考核评价大纲的材料员岗位知识和专业技能两部分要求编写。

本书内容包括材料管理相关的法规和标准；市场的调查与分析；招投标与合同；材料、设备配置的计划；材料、设备的采购；材料的验收与复验；材料的仓储、保管与供应；材料的核算；危险物品及施工余料、废弃物的管理；现场材料的计算机管理等。根据建筑与市政工程专业的不同要求，使用时可选择相关内容进行组合。

本书形式新颖、深度适中、针对性强，培训、实操双适用，既是参加现场施工专业人员职业资格考核培训必备的学习用书，也可供施工项目现场材料管理人员及各类院校相关专业师生参考使用。

责任编辑：朱首明　李　明
责任设计：董建平
责任校对：党　蕾　陈晶晶

建筑与市政工程施工现场专业人员职业标准培训教材
材料员岗位知识与专业技能
建筑与市政工程施工现场专业人员职业标准培训教材编审委员会
中国建设教育协会
组织编写
魏鸿汉　主编
*
中国建筑工业出版社出版、发行（北京西郊百万庄）
各地新华书店、建筑书店经销
北京科地亚盟排版公司制版
北京云浩印刷有限责任公司印刷
*
开本：787×1092 毫米　1/16　印张：15½　字数：380 千字
2013 年 4 月第一版　2016 年 7 月第十次印刷
定价：**40.00** 元
ISBN 978-7-112-14848-6
（22898）

建筑与市政工程施工现场专业人员职业标准培训教材编审委员会

出版说明

建筑与市政工程施工现场专业人员队伍素质是影响工程质量和安全生产的关键因素。我国从20世纪80年代开始，在建设行业开展关键岗位培训考核和持证上岗工作，对于提高建设行业从业人员的素质起到了积极的作用。进入本世纪，在改革行政审批制度和转变政府职能的背景下，建设行业教育主管部门转变行业人才工作思路，积极规划和组织职业标准的研发。在住房和城乡建设部人事司的主持下，由中国建设教育协会、苏州二建建筑集团有限公司等单位主编了建设行业的第一部职业标准——《建筑与市政工程施工现场专业人员职业标准》，已由住房和城乡建设部发布，作为行业标准于2012年1月1日起实施。为推动该标准的贯彻落实，进一步编写了配套的14个考核评价大纲。

该职业标准及考核评价大纲有以下特点：(1) 系统分析各类建筑施工企业现场专业人员岗位设置情况，总结归纳了8个岗位专业人员核心工作职责，这些职业分类和岗位职责具有普遍性、通用性。(2) 突出职业能力本位原则，工作岗位职责与专业技能相互对应，通过技能训练能够提高专业人员的岗位履职能力。(3) 注重专业知识的完整性、系统性，基本覆盖各岗位专业人员的知识要求，通用知识具有各岗位的一致性，基础知识、岗位知识能够体现本岗位的知识结构要求。(4) 适应行业发展和行业管理的现实需要，岗位设置、专业技能和专业知识要求具有一定的前瞻性、引导性，能够满足专业人员提高综合素质和适应岗位变化的需要。

为落实职业标准，规范建设行业现场专业人员岗位培训工作，我们依据与职业标准相配套的考核评价大纲，组织编写了《建筑与市政工程施工现场专业人员职业标准培训教材》。

本套教材覆盖《建筑与市政工程施工现场专业人员职业标准》涉及的施工员、质量员、安全员、标准员、材料员、机械员、劳务员、资料员8个岗位14个考核评价大纲。每个岗位、专业，根据其职业工作的需要，注意精选教学内容、优化知识结构、突出能力要求，对知识、技能经过合理归纳，编写为《通用与基础知识》和《岗位知识与专业技能》两本，供培训配套使用。本套教材共29本，作者基本都参与了《建筑与市政工程施工现场专业人员职业标准》的编写，使本套教材的内容能充分体现《建筑与市政工程施工现场专业人员职业标准》，促进现场专业人员专业学习和能力提高的要求。

作为行业现场专业人员第一个职业标准贯彻实施的配套教材，我们的编写工作难免存在不足，因此，我们恳请使用本套教材的培训机构、教师和广大学员多提宝贵意见，以便进一步的修订，使其不断完善。

建筑与市政工程施工现场专业人员职业标准培训教材编审委员会

前　　言

本书根据《建筑与市政工程施工现场专业人员职业标准》(JGJ/T 250—2011) 及与其配套的考核评价大纲的材料员岗位知识和专业技能两部分要求编写。

本书采取岗位知识和专业技能合一组合内容的编写方法，专业技能的内容主要在相关章节和各章节后“示例、实务与案例”中以实务、示例或案例的形式呈示。

本书的内容包括材料管理相关的法规和标准；市场的调查与分析；招投标与合同；材料、设备配置的计划；材料、设备的采购；材料的验收与复验；材料的仓储、保管与供应；材料的核算；危险物品及施工余料、废弃物的管理；现场材料的计算机管理等。根据建筑与市政工程专业的不同要求，具体使用中可选择相关内容进行组合。

本书以建筑与市政工程施工项目现场材料管理为主线，同时提供了较充分的示例、实务、案例以及现场管理所必需的常用材料的技术信息，本书除培训使用外，还可作为一本便捷实用的现场材料管理的工作手册。力图使本书达到形式新颖，深度适中，针对性强，培训、实操双适用的建设目标。

参加本书编写的有中国建设教育协会专家委员会魏鸿汉、包头铁道职业技术学院闫宏生、常州大学王伯林、天津建工集团三建建筑工程有限公司高国强、徐州建筑职业技术学院林丽娟、四川建筑职业技术学院杨魁、内蒙古建筑职业技术学院李晓芳、广东建设职业技术学院肖利才。本书由魏鸿汉教授任主编，由北京建工集团原总工程师艾永祥和天津建材业协会副秘书长薛国威高级工程师担任主审。

天津建设教育培训中心、天津建工集团三建建筑工程有限公司、中建三局建设工程股份有限公司（北京）物资部、中建六局北方公司等单位对编写工作提供了积极支持。本书在编写中引用最新的国家技术标准，同时也参考一定的相关资料，在此谨向有关作者致以衷心感谢。

同时感谢住房和城乡建设部人事司、中国建设教育协会、中国建筑工业出版社对编写、出版工作给予的指导和支持。

推行施工现场专业人员职业标准和考核评价机制，对加强建设工程项目管理、提高施工现场专业人员素质、规范施工管理行为、保证施工项目的质量和安全具有重要的意义，同时也必将推进各施工企业和一线的技术管理人员在实践中的管理创新。诚挚希望本书的读者和各地培训单位在使用中提出宝贵意见，以便及时予以修订。

目　　录

一、材料管理相关的法规和标准

（一）材料管理的相关法规

1. 规范工程项目材料管理的有关规定

（1）建筑法

1）第二十五条

按照合同约定，建筑材料、建筑构配件和设备由工程承包单位采购的，发包单位不得指定承包单位购入用于工程的建筑材料、建筑构配件和设备或者指定生产厂、供应商。

2）第三十四条

工程监理单位应当在其资质等级许可的监理范围内，承担工程监理业务。

工程监理单位应当根据建设单位的委托，客观、公正地执行监理任务。

工程监理单位与被监理工程的承包单位以及建筑材料、建筑构配件和设备供应单位不得有隶属关系或者其他利害关系。

工程监理单位不得转让工程监理业务。

3）第五十七条

建筑设计单位对设计文件选用的建筑材料、建筑构配件和设备，不得指定生产厂、供应商。

（2）建筑工程质量管理条例

1）第八条

建设单位应当依法对工程建设项目的勘察、设计、施工、监理以及与工程建设有关的重要设备、材料等的采购进行招标。

2）第三十五条

工程监理单位与被监理工程的施工承包单位以及建筑材料、建筑构配件和设备供应单位有隶属关系或者其他利害关系的，不得承担该项建设工程的监理业务。

3）第五十一条

供水、供电、供气、公安消防等部门或者单位不得明示或者暗示建设单位、施工单位购买其指定的生产供应单位的建筑材料、建筑构配件和设备。

2. 确保材料质量的有关规定

（1）建筑法

1）第五十六条

建筑工程的勘察、设计单位必须对其勘察、设计的质量负责。勘察、设计文件应当符合有关法律、行政法规的规定和建筑工程质量、安全标准、建筑工程勘察、设计技术规范以及合同的约定。设计文件选用的建筑材料、建筑构配件和设备，应当注明其规格、型号、性能等技术指标，其质量要求必须符合国家规定的标准。

2）第五十九条

建筑施工企业必须按照工程设计要求、施工技术标准和合同的约定，对建筑材料、建筑构配件和设备进行检验，不合格的不得使用。

（2）产品质量法

1）第二十七条

产品或者其包装上的标识必须真实，并符合下列要求：

① 有产品质量检验合格证明；

② 有中文标明的产品名称、生产厂厂名和厂址；

③ 根据产品的特点和使用要求，需要标明产品规格、等级、所含主要成分的名称和含量的，用中文相应予以标明。需要事先让消费者知晓的，应当在外包装上标明，或者预先向消费者提供有关资料；

④ 限期使用的产品，应当在显著位置清晰地标明生产日期和安全使用期或者失效日期；

⑤ 使用不当，容易造成产品本身损坏或者可能危及人身、财产安全的产品，应当有警示标志或者中文警示说明。裸装的食品和其他根据产品的特点难以附加标识的裸装产品，可以不附加产品标识。

2）第二十九条

生产者不得生产国家明令淘汰的产品。

3）第三十三条

销售者应当建立并执行进货检查验收制度，验明产品合格证明和其他标识。

4）第三十四条

销售者应当采取措施，保持销售产品的质量。

5）第三十五条

销售者不得销售国家明令淘汰并停止销售的产品和失效、变质的产品。

（3）建筑工程质量管理条例

1）第十四条

按照合同约定，由建设单位采购建筑材料、建筑构配件和设备的，建设单位应当保证建筑材料、建筑构配件和设备符合设计文件和合同要求。

2）第二十二条

设计单位在设计文件中选用的建筑材料、建筑构配件和设备，应当注明规格、型号、性能等技术指标，其质量要求必须符合国家规定的标准。

除有特殊要求的建筑材料、专用设备、工艺生产线等外，设计单位不得指定生产厂、供应商。

3）第二十九条

施工单位必须按照工程设计要求、施工技术标准和合同约定，对建筑材料、建筑构配件、设备和商品混凝土进行检验，检验应当有书面记录和专人签字；未经检验或者检验不合格的，不得使用。

4）第三十一条

施工人员对涉及结构安全的试块、试件以及有关材料，应当在建设单位或者工程监理单位监督下现场取样，并送具有相应资质等级的质量检测单位进行检测。

5）第三十七条

工程监理单位应当选派具备相应资格的总监理工程师和监理工程师进驻施工现场。未经监理工程师签字，建筑材料、建筑构配件和设备不得在工程上使用或者安装，施工单位不得进行下一道工序的施工。未经总监理工程师签字，建设单位不拨付工程款，不进行竣工验收。

（4）实施工程建设强制性标准监管规定

1）第二条

在中华人民共和国境内从事新建、扩建、改建等工程建设活动，必须执行工程建设强制性标准。

2）第三条

本规定所称工程建设强制性标准是指直接涉及工程质量、安全、卫生及环境保护等方面的工程建设标准强制性条文。

国家工程建设标准强制性条文由国务院建设行政主管部门会同国务院有关行政主管部门确定。

3）第五条

工程建设中拟采用的新技术、新工艺、新材料，不符合现行强制性标准规定的，应当由拟采用单位提请建设单位组织专题技术论证，报批准标准的建设行政主管部门或者国务院有关主管部门审定。

工程建设中采用国际标准或者国外标准，现行强制性标准未作规定的，建设单位应当向国务院建设行政主管部门或者国务院有关行政主管部门备案。

4）第十条

强制性标准监督检查的内容包括：

① 有关工程技术人员是否熟悉、掌握强制性标准；

② 工程项目的规划、勘察、设计、施工、验收等是否符合强制性标准的规定；

③ 工程项目采用的材料、设备是否符合强制性标准的规定；

④ 工程项目的安全、质量是否符合强制性标准的规定；

⑤ 工程中采用的导则、指南、手册、计算机软件的内容是否符合强制性标准的规定。

5）第十六条

建设单位有下列行为之一的，责令改正，并处以20万元以上50万元以下的罚款：

① 明示或者暗示施工单位使用不合格的建筑材料、建筑构配件和设备的；

② 明示或者暗示设计单位或者施工单位违反工程建设强制性标准，降低工程质量的。

（二）材料的技术标准

标准一词广义上讲是指对重复事物和概念所作的统一规定，它以科学、技术和实践的综合成果为基础，经有关方面协商一致，由主管部门批准发布，作为共同遵守的准则和依据。

与工程项目材料的生产和选用有关的标准主要有产品标准和工程建设标准两类。产品标准是为保证建筑材料产品的适用性，对产品必须达到的某些或全部要求所制定的标准，其中包括：品种、规格、技术性能、试验方法、检验规则、包装、储藏、运输等内容。工程建设标准是对工程建设中的勘察、规划、设计、施工、安装、验收等需要协调统一的事项所制定的标准，其中结构设计规范、施工质量验收规范中也有与建筑材料的选用相关的内容。

现场材料验收和复验主要依据的是国内标准。它分为国家标准、行业标准两类。国家标准由各行业主管部门和国家质量监督检验防疫总局联合发布，作为国家级的标准，各有关行业都必须执行。国家标准代号由标准名称、标准发布机构的组织代号、标准号和标准颁布时间四部分组成。如《混凝土强度检验评定标准》（GB/T 50107—2010）为国家推荐标准（“T”代表“推荐”），标准名称为“混凝土强度检验评定标准”、标准发布机构的组织代号为GB（国家标准）、标准号为50107、颁布时间为2010年。行业标准由各行业主管部门批准，在特定行业内执行，其分为建筑材料（JC）、建筑工程（JGJ）、石化工业（SH）、冶金工业（YB）等，其标准代号组成与国家标准相同。除此两类，国内各地方和企业还有地方标准和企业标准供使用。

我国加入WTO后，采用和参考国际通用标准和先进标准是加快我国建筑材料工业与世界步伐接轨的重要措施，对促进工程材料工业的科技进步，提高产品质量和标准化水平，扩大工程材料的对外贸易有着重要作用。

常用的国际标准有以下几类：

美国材料与试验协会标准（ASTM）等，属于国际团体和公司标准。

联邦德国工业标准（DIN）、欧洲标准（EN）等，属区域性国家标准。

国际标准化组织标准（ISO）等，属于国际性标准化组织的标准。

实务、示例与案例

[实务]　　规范标准的版本更新情况的查阅

在此实务中将应用网络进行工程材料国内技术标准版本的查阅，掌握相应的渠道和方法，能准确找到被查阅规范标准的版本更新情况，并能够保存有用的信息。

步骤1：请选取教材中提供的3～4个国家标准的名称、标准号，进入当地（省级）质量技术主管部门（如天津质量技术监督信息研究所 http：//www.tjtsi.ac.cn/wenxian/w_index.asp）网站的相应查询模块，输入标准号并选择标准级别，即可获取所查寻规范标准的版本信息，以便进一步查询。版本查询一般免费。

步骤2：应用步骤1所获得的版本信息，进一步查阅全文。查阅全文可直接将已获取的版本信息［如《混凝土强度检验评定标准》（GB/T 50107—2010）］输入搜索门户网站，选择有下载或阅读功能的网站即可查询全文。

可将查询结果填入以下列表备用。

待查询标准代号	查询网站	版本相符性	查询结论

二、市场的调查与分析

（一）市场的相关概念

1. 市场和建筑市场

（1）市场

“市场”的原始定义是指“商品交换的场所”，但随着商品交换的发展，市场突破了村镇、城市、国家，最终实现了世界贸易乃至网上交易，因而市场的广义定义是“商品交换关系的总和”。

一般说，市场是由市场主体、市场客体、市场规则、市场价格和市场机制构成的。市场有不同的分类方法，如根据市场交易场所的实体性，市场可分为有形市场和无形市场，根据供货的时限特征，市场又可分为现货市场和期货市场等。

（2）建筑市场

1）建筑市场的概念

建筑市场是建筑活动中各种交易关系的总和。这是一种广义市场的概念，既包括有形市场，如建设工程交易中心，又包括无形市场，如在交易中心之外的各种交易活动及各种关系的处理。建筑市场是一种产出市场，它是国民经济市场体系中的一个子体系。

所谓建筑活动，按《中华人民共和国建筑法》的规定，是指各类房屋建筑及其附属设施的建造和与其配套的线路、管道、设备的安装活动。

所谓交易关系，包括供求关系、竞争关系、协作关系、经济关系、服务关系、监督关系、法律关系等。

2）建筑产品的特点

在商品经济条件下，建筑企业生产的产品大多是为了交换而生产的，建筑产品是一种商品，但它是一种特殊的商品，它与其他商品不同的特点主要体现在以下几方面：

① 建筑产品的固定性及生产过程的流动性；

② 建筑产品的个体性和其生产的单件性；

③ 建筑产品的投资额大，生产周期和使用周期长，而且建筑产品工程量巨大，消耗大量的人力、物力。在较长时期内，投资可能受到物价涨落、国内国际经济形势的影响，因而投资管理非常重要；

④ 建筑产品的整体性和施工生产的专业性；

⑤ 产品交易的长期性，决定了风险高、纠纷多，应有严格的合同制度；

⑥ 产品生产的不可逆性。

2. 建筑市场的特点与构成

（1）建筑市场的特点

建筑市场的特点主要体现在以下三方面：

1）建筑产品交易一般分三次进行。

即可行性研究报告阶段，业主与咨询单位之间的交易；勘察设计阶段，业主与勘察设计单位之间的交易；施工阶段，业主与施工单位之间的交易。

2）建筑产品价格是在招投标竞争中形成的。

3）建筑市场受经济形势与经济政策影响大。

故政府在以下四方面对建筑市场进行管理，即：

1）制定建筑法律、法规、规范和标准；

2）安全和质量管理；

3）对业主、承包商、勘察设计和咨询监理等机构进行资质管理；

4）发展国际合作和开拓国际市场等。

（2）建筑市场的构成

建筑市场的构成主要包括主体、客体及建设工程交易中心。

1）建筑市场的主体

建筑市场的主体指参与建筑市场交易活动的主要各方，即业主、承包商和工程咨询服务机构、物资供应机构和银行等。

① 业主

指具有进行某个工程项目的需求，拥有相应的建设资金，办妥项目建设的各种准建手续，承担在建筑市场上发包项目建设的咨询、设计、施工任务，以建成该项目达到其经营使用目的的政府部门、企事业单位和个人。

② 承包商

指有一定生产能力、机械装备、技术专长、流动资金，具有承包工程建设任务的营业资质，在工程市场中能按业主方的要求，提供不同形态的建筑产品，并最终得到相应工程价款的建筑施工企业。

上述各类型的业主，只有在其从事工程项目的建设全过程中才成为建筑市场的主体，但承包商在其整个经营期间都是建筑市场的主体，因此，一般只对承包商进行从业资格管理。

承包商可按生产的主要形式、专业和承包方式进行分类。

③ 中介服务组织

指具有相应的专业服务能力，在建筑市场上受承包方、发包方或政府管理机构的委托，对工程建设进行估算测量、咨询代理、建设等高智能服务，并取得服务费用的咨询服务机构和其他建设专业中介服务机构。

从市场中介服务组织所承担的职能和发挥的作用看，中介组织可分为以下五类：

A. 协调和约束市场主体行为的自律性组织；

B. 为保证公平交易、公平竞争的公证机构；

C. 为监督市场活动、维护市场正常秩序的检查认证机构；

D. 为保证社会公平，建立公正的市场竞争秩序的各种公益机构；

E. 为促进市场发育、降低交易成本和提高效益服务的各种咨询、代理机构，即工程咨询服务机构。

建筑市场的各主体（业主、承包商、各类中介组织）之间的合同关系可由图 2-1 表示。

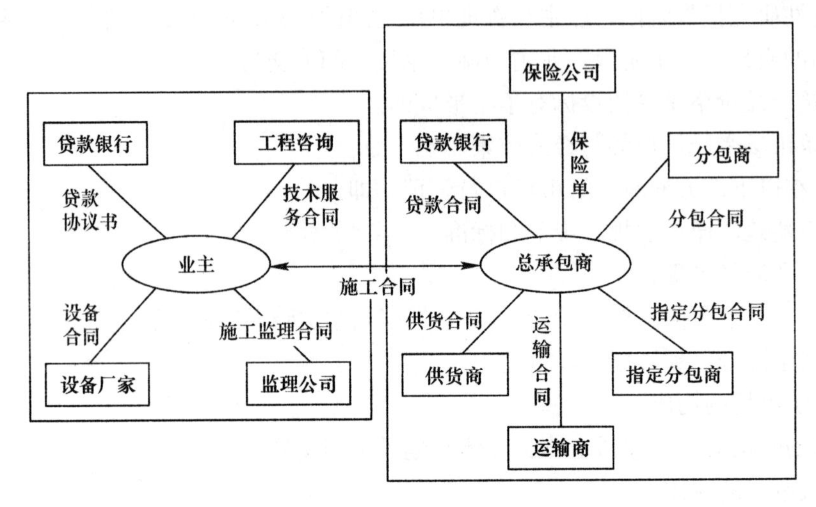

图 2-1 建筑市场的各主体之间的合同关系

2）建筑市场的客体

建筑市场的客体指建筑市场的交易对象，即建筑产品，既包括有形的产品，如建筑工程、建筑材料和设备、建筑机械、建筑劳务等，也包括无形的产品，如各种咨询、监理等智力型服务。

3）建设工程交易中心

建设工程交易中心是经政府主管部门批准，为建设工程交易提供服务的有形建筑市场。实践证明，设立有形建筑市场是我国建设工程领域的一项有益尝试，从源头上预防工程建设领域腐败行为，具有重要作用。

交易中心是由建设工程招投标管理部门或政府建设行政主管部门授权的其他机构建立的、自收自支的非盈利性事业法人，它根据政府建设行政主管部门委托实施对市场主体的服务、监督和管理。

根据我国有关规定，所有建设项目的报建、招标信息发布、合同签订、施工许可证的申领、招标投标、合同签订等活动均应在建设工程交易中心进行，并接受政府有关部门的监督。其应具有：集中办公功能、信息服务功能、为承发包交易活动提供场所及相关服务三大功能。

根据建设部《建设工程交易中心管理办法》规定，中心要为政府有关部门提供办理有关手续和依法监督招标投标活动的场所，还应设有信息发布厅、开标室、洽谈室、会议室、商务中心和有关设施。

我国有关法规规定，建设工程交易中心必须经政府建设主管部门认可后才能设立，而且每个城市一般只能设立一个中心，特大城市可增设若干个分中心，但三项基本功能必须健全。

4）建筑市场的资质管理

我国《建筑法》规定，对从事建筑工程的勘察设计单位、施工单位和工程咨询监理单位实行资质管理。资质管理是指对从事建设工程的单位和专业技术人员进行从业资格审查，以保证建设工程质量和安全。

① 从业单位的资质管理

A. 勘察设计单位资质管理

我国工程勘察专业分为工程地质勘察、岩土工程、水文地质勘察和工程测量4个专业。工程设计分为建筑工程、市政工程、建材、电力等共28个专业。

工程勘察设计单位参加建设工程招投标时，所投标工程必须在其勘察设计资质证书规定的营业范围内。

B. 施工企业（承包商）的资质等级管理

我国施工企业可分为建筑、设备安装（共三级）、机械施工（共三级）、市政工程建设施工（共四级）和建筑装饰施工（共三级）五类。

我国建筑法明确规定，承包商资质评定的基本条件为注册资本、专业技术人员的人数和水平、技术装备和工程业绩四项内容。

C. 咨询、监理单位资质管理

建设工程咨询与监理在我国起步已20多年。全国中等以上的建设工程已完全实行监理制。监理单位的资质分为甲级、乙级和丙级。其业务范围为：甲级监理单位可以跨地区、跨部门监理一、二、三等的工程；乙级监理单位只能监理本地区、本部门二、三等的工程；丙级监理单位只能监理本地区、本部门三等的工程。

建设工程咨询公司的业务范围主要包括为建设单位服务和为施工企业服务两个方面。其中为施工企业服务的内容包括有：协助施工企业制定投标报价方案，进行有关投标的工作；中标后协助承包商与业主、分包商和材料供应商签订合同；施工期间处理各种索赔等事项；安排各阶段验收和工程款结算；进行成本、质量和进度等控制和竣工结算。

② 专业人员资质管理

专业人员是指从事工程项目设计、建造、造价、监理、咨询等工作的专业工程师。他们在建筑市场运作中起着很重要的作用。尽管有完善的建筑法规，但没有专业人员的知识和技能的支持，政府一般难以对建筑市场进行有效的管理。

我国目前已建立了监理工程师、建筑师、结构工程师、造价工程师以及建造师的专业人士资质管理制度。资格注册条件为：大专以上或同等的专业学历，通过相应专业人士的全国统一考试并获得资格证书，具有相应专业实际工程经验。

（二）市场的调查分析

市场的调查分析根据调查主、客体的不同可分为营销市场的调查分析和采购市场的调查分析，前者是指商品提供方（生产厂家或供应商）对消费者或应用厂家进行的需求市场调查分析，而后者是指产品消费者或应用厂家对商品提供方进行的采购市场调查分析，本

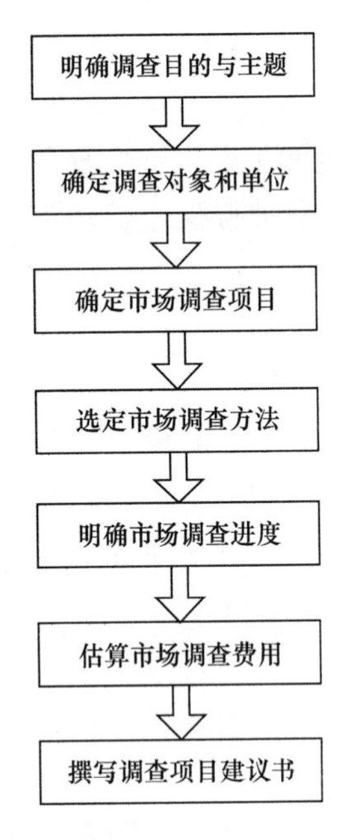

图 2-2 市场调查的组织过程

节所介绍的施工单位对所需设备材料的市场调查即属于后一种，即对采购市场的调查分析。

1. 采购市场调查

采购市场调查是进行需求确定和编制采购计划的基础环节，对于施工企业来说，材料、设备采购市场调查的核心是市场供应状况的调查与分析。市场调查的组织过程如图 2-2 所示。

（1）明确调查的目的与主题

虽然不同企业、不同状态下的采购市场调查目的与主题往往不尽相同，但不外乎是针对企业采购活动的需求确定问题，并据以发现解决问题的途径和方法，通常，以采购为核心的企业市场调查目的与主题主要有以下四个方面：

1）为编制和修订采购计划进行需求确定

旨在进行需求确定的市场调查，是要解决企业“买什么”、“买多少”的计划是否妥当、可能的问题，这往往是与企业总体的市场调查一起进行的。在生产和经营过程中，受市场和供求关系变化的影响，企业生产和销售会出现这样或那样的困难，如销售出现困难，导致产品积压；采购出现困难，导致生产停工待料，从而给采购的需求确定带来变数，需要进行市场调查，为编制和修订采购计划提供资料和依据。

2）供应商之间的关系和市场竞争状况

诸如供应能力、市场垄断地位、竞争程度、合作倾向、价格变化和定价策略等。

3）企业潜在市场和潜在供应商开发

通俗地讲，这一调查主题就是发现谁是未来的主要供应商，以及它们的市场地位和变化走势。

4）规划企业采购与供应战略

由于市场环境的变化，施工企业为了生存与发展，就必须在分析环境变化所带来的机会与威胁，以及挖掘自身优势的基础上，制定一套合乎企业未来发展需要的采购与供应规划。

（2）确定调查对象和调查单位

这主要是为了解决向谁调查和由谁来具体提供资料的问题。在确定调查对象和调查单位时，应该注意以下问题：一是严格规定调查对象的范围，以免造成由于界限不清而发生差错；二是调查单位的确定取决于调查的目的和对象，调查目的和对象变化了，调查单位也要随之变化；三是不同的调查方式会产生不同的调查单位。

（3）确定市场调查项目

调查项目是为了获得统计资料而设立的，它必须依据调查的目标和主题进行设置，这是市场调查策划的基本内容。调查项目必须紧扣调查主题，其具体作业程序是：为达到调查目的，需要收集哪些材料和基本数据；在哪里可以取得数据，以及如何取得数据。

（4）决定市场调查方法

为达到既定的调查目的，必须解决的问题是在何处、由何人、以何种方法进行调查，才能得到必要的资料，这是保证调查目的实现的基本手段。因此，在调查目的和调查项目确定之后，就要研究采用什么方法进行调查，调查方法选择必须考虑以下原则：第一，用什么方法才能获取尽可能多的情况和资料；第二，用什么方法才能如实地获得所需要的情况和资料；第三，用什么方法才能以最低调查费用获得最好的调查效果。

（5）确定市场调查进度

调查进度表示将调查过程每一个阶段需完成的任务作出规定，避免重复劳动、拖延时间。确定调查进度，一方面可以知道和把握计划的完成进度，另一方面可以控制调查成本，以达到用有限的经费获得最佳效果的目的。

市场调查的进度一般可分为如下几个阶段：1）策划、确立调查目标；2）查找文字资料；3）进行实地调查；4）对资料进行汇总、整理、统计、分析；5）市场调查报告初稿完成、征求意见；6）市场调查报告的修改与定稿；7）完成调查报告，提交企业或有关部门。

（6）估算市场调查费用

市场调查费用的估算对于调查的整体方案是必不可少的环节，在估算中要将可能发生的费用考虑周全，如差旅费、住宿费、人员的出差补助等常规费用，对于其他的非常规费用的可能支出也要充分估计，以便领导决策，估算后要填写市场调查费用估算表，根据管理权限履行审批手续。

（7）撰写调查项目建议书

通过对调查项目、方式、资料来源及经费估算等内容的确定，调查人员可按所列项目向企业提出调查项目建议书，对调查程序进行简要的说明，以便对企业提出的调查任务作更具体更详细的说明。因此，调查项目建议书完全是以调查者的角度对调查目标及调查程序所作的说明。但由于调查项目建议书是供企业审阅及参考之用的，所以其中的内容一般都比较简明扼要，以便于企业有关人员阅读和理解，如图 2-3 所列。

调查题目：
调查单位：
调查人员：
调查负责人：
日期：　　年　　月　　日至　　年　　月　　日

1. 问题以及背景材料
2. 调查内容
3. 调查所要达到的目的
4. 调查方式
5. 调查对象
6. 调查地点
7. 经费估算

负责人审批意见　　　　申请人：
财务审批意见　　　　申请日期：　年　月　日

图 2-3　调查项目建议书

2. 采购市场分析

（1）确定市场分析目标

确定市场分析目标就是明确分析预测目的。分析预测目的有一般目的和具体目的之分。一般目的往往比较笼统、抽象，如反映市场变化趋势、市场行情变动、供求变化等；具体目的是进一步明确这次为什么要预测，预测什么具体问题，要达到什么效果。

市场分析具体操作时，往往遇到较抽象的目标，如供货企业经营状况、供应商的变化、未来企业采购绩效等，这就需要把问题转化为可操作的具体问题。如经营状况可分解为销售量、销售率、供给量、合同出现率、价格变动程度等，否则将无法选择重点、舍弃相类似项目。选择重点的方法很多，可以以商品为重点，选择销售量较大的商品，或者供不应求的商品、价值较高的商品、利润较大的商品；可以偏重竞争问题，也可以偏于商品质量问题、企业形象问题、产品更新问题。

（2）收集、分析调查资料

1）搜集资料

市场分析中搜集资料的过程就是调查过程。按照分析预测目的，主要搜集以下两类资料：

① 市场现象的发展过程资料。现象发展具有连贯性特点。现象未来变动趋势和结果，必定受该现象现实情况、历史情况影响。因此要搜集预测对象的历史资料和现实资料。

② 影响市场现象发展的各因素资料。现象发展具有关联性特点。一种现象的变动，往往受许多因素或现象变动的共同影响，因此要搜集与预测对象相联系的、影响较大的各因素资料，同样包括现实资料和历史资料。如预测水泥价格变化，则要搜集主要水泥的产量变化、主要水泥消耗需求等资料。

搜集的预测资料可以选各种文献记录的已有二手资料，也可以直接组织调查，获取第一手资料，搜集的资料必须符合预测目标要求，要真实、全面、系统，不可残缺不全，也不宜过多，搜集的资料要进行有用性的筛查，然后分类整理，使之系统化。

2）分析资料

对调查搜集的资料只有经过综合分析、判断，才能正确判断具体市场现象的运行特点和规律，判断市场环境和企业条件变化与影响程度，然后直接预测市场走向，为采购策略的确定提供坚实依据，预测离不开分析，分析工作的主要内容有以下三点：

① 分析观察期内影响市场诸因素同采购需求的依存关系。

② 分析其的产供销关系，产供销是一个有机的整体，相互依存。采购预测的关键是要分析生产与市场需求的矛盾和流通渠道的变化。生产环节主要分析生产与市场需求的矛盾和供需结构适应程度，以及生产能力的变化，供应主要分析原材料、设备的产量以及消耗使用量的变化。

③ 分析市场整体的采购心理、采购倾向的变化趋势。同类物资市场需求环境的变动、物资营销和促销的程度，以及市场购销观念的转变等，都可能导致采购需求和需求结构的变化。

3. 采购市场的调查分析机制

熟悉分析市场情况是施工项目资源采购准备的重要内容之一，依此可掌握有关项目所需要的物资及服务的市场信息，作为物资采购决策的重要依据。缺乏可靠的市场信息，采购中往往会导致错误的判断，以致采取不恰当的采购方法，或在编制预算时作出错误的估算。良好的市场分析机制应该包括以下三个方面。

(1) 建立重要的物资来源的记录，以便需要时就能随时提出不同的供应商所能供应的材料、设备的规格性能及其可靠性的相关信息。

(2) 建立同一类目物资的价格目录，以便采购者能利用竞争性价格得到好处，比如：商业折扣和其他优惠服务。

(3) 对市场情况进行分析研究，作出预测，使采购者在制定采购计划、决定如何捆包及采取何种采购方式时，能有比较可靠的依据作为参考。

当然，施工企业和项目部不大可能全面掌握所需物资及服务在市场上的供求情况和各供应商的产品性能规格及其价格等信息。这一任务要求施工企业、项目部、业主、采购代理机构通力合作来承担。采购代理机构尤其应该重视市场调查和市场信息。必要时还需要聘用咨询专家来帮助制定采购计划，提供有关信息，直至参与采购的全过程。

三、招投标与合同

（一）建设项目招标与投标

1. 建设项目招标分类

根据不同的分类方式，建设项目招标具有不同的类型。

（1）按建设项目建设程序分类

建设项目建设过程可划分为建设前期阶段、勘察设计阶段和施工阶段，因而按工程项目建设程序招标可分为建设项目开发招标、勘察设计招标和工程施工招标三种类型。

1）项目开发招标

这种招标是业主为选择科学、合理的投资开发建设方案，为进行项目的可行性研究，通过投标竞争寻找满意的咨询单位的招标。投标人一般为工程咨询单位，中标人最终的工作成果是项目的可行性研究报告。中标人须对自己提供的研究成果负责，并得到业主的认可。

2）勘察设计招标

勘察设计招标是指根据批准的可行性研究报告，择优选择勘察设计单位的招标。勘察和设计是两种不同性质的工作，可由勘察单位和设计单位分别完成。勘察单位最终提出包括施工现场的地理位置、地形、地貌、地质、水文等在内的勘察报告。设计单位最终提供设计图纸和成本预算结果，施工图设计可由中标的设计单位承担。

3）工程施工招标

工程施工招标是在建设项目的初步设计或施工图设计完成后，用招标的方式选择施工单位的招标。施工单位最终向业主交付按招标设计文件规定的的建筑产品。

（2）按工程承包的范围分类

1）项目总承包招标

项目总承包招标，即选择项目总承包人招标。这种招标又可分为两种类型：其一是建设项目实施阶段的全过程招标；其二是建设项目建设全过程的招标。前者是在设计任务书完成后，从项目勘察、设计到交付使用进行一次性招标；后者则是从项目的可行性研究到交付使用进行一次性招标，业主只需提供项目投资和使用要求及竣工、交付使用期限，其可行性研究、勘察设计、材料和设备采购、施工安装、生产准备和试运行、交付使用，均由一个总承包商负责承包，即所谓“交钥匙工程”。

2）专项工程承包招标

专项工程承包招标指在工程承包招标中，对其中某项比较复杂或专业性强、施工和制作要求特殊的单项工程进行单独招标。

（3）按行业类别分类

按行业类别分类，即按与工程建设相关的业务性质分类的方式，按不同的业务性质，可分为工程招标、勘察设计招标、材料设备采购招标、安装工程招标、生产工艺技术转让招标、咨询服务（工程咨询）招标等。

2. 建设项目招标的方式和程序

（1）招标的方式

建设项目招标主要有公开招标、邀请招标和协商议标三种方式。

1）公开招标

公开招标又称为无限竞争招标，是由招标单位通过报刊、电台、电视台等信息媒介或委托招投标管理机构发布招标信息，公开邀请投标单位参加投标竞争，凡符合招标单位规定条件的投标单位，可在规定时间内向招标单位申请投标。

公开招标时招标单位必须做好下面的准备工作。

① 发布招标信息

公开发布的招标信息应包括：建设单位名称，建设项目名称，结构形式，层数，建筑面积，设备的名称、规格、性能参数等；对投标单位资质要求；招标单位的联系人、联系地址和联系电话等内容。

这种招标方式的优点是：投标的承包商多、范围广、竞争激烈，业主有较大的选择余地，有利于降低工程造价，提高工程质量和缩短工期。其缺点是：由于投标的承包商多，招标工作量大，组织工作复杂，需投入较多的人力、物力，招标过程所需时间较长，因而此类招标方式主要适用于投资额度大，工艺、结构复杂的较大型建设项目。

② 受理投标申请

投标单位在规定期限内向招标单位申请参加投标，招标单位向申请投标单位发放资格审查表格，以表示需经资格预审查后才能决定是否同意对方参加投标。

③ 确定投标单位名单

申请投标单位按规定填写《投标申请书》及资格审查表格，并提供相关资料，接受招标单位的资格预审查。一般选定参加投标的单位为4～10个。

④ 发出招标文件

招标单位向选定的投标单位发函通知，领取或购买招标文件。对那些发给投标申请书而未被选定参加投标的单位，招标单位也应该及时通知。

公开招标使招标单位有较大的选择范围，可在众多的投标单位之间选择报价合理、工期较短、信誉良好的投标单位。公开招标有助于开展竞争，打破垄断，促使投标单位努力提高工程质量和服务质量水平，缩短工期和降低成本。但是招标单位审查投标者资格及其证书的工作量比较大，招标费用的支出也比较大。

2）邀请招标

邀请招标又称为有限竞争性招标。这种方式不发布广告，业主根据自己的经验和所掌握的各种信息资料，向有承担该项工程施工能力的3个以上（含3个）承包商发出招标邀请书，收到邀请书的单位才有资格参加投标。

选择投标单位的条件一般有以下几点：

① 近期内承担过类似建设项目，工程经验比较丰富；

② 企业的信誉较好；

③ 对本项目有足够的管理组织能力；

④ 对本项目的承担有足够的技术力量和生产能力保证；

⑤ 投标企业的业务、财务状况良好。

这种方式的优点是：目标集中，招标的组织工作较容易，工作量比较小。其缺点是：由于参加的投标单位较少，竞争性较差，使招标单位对投标单位的选择余地较小，如果招标单位在选择邀请单位前所掌握信息资料不足，则会失去发现最适合承担该项目的承包商的机会。

邀请招标中的投标单位数量有限，招标单位可以减少资格审查的工作量，节省招标费用，也提高了招标单位的中标率，这样对招投标双方都有利。但这种招标方式限制了竞争范围，把许多可能的竞争者排除在外，不符合自由竞争机会均等的原则。我国部分地区试行一种“半公开”的招标方式，即由招标单位邀请一半数量的投标单位，再从公开报名参加投标的单位中抽选一半数量进行投标，这样做既有利于增大透明度和竞争性，也有利于规范招标行为。

3）协商议标

对于涉及国家安全的工程、军事保密的工程、紧急抢险救灾工程，或专业性、技术性要求较高的特殊工程，不适合采用公开招标和邀请招标的建设项，经招投标管理机构审查同意，可以进行协商议标。

议标仍属于招标范畴，同样需要通过投标企业的竞争，由招标单位选择中标者。议标过程较为简单，但必须符合以下条件：

① 建设项目具备招标条件；

② 建设项目具备标底，对于技术特殊或内容复杂的项目也要有一个相当于标底的投资限额；

③ 至少有两个投标单位；

④ 议标的结果必须由所签合同来体现。

（2）招标的程序

建设项目的招标投标是一个连续完整的过程，它涉及的单位较多，协作关系较复杂，所以要按一定的程序进行。

1）建立招标组织

招标组织应具备一定的条件，经招投标管理机构审查批准后才可开展工作。招标组织的主要工作包括：各项招标条件的落实；招标文件的编制及向有关部门报批；组织或委托编制标底并报有关单位审批；发布招标公告或邀请书，审查投标企业资质；向投标单位发放招标文件、设计图纸和有关技术资料；组织投标单位勘察现场并对有关问题进行解释；确定评标办法；发出中标或失标通知书；组织中标单位签订合同等。

2）提出招标申请并进行招标登记

由建设单位向招投标管理机构提出申请，申请的主要内容有：招标建设项目具备的条件，准备采用的招标方式，对投标单位的资质要求或准备选择的投标企业。经招投标管理机构审查批准后，进行招标登记，领取有关招投标用表。

3）编制招标文件

招标文件可以由建设单位自己编制，也可委托其他机构代办。招标文件是投标单位编制投标书的主要依据。主要内容有：建设项目概况与综合说明、设计图纸和技术说明书、工程量清单和单价表、投标须知、合同主要条款及其他有关内容。

4）编制标底

编制标底是建设项目招标前的一项重要准备工作。标底是建设项目的预期价格，通常由建设单位或其委托设计单位或建设监理单位制定。如果是由设计单位或其他咨询单位编制，建设监理单位在招标前还要对其进行审核。但标底不等同于合同价，合同价是建设单位与中标单位经过谈判协商后，在合同书中正式确定下来的价格。

5）发布招标公告或邀请函

建设单位根据招标方式的不同，发布招标公告或招标邀请函；采用公开招标的建设项目，由建设单位通过报刊等新闻媒介发布公告；采用邀请招标和议标的工程，由建设单位向有承包能力的投标单位发出招标邀请函。

6）投标单位资格预审

评审组织由建设单位、委托编制标底单位和建设监理单位组成，政府主管部门参加，在收到投标单位的资格预审申请后即开始评审工作。一般先检查申请书的内容是否完整，在此基础上拟订评审方法。

资格评审的主要内容包括：法人地位、信誉、财务状况、技术资格、项目实施经验等。

7）发售招标文件

招标单位向经过资格审查合格的投标单位分发招标文件、设计图纸和有关技术资料。

8）组织现场勘察及交底

招标文件发出后，招标单位应按规定的日程，组织投标单位勘察建设项目现场，介绍项目情况。在对项目交底的同时，解答投标单位对招标文件、设计图纸等提出的问题，并作为招标文件的补充形式通知所有的投标单位。

9）接受投标单位的标书

投标书须由投标单位编制，且盖有投标单位的印鉴、法定代表人或其委托代理人的印鉴，密封后在投标截止日期前送到指定地点。

10）开标、评标、评审报告、定标、签订合同

① 开标

开标的日期、时间和地点在招标文件的投标单位须知中已具体规定。开标后任何投标单位都不允许修改投标内容与报价，也不允许再增加优惠条件。但在建设单位需要时，可以作一般性说明和疑点澄清，但不能改变标函的实质。

② 评标

由建设单位组织的评标委员会在开标后独立地进行评标工作。评标委员会一般由建设

单位、咨询设计单位、银行以及有关方面（技术、经济、合同等）的专家组成。

③ 评审报告

评审报告是评标阶段的结论性报告，它为建设单位定标提供参考意见。评审报告包括：招标过程简况；参加投标单位总数及被列为废标的投标单位名称；重点叙述有可能中标的几份标书。评审报告的主要内容是：标价分析（标价的合理性、与标底的比较、高于或低于标底的百分比及其原因）；投标书与招标文件是否相符，有什么建议和保留意见，这些建议是否合理；对投标单位提出的工期和进度计划的评述；投标单位的资信及承担类似工程经验的简述；授标给某一投标单位的风险和可能遇到的问题等。评审报告要明确提出推荐的中标单位。

④ 定标、签订合同

以评审报告为依据，建设单位选出两到三家投标单位就建设项目有关问题和价格问题进行谈判，然后选择决标。确定了中标单位后即可发授中标通知，中标单位应在规定时间内和建设单位签订建设项目实施合同。

3. 建设项目投标的工作机构及投标程序

进行建设项目承包的施工企业为了占领工程承包市场，扩大业务范围，就必须参与投标竞标工作。而参与建设项目投标活动不仅要花费投标单位大量的精力和时间，而且还要耗费大量的资金。因此，对于要进行建设项目投标的工程公司，就必须了解和熟悉有关投标活动的业务和方法，认真研究作为投标者去参与投标活动成功的概率，投标工作中将会遇到什么风险，以决定是否去参与投标竞争。如果决定参加该建设项目投标，则要做好充分准备，知己知彼，以利夺标。

（1）投标的工作机构

建设项目招投标的市场情况千变万化，为适应这种变化，进而在投标竞争中获胜，项目实施单位应设置投标工作机构，积累各种资料，掌握市场动态，遇到招标项目则研究投标策略，编制标书，争取中标。

1）投标工作机构的职能

① 收集和分析招标、投标的各种信息资料

这项工作主要内容为：收集各类与招投标文件有关的政策规定；收集整理本单位内部的各项资质证书、资信证明、优良工程证书等竞争性材料；收集本单位外部的市场动态资料；收集整理主要竞争对手的有关资料；收集整理工程技术经济指标。

② 从事建设项目的投标活动

这项工作主要内容为：接受招标通知、研究分析招标文件；研究分析各种信息，提出投标方案；安排投标工作程序，编制投标文件，办理投标手续；参加投标会议，勘察建设项目现场；中标后负责起草合同，参加合同洽谈等。

③ 总结投标经验，研究投标策略

这项工作包括：投标中的策略、方法、标价计算；分析比较同类建设项目报价、技术经济指标等资料；积累有关报价的各种原始数据、基础资料等。这可为以后搞好投标工作打下良好的基础。

2）投标工作机构的组成

① 投标工作组织机构分为两层。第一个层次是决策层，由施工企业有关领导组成，负责全面投标活动的决策；第二个层次是工作层，担任具体工作，为决策层提供信息和决策的依据。

② 投标工作机构的人员组成一般为：经理或业务副经理作为决策者；总工程师或主任工程师负责施工方案及技术措施的编审；合同预算或经营部门负责投标报价的具体工作。此外，材料部门提供材料价格消息；劳务部门提供人员工资信息；设备管理部门提供机械设备供应与价格信息；财务部门提供有关成本信息。

③ 为了保守投标报价的秘密，投标工作机构的人员不宜过多，特别是最后的决策阶段，应尽量缩小范围，并采取一定的保密措施。

（2）建设项目投标的程序

投标的程序主要包括：报名参加投标、办理资格审查、取得招标文件、研究招标文件、调查投标环境、确定投标策略、制定施工方案、编制标书、投送标书等工作内容。

1）投标准备工作

准确、全面、及时地收集各项技术经济信息是投标准备工作的主要内容，也是投标成败的关键。需要收集的信息涉及面很广，其主要内容可以概括为以下几方面。

① 通过各种途径，尽可能在招标公告发出前获得建设项目信息。所以必须熟悉当地政府的投资方向、建设规划，综合分析市场的变化和走向。

② 招标项目所在地的信息，包括当地的自然条件、交通运输条件、价格行情等。

③ 施工技术发展的信息，包括新规范、新标准、新结构、新技术、新材料、新工艺的有关情况。

④ 招标单位的情况，包括招标单位的资金状况、社会信誉以及对招标工程的工期、质量、费用等方面的要求。

⑤ 及时了解其他投标单位的情况，有哪些竞争者，分析他们的实力、优势、在当地的信誉以及对工程的兴趣、意向。

⑥ 有关报价的参考资料，包括当地近几年类似工程的施工方案、报价、工期及实际成本等资料。

⑦ 投标单位内部资料，包括能反映本单位技术能力、信誉、管理水平、工程业绩的各种资料。

2）投标资格预审资料

投标工作机构日常要做好投标资格预审资料的准备工作，资格预审资料不仅起到通过资格预审的作用，而且还是施工企业重要的宣传材料。

3）研究招标文件

单位报名参加或接受邀请参加某一项目的投标，通过资格审查并取得招标文件后，首先要仔细认真地研究招标文件，充分了解其内容和要求，以便统一安排投标工作，并发现应提请招标单位予以澄清的疑点。

招标文件的研究工作包括以下几方面：

① 研究招标项目综合说明，熟悉建筑项目全貌。

② 研究设计文件，为制定报价或制定施工方案提供确切的依据。所以，要认真阅读设计图纸，详细弄清楚各部门做法及对材料品种规格的要求，发现不清楚或互相矛盾之处，可在招标答疑会上提请招标单位解释或更正。

③ 研究合同条款，明确中标后的权利与义务。其主要内容有承包方式、开竣工时间、工期奖罚、材料供应方式、价款结算办法、预付款及工程款支付与结算方法、工程变更及停工、窝工损失处理办法、保险办法、政策性调整引起价格变化的处理办法等。这些内容直接影响施工方案的安排、施工期间的资金周转，最终影响施工企业的获利，因此应在标价上有所反映。

④ 研究投标单位须知，提高工作效率，避免造成废标。

4）调查投标环境

招标建设项目的社会、自然及经济条件会影响项目成本，因此在报价前应尽可能了解清楚。主要调查内容有以下三方面：

① 经济条件，如劳动力资源及工资标准、专业分包能力、地产材料的供应能力等。

② 自然条件，如影响施工的天气、山脉、河流等因素。

③ 施工现场条件，如场地地质条件、承载能力，地上及地下建筑物、构筑物及其他障碍物，地下水位，道路、供水、供电、通信条件，材料及构配件堆放场地等。

5）确定投标策略

竞争的胜负不仅取决于参与竞争单位的实力，而且决定于竞争者的投标策略是否正确，研究投标策略的目的是为了取得竞争的胜利。

6）施工组织设计或施工方案

施工方案或施工组织设计是投标的必要条件，也是招标单位评标时需要考虑的因素之一。为投标而编制的施工组织设计与指导具体施工的施工方案有两点不同：一是读者对象不同。投标中的施工方案是向招标单位或评标小组介绍施工能力，应简洁明了，突出重点和长处；二是作用不同。投标中的施工方案是为了争取中标，因此应在技术措施、工期、质量、安全以及降低成本方面对招标单位有恰当的吸引力。

7）报价

报价是投标的关键工作。报价的最佳目标是既接近招标单位的标底，又能胜过竞争对手，而且能取得较大的利润。报价是技术与决策相协调的一个完整过程。

8）编制及投送标书

投标单位应按招标文件的要求，认真编制投标书。投标书的主要内容有以下几方面：

① 综合说明；

② 标书情况汇总表，工期、质量水平承诺，让利优惠条件等；

③ 详细造价及主要材料用量；

④ 施工方案和选用的机械设备、劳动力配置、进度计划等；

⑤ 保证工程质量、进度、施工安全的主要技术组织措施；

⑥ 对合同主要条件的确认及招标文件要求的其他内容。

投标书、标书情况汇总表、密封签，必须有法人单位公章、法定代表人或其委托代理人的印鉴。投标单位应在规定时间内将投标书密封送达招标文件指定的地点。若发现标书有误，需在投标截止时间前用正式函件更正，否则以原标书为准。

投标单位可以提出设计修改方案、合同条件修改意见，并作出相应标价和投标书，同时密封寄送招标单位，供招标单位参考。

4. 标价的计算与确定

（1）标价的计算依据

投标建设项目的标底按定额编制，代表行业的平均水平。标价是企业自定的价格，反映企业的管理水平、装备能力、技术力量、劳动效率和技术措施等。因此，不同投标单位对同一建设项目的报价是不同的。计算标价的主要依据有以下几方面：

1）招标文件，包括工程范围、技术质量和工期的要求等；

2）施工图纸和工程量清单；

3）现行的预算基价、单位估价表及收费标准；

4）材料预算价格、材差计算的有关规定；

5）施工组织设计或施工方案；

6）施工现场条件；

7）影响报价的市场信息及企业的内部相关因素。

（2）标价的费用组成

投标标价的费用由直接费、间接费、利润、税金、其他费用和不可预见费等组成。投标费用，包括购买标书文件费、投标期间差旅费、编制标书费等。承包企业委托中介人办理各项承包手续、协助收集资料、通报信息、疏通环节等需支付的报酬以及为日常应酬而发生的少量礼品及招待费，也可按国家政策和规定考虑计算。

不可预见费是指标价中难以预料的工程费用，在标价中可视情况适当考虑。

（3）标价的计算与确定

1）计算工程预算造价

按计价方法计算工程预算造价，这一价格接近于标底，是投标报价的基础。

2）分析各项技术经济指标

把投标建设项目的各项技术经济指标与同类型建设项目的相关指标对比分析，或用其他单位报价资料加以分析比较，从而发现报价中的不合理的内容，并作调整。

3）考虑报价技巧与策略，确定标价

投标报价应根据建设项目条件和各种具体情况来确定。报“高标”利润高，但中标几率小；报“低标”中标几率大，但利薄；多数投标单位报“中标”。一般情况下，报价为工程成本的1.15倍时，中标几率较高，企业的利润也较好。

（二）合同法概述

1. 合同的概念

《合同法》规定：“本法所称合同是平等主体的自然人、法人、其他组织之间设立、变更、终止民事权利义务关系的协议。”

（1）合同是一种协议

从本质上说，合同是一种协议，由两个或两个以上的当事人参加，通过协商一致达成协议，就产生了合同。但合同法规定的合同，是一种有特定意义的合同，是一种有严格的法律界定的协议。

（2）合同是平等主体之间的协议

在法律上，平等主体是指在法律关系中，享受权利的权利主体和承担义务的义务主体，他们在订立和履行合同过程中的法律地位是平等的。在民事活动中，他们各自独立，互不隶属。合同法在这一条中所列合同的平等主体（即当事人）共包括三类，他们都具有平等的法律地位。这三类平等主体分别如下。

1）自然人

自然人是基于出生而依法成为民事法律关系主体的人。在我国的《民法通则》中，公民与自然人在法律地位上是一样的。但实际上，自然人的范围要比公民的范围广。公民是指具有本国国籍，依法享有宪法和法律所赋予的权利和承担宪法和法律所规定的义务的人。在我国，公民是社会中具有我国国籍的一切成员，包括成年人、未成年人和儿童。自然人则既包括公民，又包括外国人和无国籍的人。各国的法律一般对自然人都没有条件限制。

2）法人

法人是具有民事权利能力和民事行为能力，依法独立享有民事权利和承担民事义务的组织。我国民法通则依据法人是否具有盈利性，把法人分为企业法人和非企业法人两类。

企业法人。指具有国家规定的独立财产，有健全的组织机构、组织章程和固定场所，能够独立承担民事责任，享有民事权利和承担民事义务的经济组织。

非企业法人。是为了实现国家对社会的管理及其他公益目的而设立的国家机关、事业单位或者社会团体，包括机关法人、事业单位法人和社会团体法人。

3）其他组织

其他组织是指依法或者依据有关政策成立，有一定的组织机构和财产，但又不具备法人资格的各类组织。

（3）合同是平等主体之间民事权利义务关系的协议

合同法所调整的，是人们基于物质财富、基于人格而形成的财产关系，即以财产关系为核心内容的民事权利义务关系，主要是民事主体之间的债权债务关系，但不包括基于人的身份而形成的民事权利义务关系，如婚姻、收养、监护等。

（4）合同是平等主体之间设立、变更、终止民事权利义务关系的协议

设立是当事人之间合同关系的达成或确认，当事人已经准备接受合同的约束，行使其规定的权利，履行其规定的义务。

变更是合同在签订后未履行，或者在履行过程中，当事人双方就合同条款修改达成新的协议。

终止是因法律规定的原因或当事人约定的原因出现时，合同所规定的当事人双方的权利义务关系归于消灭的状况，包括自然终止、裁决终止和协议终止。

2. 合同的订立和效力

（1）合同订立原则

《合同法》基本原则是合同当事人在合同的签订、执行、解释和争执的解决过程中应当遵守的基本准则，也是人民法院、仲裁机构在审理、仲裁合同时应当遵循的原则。合同法关于合同订立、效力、履行、违约责任等内容，都是根据这些基本原则规定的。

1）自愿原则

自愿原则是合同法中一个重要的基本原则，是市场经济的基本原则之一，也是一般国家的法律准则。自愿原则体现了签订合同作为民事活动的基本特征。

平等是自愿的前提。在合同关系中当事人无论具有什么身份，相互之间的法律地位是平等的，没有高低从属之分。

自愿原则贯穿于合同全过程，在不违反法律、行政法规、社会公德的情况下：

① 当事人依法享有自愿签订合同的权力。合同签订前，当事人通过充分协商，自由表达意见，自愿决定和调整相互权利义务关系，取得一致而达成协议。

② 在订立合同时当事人有权选择对方当事人。

③ 合同构成自由。包括合同的内容、形式、范围在不违法的情况下由双方自愿商定。

④ 在合同履行过程中，当事人可以通过协商修改、变更、补充合同内容，也可以协商解除合同。

⑤ 双方可以约定违约责任。在发生争议时，当事人可以自愿选择解决争议的方式。

2）守法原则

合同的签订、执行绝不仅仅是当事人之间的事情，它可能会涉及社会公共利益和社会经济秩序。因此，遵守法律、行政法规，不得损害社会公共利益是合同法的重要原则。

合同都是在一定的法律背景条件下签订和实施的，合同的签订和实施必须符合合同的法律原则。具体体现在：

① 合同不能违反法律，不能与法律相抵触，否则合同无效。

② 签订合同的当事人在法律上处于平等地位，享有平等的权利和义务。

③ 法律保护合法合同的签订和实施。

合同的法律原则对促进合同圆满地履行，保护合同当事人的合法权益有重要的意义。

在我国《合同法》是适用于合同的最重要的法律。首先，《合同法》属于强制性的规定，必须履行；其次，《合同法》根据自愿原则，大部分条文是倡导性的，由当事人双方约定；第三，合同当事人有选择的权利，有权依法提请法院审理或裁决。

3）诚实信用原则

合同是在双方诚实信用基础上签订的，合同目标的实现必须依靠合同双方真诚协作。如果双方缺乏诚实信用，则合同不可能顺利实施。诚实信用原则具体体现在合同签订、履行以及终止的全过程。

4）公平原则

公平是民事活动应当遵循的基本原则。合同调节双方民事关系，应不偏不倚，公平地维持合同双方的关系。将公平作为合同当事人的行为准则，有利于防止当事人滥用权利，保护和平衡合同当事人的合法权益，使之更好地履行合同义务，实现合同目的。

(2) 合同的订立程序

当事人订立合同，应当具有相应的民事权利能力和民事行为能力。

合同订立的过程，指当事人双方通过对合同条款进行协商达成协议的过程。合同订立采取要约、承诺方式。

1) 要约

《合同法》对要约作出了明确规定。要约是一方当事人希望和他人订立合同的意思表示，该意思表示应当符合下列规定：

要约内容具体确定，表明经受要约人承诺，要约人即受该意思表示约束。

要约邀请是希望他人向自己发出要约的意思表示。

要约到达受要约人时生效。

要约可以撤回，也可以撤销。撤回要约的通知应当在要约到达受要约人之前或与要约同时到达受要约人；撤销要约的通知应当在受要约人发出承诺通知前到达受要约人。

有下列情形之一的要约失效：

① 拒绝要约的通知到达要约人；

② 要约人依法撤销要约；

③ 承诺期限届满，受要约人未作出承诺；

④ 受要约人对要约的内容作出实质性变更。

2) 承诺

《合同法》规定承诺是受要约人同意要约的意思表示。承诺应当在要约确定的期限内到达要约人。承诺生效时合同成立。承诺可以撤回。撤回承诺的通知应当在承诺通知到达要约人之前或与承诺通知同时到达要约人。超过承诺期限发出的承诺，是迟到的承诺，除要约人及时通知受要约人该承诺有效的以外，为新的要约。当事人签订合同，一般经过要约和承诺两个步骤，但实践中往往是通过要约-新要约-新新要约……承诺多个环节最后达成的。

(3) 合同主要条款

合同的内容是指当事人享有的权利和承担的义务，主要以各项条款确定。合同内容由当事人约定，一般包括以下条款：

1) 当事人的名称或姓名和住所

这是每个合同必须具备的条款，当事人是合同的主体，要把名称或姓名、住所规定准确、清楚。

2) 标的

标的是当事人权利义务共同所指向的对象。没有标的或标的不明确，权利义务就没有客体，合同关系就不能成立，合同就无法履行。不同的合同其标的也有所不同。标的可以是物、行为、智力成果、项目或某种权利。

3) 数量

数量是对标的的计量，是以数字和计量单位来衡量标的的尺度。表明标的的多少，决定当事人权利义务的大小范围。没有数量条款的规定，就无法确定双方权利义务的大小，双方的权利义务就处于不确定的状态。因此，合同中必须明确标的的数量。

4）质量

质量指标准、技术要求，表明标的的内在素质和外观形态的综合，包括产品的性能、效用、工艺等，一般以品种、型号、规格、等级等体现出来。当事人约定质量条款时，必须符合国家有关规定和要求。

5）价款或报酬

价款或报酬是一方当事人向对方当事人所付代价的货币支付，凡是有偿合同都有价款或报酬条款。当事人在约定价款或报酬时，应遵守国家有关价格方面的法律和规定，并接受工商行政管理机关和物价管理部门的监督。

6）履行期限、地点和方式

履行期限是合同中规定当事人履行自己的义务的时间界限，是确定当事人是否按时履行或延期履行的客观标准，也是当事人主张合同权利的时间依据。履行地点是指当事人履行合同义务和对方当事人接受履行的地点。履行方式是当事人履行合同义务的具体做法。

合同标的不同，履行方式也有所不同，即使合同标的相同，也有不同的履行方式。当事人只有在合同中明确约定合同的履行方式，才便于合同的履行。

7）违约责任

违约责任指当事人一方或双方不履行合同义务或履行合同义务不符合约定的，依照法律的规定或按照当事人的约定应当承担的法律责任。合同依法成立后，可能由于某种原因使得当事人不能按照合同履行义务。合同中约定违约责任条款，不仅可以维护合同的严肃性，督促当事人切实履行合同，而且一旦出现当事人违反合同的情况，便于当事人及时按照合同承担责任，减少纠纷。

8）解决争议的方法

解决争议的方法指合同争议的解决途径，对合同条款发生争议时的解释以及法律适用等。合同发生争议时，及时解决争议可有效维护当事人的合法权益。根据我国现有法律规定，争议解决的方法有和解、调解、仲裁和诉讼，其中仲裁和诉讼是最终解决争议的两种不同的方法，当事人只能在这两种方法中选择其一。因此，当事人订立合同时，在合同中约定争议解决的方法，有利于当事人在发生争议后，及时解决争议。

（4）合同的形式

合同形式指协议内容借以表现的形式。合同的形式由合同的内容决定并为内容服务。合同的形式有书面形式、口头形式和其他形式。法律、行政法规规定采用书面形式的，应当采用书面形式。当事人约定采用书面形式的，应当采用书面形式。其他形式指推定形式和默示形式。

建设工程合同应当采用书面形式，这是《合同法》第二百七十条规定的。

（5）合同的法律效力

合同的效力是指合同所具有的法律约束力。《合同法》第三章——合同的效力，不仅规定了合同生效、无效合同，而且还对可撤销或变更合同进行了规定。

1）有效合同

合同生效即合同发生法律效力。合同生效后，当事人必须按约定履行合同，以实现其所追求的法律后果。《合同法》规定了合同生效的三种情形：

① 成立生效

对一般合同，只要当事人在合同主体、合同内容、合同形式等方面符合法律的要求，经协商达成一致意见，合同成立即可生效。

② 批准登记生效

《合同法》规定，法律、行政法规规定应当办理批准、登记等手续生效的，依照其规定。按照我国现有的法律和行政法规的规定，有的将批准登记作为合同成立的条件，有的将批准登记作为合同生效的条件。比如，中外合资经营企业合同必须经过批准后才能生效。

③ 约定生效

约定生效是指合同当事人在订立合同时，约定附条件，自条件成就时生效。附解除条件的合同，自条件成就时失效。但是当事人为自己的利益不正当地阻止条件成就的，视为条件已成就；不正当地促成条件成就的，视为条件不成熟。

2）效力待定合同

合同或合同某些方面不符合合同的有效要件，但又不属于无效合同或可撤销合同，应当采取补救措施，有条件的尽量促使其成为有效合同。合同效力待定主要有以下情况：

① 限制民事行为能力人订立的合同

此种合同经法定代理人追认后，该合同有效。

② 无权代理合同

这种合同具体又分为三种情况：

A. 行为人没有代理权，即行为人事先没有取得代理权却以代理人自居而代理他人订立的合同。

B. 无权代理人超越代理权，即代理人虽然获得了被代理人的代理权，但他在代订合同时超越了代理权限的范围。

C. 代理权终止后以被代理人的名义订立合同，即行为人曾经是被代理人的代理人，但在以被代理人的名义订立合同时，代理权已终止。

③ 无处分权的人处分他人财产的合同

这类合同是指无处分权的人以自己的名义对他人的财产进行处分而订立的合同。根据法律规定，财产处分权只能由享有处分权的人行使。《合同法》规定："无处分权的人处分他人财产，经权利人追认或者无处分权的人订立合同后取得处分权的，该合同有效。"

3）无效合同

① 无效合同的确认

《合同法》规定，有下列情形之一的，合同无效：

A. 一方以欺诈、胁迫的手段订立合同，损害国家利益；

B. 恶意串通，损害国家、集体或者第三人利益；

C. 以合法形式掩盖非法目的；

D. 损害社会公众利益；

E. 违反法律、行政法规的强制性规定。

无效合同的确认权归合同管理机关和人民法院。

② 无效合同的处理

A. 无效合同自合同签订时就没有法律约束力；

B. 合同无效分为整个合同无效和部分无效，如果合同部分无效的，不影响其他部分的法律效力；

C. 合同无效，不影响合同中独立存在的有关解决争议条款的效力；

D. 因该合同取得的财产，应予返还；有过错的一方应当赔偿对方因此所受到的损失。

4）可变更或者可撤销合同

可变更合同是指合同部分内容违背当事人的真实意思表示，当事人可以要求对该部分内容的效力予以撤销的合同。可撤销合同是指虽经当事人协商一致，但因非对方的过错而导致一方当事人意思表示不真实，允许当事人依照自己的意思，使合同效力归于消灭的合同。《合同法》规定下列合同当事人一方有权请求人民法院或者仲裁机构变更或撤销：

① 因重大误解订立的；

② 在订立合同时显失公平的；

③ 一方以欺诈、胁迫的手段或者乘人之危，使对方在违背真实意思的情况下订立的。

可撤销合同与无效合同有着本质的区别，主要表现在：

① 效力不同。可撤销合同是由于当事人表达不清、不真实，只一方有撤销权；无效合同内容违法，自然不发生效力。

② 期限不同。可撤销合同中具有撤销权的当事人从知道撤销事由之日起一年内没有行使撤销权或者知道撤销事由后明确表示，或者以自己的行为表示放弃撤销权，则撤销权消灭。无效合同从订立之日起就无效，不存在期限。

3. 合同的履行和担保

（1）合同的履行

合同的履行是指合同生效后，当事人双方按照合同约定的标的、数量、质量、价款、履行期限、履行地点和履行方式等，完成各自应承担的全部义务的行为。

1）合同履行的基本原则

① 全面履行的原则

当事人订立合同不是目的，只有全面履行合同，才能实现当事人所追求的法律后果使其预期目的得以实现。如果当事人所订立的合同，有关内容约定不明确或者没有约定，《合同法》允许当事人协议补充。如果当事人不能达成协议的，按照合同有关条款或交易习惯确定。如果按此规定仍不能确定的，则按《合同法》规定处理。

A. 质量要求不明确的，按照国家标准、行业标准履行；没有国家标准、行业标准的按照通常标准或者符合合同目的的特定标准履行。

B. 价款或者报酬不明确的，按照订立合同时履行地的市场价格履行；依法应当执行政府定价或者指导价的，按照规定履行。

C. 履行地点不明确给付货币的，在接受货币一方所在地履行；交付不动产的，在不动产所在地履行；其他标的，在履行义务一方所在地履行。

D. 履行期限不明确的，债务人可以随时履行，债权人也可以随时要求履行，但应当给对方必要的准备。

E. 履行方式不明确的，按照有利于实现合同目的的方式履行。

F. 履行费用的负担不明确的，由履行义务一方负担。

② 诚实信用原则

合同法规定，当事人应当遵循诚实信用原则，根据合同的性质、目的和交易习惯，履行通知、协助、保密等义务。

③ 实际履行原则

合同当事人应严格按照合同规定的标的完成合同义务，而不能用其他标的代替。鉴于客观经济活动的复杂性和多变性，在具体执行该原则时，还应根据实际情况灵活掌握。

2）合同履行的保护措施

为了保证合同的履行，保护当事人的合法权益，维护社会经济秩序，促使责权能够实现，防范合同欺诈，在合同履行过程中，需要通过一定的法律手段使受损害一方的当事人能维护自己的合法权益。为此，合同法专门规定了当事人的抗辩权和保全措施。

① 抗辩权

所谓抗辩权，就是一方当事人有依法对抗对方要求或否认对方权力主张的权力。合同规定了同时履行抗辩权和异时履行抗辩权。

同时履行抗辩权是指对于双方合同当事人双方应同时履行，一方在对方履行债务前或在对方履行债务不符合约定时，有权拒绝其相应的履行要求。

异时履行抗辩权分为后履行抗辩权和不安履行抗辩权。后履行抗辩权是指合同有先后履行顺序的，若先履行一方未履行债务，后履行一方有权拒绝其履行要求。不安履行抗辩权是指当事人互欠债务，如果应当先履行债务的当事人有确切证据证明对方有丧失或可能丧失履行债务能力情形时，可以中止履行债务。规定不安履行抗辩权是为了保护当事人的合法权益，防止借合同欺诈，也可促使对方履行合同。

② 保全措施

为了防止债务人的财产不适当减少而给债权人带来危害，合同法允许债权人为保全其债权的实现采取保全措施。保全措施包括代位权和撤销权。

A. 代位权是指因债务人怠于行使其到期债权，对债权人造成损害，债权人可以向人民法院请求以自己的名义代位行使债务人的债权。债权人依照《合同法》规定提起代位权诉讼，应当符合下列条件：

a. 债权人对债务人的债权合法；

b. 债务人怠于行使其到期债权，对债权人造成损害；

c. 债务人的债权已到期；

d. 债务人的债权不是专属于债务人自身的债权。

债务人怠于行使其到期债权，对债权人造成损害是指债务人不履行其对债权人的到期债务，又不以诉讼方式或者仲裁方式向其债务人主张其享有的具有金钱给付内容的到期债权，致使债权人的到期债权未能实现。专属于债务人自身的债权是指基于抚养关系、赡养关系、继承关系产生的给付请求权和劳动报酬、退休金、养老金、抚恤金、安置费、人寿保险、人身伤害赔偿请求权等权利。当然，代位权的行使范围以债权人的债权为限，债权人行使代位权的必要费用由债务人负担。

B. 撤销权是指因债务人放弃其到期债权或者无偿转让财产，或者债务人以明显不合理的低价转让财产，对债权人造成损害，并且受让人也知道该情形，债权人可以请求人民法院撤销债务人的行为。债权人依照合同法规定提起撤销权诉讼，请求人民法院撤销债务人放弃债权或转让财产的行为，人民法院应当就债权人主张的部分进行审理，依法撤销的，该行为自始无效。

(2) 合同的担保

1) 合同担保的概念

合同的担保是指法律规定或者由当事人双方协商约定的确保合同按约履行所采取的具有法律效力的一种保证措施。

2) 合同担保的方式

我国《担保法》规定的担保方式为保证、抵押、质押、留置和定金。

① 保证

我国《担保法》规定："保证是指保证人和债权人约定，当债务人不履行债务时，保证人按照约定履行债务或者承担责任的行为。"

保证具有以下法律特征：

A. 保证属于人的担保范畴，它不是用特定的财产提供担保，而是以保证人的信用和不特定的财产为他人债务提供担保。

B. 保证人必须是主合同以外的第三人，保证必须是债权人和债务人以外的第三人为他人债务所作的担保，债务人不得为自己的债务作保证。

C. 保证人应当具有代为清偿债务的能力，保证是以保证人的信用和不特定的财产来担保债务履行的，因此，设定保证关系时，保证人必须具有足以承担保证责任的财产。具有代为清偿能力是保证人应当具备的条件。

D. 保证人和债权人可以在保证合同中约定保证的方式，享有法律规定的权利，承担法律规定的义务。

《担保法》对保证人的资格作了规定。保证人必须是具有代为清偿债务能力的人，既可以是法人也可以是其他组织或公民。不可以作为保证人的有：国家机关（经国务院批准为使用外国政府或者国际经济组织贷款进行转贷的除外）、学校、幼儿园、医院等以公益为目的的事业单位和社会团体；企业法人的分支机构、职能部门（企业法人的分支机构有法人书面授权的，可以在授权范围内提供保证）。

保证合同是保证人与债权人以书面形式订立的合同。合同应包括：被保证的主债权种类、数量；债务人履行债务的期限；保证的方式；保证担保的范围；保证的期间和双方认为需要约定的其他事项。

保证的方式有一般保证和连带责任保证两种。一般保证是指当事人在保证合同中约定，债务人不能履行债务时，由保证人承担保证责任的保证方式。连带责任保证是指当事人在保证合同中约定保证人与债务人对债务承担连带责任的保证方式。

保证范围包括主债权及利息、违约金、损害赔偿金和实现债权的费用。保证合同另有约定的，按照约定。当事人对保证范围无约定或约定不明确的，保证人应对全部债务承担责任。

一般保证的担保人与债权人未约定保证期间的，保证期间为主债务履行期间届满之日起六个月。债权人未在合同约定的和法律规定的保证期间内主张权利，保证人免除保证责任；如债权人已主张权利的，保证期间适用于诉讼时效中断规定。连带责任保证人与债权人未约定保证期间的，债权人有权自主债务履行期满之日起六个月内要求保证人承担保证责任。在合同约定或法律规定的保证期间内，债权人未要求保证人承担保证责任的，保证人免除保证责任。

② 抵押

抵押是债务人或第三人不转移对抵押财产的占有，将该财产作为债权的担保。当债务人不履行债务时，债权人有权依法以该财产折价或以拍卖、变卖该财产的价款优先受偿。

抵押具有以下法律特征：

A. 抵押权是一种他物权，抵押权是对他人所有物具有取得利益的权利，当债务人不履行债务时，债权人（抵押权人）有权依照法律以抵押物折价或者从变卖抵押物的价款中得到清偿；

B. 抵押权是一种从物权，抵押权将随着债权的发生而发生，随着债权的消灭而消灭；

C. 抵押权是一种对抵押物的优先受偿权，在以抵押物的折价受偿债务时，抵押权人的受偿权优先于其他债权人；

D. 抵押权具有追及力，当抵押人将抵押物擅自转让他人时，抵押人可追及抵押物而行使权利。

根据担保法的规定，可以抵押的财产有：

a. 抵押人所有的房屋和其他地上定着物；

b. 抵押人所有的机器、交通运输工具和其他财产；

c. 抵押人依法有权处分的国有的土地使用权、房屋和其他地上定着物；

d. 抵押人依法有权处分的国有的机器、交通运输工具和其他财产；

e. 抵押人依法承包并经发包方同意抵押的荒山、荒沟、荒丘、靠滩等荒地的土地所有权；

f. 依法可以抵押的其他财产。

抵押人可以将前面所列财产一并抵押，但抵押人所担保的债权不得超出其抵押物的价值。

根据担保法，禁止抵押的财产有：

a. 土地所有权；

b. 耕地、宅基地、自留地、自留山等集体所有的土地使用权，但法律有规定的可抵押物除外；

c. 学校、幼儿园、医院等以公益为目的的事业单位、社会团体的教育设施、医疗卫生设施和其他社会公益设施；

d. 所有权、使用权不明确或有争议的财产；

e. 依法被查封、扣押、监管的财产；

f. 依法不得抵押的其他财产。

E. 采用抵押方式担保时，抵押人和抵押权人应以书面形式订立抵押合同，法律规定应当办理抵押物登记的，抵押合同自登记之日起生效。抵押合同应包括如下内容：

a. 被担保的主债权的种类、数额；

b. 债务人履行债务的期限；

c. 抵押物的名称、数量、质量、状况、所在地、所有权权属或者使用权权属；

d. 抵押担保的范围；

e. 当事人认为需要约定的其他事项。

《担保法》还对办理抵押物登记部门进行了规定：

a. 以无地上定着物的土地使用权抵押的，为核发土地使用权证书的土地管理部门；

b. 以城市房地产或者乡镇、村企业的厂房等建筑物抵押的，为县级以上地方人民政府规定的部门；

c. 以林木抵押的，为县级以上林木主管部门；

d. 以航空器、船舶、车辆抵押的，为运输工具的登记部门；

e. 以企业的设备和其他动产抵押的，为财产所在地的工商行政管理部门。

③ 质押

质押分为动产质押和权利质押。

动产质押是指债务人或者第三人将其动产移交债权人占有，将该动产作为债权的担保。债务人不履行债务时，债权人有权依照法律规定以该动产折价或者以拍卖、变卖该动产的价款优先受偿。债务人或者第三人为出质人，债权人为质权人，移交的动产为质物。

法律规定出质人和质权人应当以书面形式订立质押合同。质押合同应当包括以下内容：

A. 被担保的主债权种类、数额；

B. 债务人履行债务的期限；

C. 质物的名称、数量、质量、状况；

D. 质押担保的范围；

E. 质物移交的时间；

F. 当事人认为需要约定的其他事项。

质押担保的范围包括主债权及利息、违约金、损害赔偿金、质物保管费用和实现质权的费用。

在权利质押中以下权利可以质押：

A. 汇票、支票、本票、债券、存款单、仓单、提单；

B. 依法可以转让的股票、股份；

C. 依法可以转让的商标专用权、专利权、著作权中的财产权；

D. 依法可以质押的其他权利。

权利出质后，出质人不得转让或者许可他人使用，但经出质人与质权人协商同意的可以转让或者许可他人使用。出质人所得的转让费、许可费应当向质权人提前清偿所担保的债权或向与质权人约定的第三人提存。

④ 留置

留置是指债权人按照合同约定占有债务人的动产，债务人不按照合同约定的期限履行债务的，债权人有权依照法律规定留置该财产，以该财产折价或以拍卖、变卖该财产的价款优先受偿的担保形式。

留置具有如下法律特征：

A. 留置权是一种从权利；

B. 留置权属于他物权；

C. 留置权是一种法定担保方式，它依据法律规定而发生，而非以当事人之间的协议而成立。担保法规定：因保管合同、运输合同、加工承揽合同发生的债权，债务人不履行债务的，债权人有留置权。

留置担保范围包括主债权及利息、违约金、损害赔偿金、留置物保管费用和实现留置权的费用。

法律规定留置权可能因为下列原因消灭：

A. 债权消灭的；

B. 债务人另行提供担保并被债权人接受的。

⑤ 定金

定金是合同当事人约定一方向对方给付定金作为债权的担保形式。债务人履行合同后，定金应当抵作价款或者收回。给付定金的一方不履行约定的债务的，无权请求返还定金。收受定金的一方不履行约定的债务的，应当双倍返还定金。当事人约定以交付定金作为订立主合同担保的，给付定金的一方拒绝订立主合同的，无权要求返还定金；收受定金的一方拒绝订立合同的，应当双倍返还定金。

定金应当以书面形式约定。当事人在定金合同中应当约定交付定金的期限。定金合同从实际交付定金之日起生效。

定金的具体数额由当事人约定，但不得超过主合同标的额的20%。

建设工程合同的担保一般采用定金的形式。一般在投标时需交纳投标保证金，施工单位中标签订合同前，需交纳履约保证金。施工合同也可约定在建设单位不能履行付款义务时，承包商有权留置建筑物，但这种担保方式采用不多。

4. 合同的变更、转让和终止

(1) 合同的变更

合同的变更是指合同依法成立后，在尚未履行或尚未完全履行时，当事人双方依法对合同的内容进行修订或调整所达成的协议。例如，对合同约定的数量、质量标准、履行期限、履行地点和履行方式等进行变更。合同变更一般不涉及已履行部分，而只对未履行的部分进行变更，因此，合同变更不能在合同履行后进行，只能在完全履行合同之前。

《合同法》规定，当事人协商一致，可以变更合同。因此，当事人变更合同的方式类似订立合同的方式，经过提议和接受两个步骤。要求变更合同的一方首先提出建议，明确变更的内容，以及变更合同引起的后果处理。另一当事人对变更表示接受。这样，双方当事人对合同的变更达成协议。一般来说，书面形式的合同，变更协议也应采用书面形式。

应当注意的是，当事人对合同变更只是一方提议，而未达成协议时，不产生合同变更的效力；当事人对合同变更的内容约定不明确的，同样也不产生合同变更的效力。

(2) 合同的转让

合同的转让，是指当事人一方将合同的权利和义务转让给第三人，由第三人接受权利和承担义务的法律行为。合同转让可以部分转让，也可全部转让。随着合同的全部转让，原合同当事人之间的权利和义务关系消灭，与此同时，在未转让一方当事人和第三人之间形成新的权利义务关系。

《合同法》规定了合同权利转让、合同义务转让和合同权利义务一并转让的三种情况：

1) 合同权利的转让

合同权利的转让也称债权让于，是合同当事人将合同中的权利全部或部分转让给第三方的行为。转让合同权利的当事人称为让于人，接受转让的第三人称为受让人。《合同法》规定不得转让的情形有：

① 根据合同性质不得转让；

② 按照当事人约定不得转让；

③ 依照法律规定不得转让。

债权人转让权利的，应当通知债务人。未经通知，该转让对债务人不发生效力。除非受让人同意，债权人转让权利的通知不得撤销。

2) 合同义务的转让

合同义务的转让也称债务转让，是债务人将合同的义务全部或部分地转移给第三人的行为。《合同法》规定了债务人转让合同义务的条件：债务人将合同的义务全部或部分转让给第三人，应当经债权人同意。

3) 合同权利和义务一并转让

指当事人将债权债务一并转让给第三人，由第三人接受这些债权债务的行为。

《合同法》规定：总承包人或勘察、设计、施工承包人经发包人同意，可以将自己承包的部分工作交由第三人完成。第三人就其完成的工作成果与总承包人或勘察、设计、施工承包人向发包人承担连带责任。承包人不得将其承包的全部建设工程转包给第三人或将其承包的全部建设工程肢解以后以分包的名义分别转包给第三人。禁止承包人将工程分包给不具备相应资质条件的单位。禁止分包单位将其承包的工程再分包。建设工程主体结构的施工必须由承包人自行完成。

(3) 合同的终止

合同的终止是指合同当事人之间的合同关系由于某种原因不复存在，合同确立的权利义务消灭。《合同法》规定在下列情形下合同终止：

1) 合同已按照约定履行

合同生效后，当事人双方按照约定履行自己的义务，实现了自己的全部权利，订立合同的目的已经实现，合同确立的权利义务关系消灭，合同因此而终止。

2）合同解除

合同生效后，当事人一方不得擅自解除合同。但在履行过程中，有时会产生某些特定情况，应当允许解除合同。《合同法》规定合同解除有两种情况：

① 协议解除。

当事人双方通过协议可以解除原合同规定的权利和义务关系。

② 法定解除。

合同成立后，没有履行或者没有完全履行以前，当事人一方可以行使法定解除权使合同终止。为了防止解除权的滥用，《合同法》规定了十分严格的条件和程序。有下列情形之一的，当事人可以解除合同：

A. 因不可抗力致使不能实现合同目的；

B. 在履行期限届满之前，当事人一方明确表示或者以自己的行为表示不履行主要债务；

C. 当事人一方迟延履行主要债务，经催告后在合理期限内仍未履行；

D. 当事人一方迟延履行债务或者有其他违约行为致使不能实现合同目的；

E. 法律规定的其他情形。

关于合同解除的法律后果，《合同法》规定："合同解除后，尚未履行的，终止履行；已经履行的，根据履行情况和合同性质，当事人可以要求恢复原状、采取其他补救措施，并有权要求赔偿损失。"

合同终止后，虽然合同当事人的合同权利义务关系不复存在了，但合同责任并不一定消灭，因此，合同中结算和清理条款不因合同的终止而终止，仍然有效。

5. 违约责任承担方式

违约责任是指合同当事人违反合同约定，不履行义务或者履行义务不符合约定所承担的责任。违约责任制度是保证当事人履行合同义务的重要措施，有利于促进合同的全部履行。

《合同法》规定，当事人一方不履行合同义务或者履行合同义务不符合约定的，应当承担继续履行、采取补救措施或者赔偿损失等违约责任。在这里不管主观上是否有过错，除不可抗力免责外，都要承担违约责任。

违约责任有如下几种承担形式。

（1）违约金

违约金是指按照当事人的约定或者法律直接规定，一方当事人违约的，应向另一方支付的金钱。违约金的标的物是金钱，也可约定为其他财产。

当事人可以约定一方违约时应当根据违约情况向对方支付一定数额的违约金，也可以约定因违约产生的损失赔偿额的计算方法。在合同实施中，只要一方有不履行合同的行为，就得按合同规定向另一方支付违约金，而不管违约行为是否造成对方损失。以这种手段对违约方进行经济制裁，对企图违约者起警戒作用。违约金的数额应在合同中用专用条款详细约定。

违约金同时具有补偿性和惩罚性。《合同法》规定："约定的违约金低于违反合同所造成的损失的，当事人可以请求人民法院或者仲裁机构予以增加；若约定的违约金过分高于所造成的损失，当事人可以请求人民法院或者仲裁机构予以减少。”这保护了受损害方的利益，体现了违约金的惩罚性，有利于对违约者的制约，同时体现了公平原则。

当事人可以约定一方向对方给付定金作为债权的担保。即为了保证合同的履行，在当事人一方应付给另一方的金额内，预先支付部分款额，作为定金。若支付定金一方违约，则定金不予退还。同样，如果接受定金的一方违约，则应加倍偿还定金。

（2）赔偿损失

赔偿损失是指合同当事人就其违约而给对方造成的损失给予补偿的一种方法。《合同法》规定：“当事人一方不履行合同义务或者履行合同义务不符合约定的，在履行义务或者采取措施后，对方还有其他损失的应当赔偿损失。”

1）赔偿损失的构成

赔偿损失包括违约的赔偿损失、侵权的赔偿损失及其他的赔偿损失。承担赔偿损失责任由以下要件构成：

① 有违约行为，当事人不履行合同或者不适当履行合同；

② 有损失后果，违约责任行为给另一方当事人造成了财产等损失；

③ 违约行为与财产等损失之间有因果关系；

④ 违约人有过错，或者虽无过错，但法律规定应当赔偿的。

2）赔偿损失的范围

赔偿损失的范围可由法律直接规定，或由双方约定。在法律没有特别规定和当事人没有另行约定的情况下，应按完全赔偿原则，赔偿全部损失，包括直接损失和间接损失。赔偿损失不得超过违反合同一方订立合同时预见到或者应当预见到的因违反合同可能造成的损失。

3）赔偿损失的方式

赔偿损失的方式：一是恢复原状；二是金钱赔偿；三是代物赔偿。恢复原状指恢复到损害发生前的原状。代物赔偿指以其他财产替代赔偿。

4）赔偿损失的计算

赔偿损失的计算，关键在确定物的价格的计算标准，涉及标的物种类以及计算的时间地点。

合同标的物价格可以分为市场价格和特别价格。一般标的物按市场价格确定其价格。特别标的物按特别价格确定，确定特别价格往往考虑精神因素，带有感情色彩，如纪念物。

计算标的物的价格，还要确定计算的时间及地点，不同的时间、地点价格往往不同。如果法律规定了或者当事人约定了赔偿损失的计算方法，则按该方法计算。

（3）继续履行

继续履行合同要求违约人按照合同的约定，切实履行所承担的合同义务。具体来讲包括两种情况：一是债权人要求债务人按合同的约定履行合同；二是债权人向法院提出起诉，由法院判决强迫违约一方具体履行其合同义务。当事人违反金钱债务的，一般不能免除其继续履行的义务。合同法规定，当事人一方未支付价款或者报酬的，对方可以要求其支付价款或者报酬。当事人违反非金钱债务的，除法律规定不适用继续履行的情形外，也不能免除其继续履行的义务。当事人一方不履行非金钱债务或者履行非金钱债务不符合规定的，对方可以要求履行。但有下列规定之一的情形除外：①法律上或者事实上不能联系；②债务的标的不适合强制履行或者履行费用过高；③债权人在合理期限内未要求履行。

（4）采取补救措施

采取补救措施是在当事人违反合同后，为防止损失发生或者扩大，由其依照法律或者合同约定而采取的修理、更换、退货、减少价款或者报酬等措施。采用这一违约责任的方式，主要是在发生质量不符合约定的时候。合同法规定，质量不符合约定的，应当按照当事人的约定承担违约责任。对违约责任没有约定或者约定不明确，依照《合同法》的规定。仍不能确定的，受损害方根据标的的性质以及损失的大小，可以合理选择要求对方承担修理、更换、退货、减少价款或报酬等违约责任。

（5）违约责任的免除

合同生效后，当事人不履行合同或者履行合同不符合合同约定的，都应承担违约责任。但如果是由于发生了某种非常情况或者意外事件，使合同不能按约定履行时，就应当作为例外来处理。合同法规定，只有发生不可抗力才能部分或者全部免除当事人的违约责任。不可抗力是指不能预见、不能避免并不能克服的客观情况。

（三）建设工程施工合同示范文本

1. 施工合同示范文本的架构

（1）《建设工程施工合同（示范文本）》的架构

国家工商行政管理总局于1999年12月24日发布的《建设工程施工合同（示范文本）》，是建设单位与施工单位签订施工承包合同的建设性文本，也是政府建设行政管理部门在合同备案时所要出具的标准文本。该示范文本由《协议书》、《通用条款》、《专用条款》三部分组成，并附有三个附件：附件一是《承包人承揽工程项目一览表》；附件二是《发包人供应材料设备一览表》；附件三是《工程质量保修书》。

（2）构成建设工程施工合同的文件

1）施工合同协议书；

2）中标通知书；

3）投标书及其附件；

4）施工合同专用条款；

5）施工合同通用条款；

6）标准、规范及有关技术文件；

7）图纸；

8）工程量清单；

9）工程报价单或预算书；

10）双方有关工程的洽商、变更等书面协议或文件视为施工合同的组成部分。

2. 施工合同示范文本相关条款

《建设工程施工合同（示范文本）》的通用条款中对工程施工项目材料设备的质量控制提出以下相关的要求：

材料设备的供应一般分为两部分：重要的材料及大件设备由发包人自己供应。而普通建材及小件设备由承包人供应。

实行发包人供应材料设备的，双方应当约定发包人供应材料设备的一览表，作为本合同附件。一览表包括发包人供应材料设备的品种、规格、型号、数量、单位、质量等级、提供时间和地点。发包人按一览表约定的内容提供材料设备，并向承包人提供产品合格证明，对其质量负责。发包人在所供应材料设备到货前24小时，以书面形式通知承包人，由承包人派人与发包人共同清点。

发包人供应的材料设备，承包人派人参加清点后由承包人妥善保管，发包人支付相应费用。因承包人原因发生丢失损坏，由承包人负责赔偿。发包人未通知承包人清点，承包人不负责材料设备的保管，丢失损坏由发包人负责。

发包人供应的材料设备与一览表不符时，发包人承担有关责任。发包人应承担责任的具体内容，双方根据下列情况在专用条款内约定：

（1）材料设备单价与一览表不符，由发包人承担所有差价。

（2）材料设备的品种、规格、型号、质量等级与一览表不符，承包人可拒绝接收保管，由发包人运出施工场地并重新采购。

（3）材料规格、型号与一览表不符，经发包人同意，承包人可代为调剂串换，由发包人承担费用。

（4）到货地点与一览表不符，由发包人负责运至一览表指定地点。

（5）供应数量少于一览表约定数量时，由发包人补齐，多于一览表约定数量时，发包人负责将多余部分运出施工场地。

（6）到货时间早于一览表约定时间，由发包人承担由此发生的保管费用；到货时间迟于一览表约定时间，发包人赔偿由此造成的承包人损失，造成工期延误的，相应顺延工期。

发包人供应的材料设备使用前由承包人负责检验或试验，不合格的不得使用，检验费用由发包人承担。

承包人负责采购材料设备的，应按照专用条款约定及设计和有关标准要求采购，并提供产品合格证明，对材料质量负责。承包人在材料设备到货前24小时通知工程师清点。

承包人采购的材料设备与设计或者标准要求不符时，承包人应按工程师要求的时间运出施工场地，重新采购符合要求的产品，承担由此发生的费用，由此延误的工期不予顺延。

承包人采购的材料在使用前，承包人应按工程师的要求进行检验或试验，不合格的不得使用，检验或试验费用由承包人承担。

工程师发现承包人采用或使用不符合设计或标准要求的材料设备时，应要求承包人修复、拆除或重新采购，并承担发生的费用，由此延误的工期不予顺延。

承包人需要使用代用材料时，应经工程师认可后才能使用，由此增减的合同价款双方以书面形式议定。

由承包人采购的材料设备，发包人不得指定生产商或供应商。

实务、示例与案例

[案例]　　合同签约违规调整中标价

某工程材料采购招标项目，发出中标通知书后，招标人希望中标人在原中标价基础上再优惠两个百分点，即中标价由 136.00 万元人民币调整为 133.28 万元人民币，以便更好地向上级领导汇报招标成果。招标人与中标人进行了协商，双方达成了一致意见。合同签订时，招标人认为可用以下两种合法方法处理：

第 1 种：书面合同中填写的合同价格仍为 136.00 万元人民币，由中标人另行向招标人出具一个优惠承诺，在合同结算时扣除。招标人认为这种方法的好处是在合同备案时不易被行政监督部门发现，缺点是没有经过行政监督部门备案，如果双方发生争议，不能拿到桌面上。

第 2 种：书面合同中填写的合同价格直接填写为 133.28 万元人民币，同时双方向行政监督部门出具一个补充说明，详细阐明理由。招标人认为这种方法的好处是在合同履行过程中如果当事人双方发生争议，可以直接按照经过备案合同处理，缺点是如果行政监督部门审查仔细，发现后有可能不予备案，同时会受到处罚。

权衡再三，招标人选定了第 1 种处理方法，双方同时协商一致，在合同备案后，再另行签订一份合同，将合同价格调整为 133.28 万元人民币。

该案例有以下两个问题需要分析：

（1）招标人要求中标人在原中标价基础上再优惠两个百分点的做法是否违法？如果中标人同意优惠，并按优惠价签订协议是否违法？如果按第 1 种意见，由中标人出具一个优惠承诺，在结算时直接扣除的做法是否违法，为什么？

（2）合同执行过程中，当事人双方是否可以另行签订补充协议直接修改中标价？为什么？

法规依据、分析及结论如下：

本案涉及招标人、中标人在签订合同过程中是否可以直接调整签约合同价一事。《招标投标法》第四十六条规定，招标人和中标人按照招标文件和中标人的投标文件订立书面合同。招标人和中标人不得再行订立背离合同实质性内容的其他协议。第五十九条规定了本条的法律责任，即招标人与中标人不按照招标文件和中标人的投标文件订立合同的，或者招标人、中标人订立背离合同实质性内容的，责令改正，可以处中标项目金额 5‰以上 10‰以下的罚款。这里的实质性内容主要指两方面内容：一是投标价格，二是投标方案。《工程建设项目货物招标投标办法》（27 号令）第四十九条又作了进一步规定，招标人不得向中标人提出压低报价、增加配件或者售后服务量以及其他超出招标文件规定的违背中标人意愿的要求，以此作为发出中标通知书和签订合同的条件。所以，无论是签订合同过程中还是合同执行过程中，法律都不允许招标人、中标人签订背离合同实质性内容的其他协议。

合同执行的依据是当事人双方签署的有效合同文件，这里需要强调的是构成合同的有效合同文件。一般合同的组成文件中，均包括双方当事人签署的补充协议，但并不是双方签署同意的所有文件都是有效文件，都构成合同。至少，双方违反法律法规强制性规定签署的协议就不能构成有效合同，因为《合同法》第五十二条明确规定违反法律法规强制性规定的合同为无效合同。

根据以上分析，得出以下结论：

（1）招标人在发出中标通知书后要求中标人在原中标价基础上再优惠两个百分点的做法违反法律规定。《招标投标法》第四十六条规定，招标人和中标人按照招标文件和中标人的投标文件订立书面合同，招标人和中标人不得再行订立背离合同实质性内容的其他协议。这里的实质性内容主要指两方面内容：一是投标价格，二是投标方案。《工程建设项目货物招标投标办法》（27 号令）第四十九条又作了进一步规定，招标人不得向中标人提出压低报价、增加配件或者售后服务量以及其他超出招标文件规定的违背中标人意愿的要求，以此作为发出中标通知书和签订合同的条件。所以，签订合同过程中，招标人不能提出压低中标价格，并以此作为签订合同的条件。

同样，投标人同意优惠价格，然后双方按照优惠后的价格签订合同，无论是按照优惠后的价格签订合同，还是由中标人出具一个优惠承诺，在结算时直接扣除的做法，均属于签订了背离合同实质性内容，即中标价格的其他协议，招标人和中标人同时违法。

（2）货物采购合同一般设有变更条款，合同履约过程中，涉及价格变更的事项一般有供货量、备品备件、执行周期等条件，变动合同价格按照双方合同约定处理，但不允许在没有出现合同变更条件的前提下，双方通过签订补充协议的方式直接修改合同价格，因为这种行为属于招标人与中标人另行订立了背离合同实质性内容的协议，即《招标投标法》第五十九条明令禁止的情形。

四、材料、设备配置的计划

（一）材料、设备需用数量的核算

1. 材料需用量的核算

（1）核算依据

1）工（材）料分析表

工（材）料分析表是施工预算的基本计算用表。通过此表可以查出分部分项工程中的各工种的用工量和各项原材料的消耗量，以此作为计划采购的依据之一。

2）材料消耗量汇总表

材料消耗量汇总表是编制材料需用量计划的依据。它是由工料分析表上的材料量，按不同品种、规格，分现场用与加工厂用进行汇总而成。

3）施工进度

施工进度以施工组织设计中的施工进度计划（横道图或网络图）体现，可据此确定计划期施工进度的形象部位，从而从施工项目的材料计划的计划需用量中摘出计划期与施工进度对应部分的材料需用量，然后汇总求得计划期内汇总材料的总需用量。

（2）材料计划需用量

1）直接计算法。当施工图纸已到达时，作材料分析就应根据施工图纸计算分部分项工程实物工程量，并结合施工方案及措施，套用相应定额，填制材料分析表。在进行各分项工程材料分析后经过汇总，便可以得到单位工程材料需用数量，当编制月、季材料需用计划时，再按施工部位要求及形象进度分别切割编制。这种直接套用相应项目材料消耗定额计算材料需用量的方法，叫直接计算法。其一般计算公式如下：

某种材料计划需用量 = 建筑安装实物工程量 × 某种材料消耗定额

上式中建筑安装实物工程量是通过图纸计算得到的；式中材料消耗定额采用材料消耗施工定额或概算定额。

使用施工定额进行材料分析，根据施工方案、技术节约措施、实际配合比编制的预算叫做施工预算，是企业内部编制施工作业计划，向工程项目实行限额领料的依据，是企业项目核算的基础。使用概算定额作材料分析，编制的预算叫做施工图预算或设计预算，是企业或工程项目要向建设项目投资者结算，向上级主管部门申报材料指标、考核工程成本、确定工程造价的依据。将上述两种预算编制的工程费用和材料实物量进行对此，叫做两算对比，是材料管理的基础手段。进行两算对比可以做到先算后干，对材料消耗心中有数；可以核对预算中可能出现的疏漏和差错。对施工预算中超过设计预算的项目，应及时查找原因，采取措施。由于施工预算编制较细，又有比较切实合理的施工方案和技术节约措施，一般应低于施工图预算。

2）间接计算法。当工程任务已基本落实，但在设计图纸未出、技术资料不全等情况下，需要编制材料计划时，可根据投资、工程造价、建筑面积匡算主要材料需用量，做好备料工作，这种间接使用经验估算指标预计材料需用量的方法，叫做间接计算法。以此编制的材料需用计划可作为备料依据。一旦图纸齐备，施工方案及技术措施落实后，应用直接计算法核实，并对用间接计算法得到的材料需用量进行调整。

间接计算法需根据不同的已知条件采取下面两种方法：

第一，已知工程结构类型及建设面积匡算主要材料需用量时，应选用同类结构类型建筑面积平方米消耗定额进行计算。其计算公式如下：

材料计划需用量 = 工程的建筑面积 × 该类工程单位建筑面积该种材料消耗定额 × 调整系数

这种计算方法因为考虑了不同结构类型工程材料消耗的特点，因此计算比较准确。但是当设计所选用材料的品种出现差别时，应根据不同材料消耗特点进行调整。

第二，当工程任务不具体，没有施工计划和图纸而只有计划总投资或工程造价，可以使用每万元建安工作量某种材料消耗定额来测算，其计算公式为：

材料计划需用量 = 工程项目总投资(造价) × 每万元工程量该种材料消耗定额 × 调整系数

这种计算方法综合了不同结构类型工程材料消耗水平，能综合体现企业生产的材料耗用水平。但由于只考虑了投资和报价，而未考虑不同结构类型工程之间材料消耗的区别，而且当价格浮动较大时，易出现偏差，应将这些影响因素折成系数，予以调整。

（3）材料实际需用量

根据工程项目的计划需用量，进一步核算各项目的实际需用量，核对的依据有以下几个方面：

1）对于一些通用性材料，在工程进行初期阶段，考虑到可能出现的施工进度超额因素，一般都略加大储备，因此实际需用量就略大于计划需用量。

2）在工程竣工阶段，因考虑到“工完料清场地净”，防止工程竣工材料积压，一般是利用库存控制进料，这样实际需用量要略小于计划需用量。

3）对于一些特殊材料，为了工程质量要求，往往是要求一批进料，所以计划需用量虽只是一部分，但在申请采购中往往是一次购进，这样实际需用量就要大大增加。

实际需用量的计算公式如下：

实际需用量 = 计划需用量 + 计划储备量—期初库存量

2. 设备需用量的计算

单位工程施工机械需用（台班）量计算是根据单位工程工程量、施工方案、施工机具类型及定额机械台班用量编制的。

（二）材料、设备的配置计划

1. 项目材料、设备配置计划的任务和分类

项目材料、设备的配置计划就是通过运用计划的手段，来组织、指导、监督、调节、

控制物资于施工项目的采购、运输、供应等环节的一项重要管理措施。

（1）项目物资计划管理的任务

项目物资计划管理的任务主要是：为实现施工企业经营目标做好物质准备；根据企业的资源储备情况，做好平衡、协调工作；通过计划、监督、控制项目物资采购成本和合理使用资金；建立健全企业物资计划管理体系。

（2）项目物资计划的分类

项目材料、设备的配置计划按用途划分，可分为：需用计划、申请计划、采购（加工订货）计划、供应计划、储备计划。按计划涵盖的时间段（计划期）划分，可分为：年度计划、季度计划、月度计划和追加计划。

2. 材料配置计划的编制

（1）材料总需用量计划的编制

工程中标后，公司物资部门根据企业投标的报价资料和经企业总工程师签署的《施工组织设计》结合工程的施工要求、特点及市场供应状况和业主的特殊要求，编制《单位工程物资总量供应计划》。

《单位工程物资总量供应计划》是工程组织物资供应的前期方案和总量控制依据，是企业编制工程制造成本中材料成本的主要依据。计划中包括主要材料的供应模式（采购或租赁）、主要材料大概用量、供方名称、所选定物资供方的理由和材质证明、生产企业资质文件等。

1）编制依据

① 项目投标书中的《材料汇总表》；

② 项目施工组织计划；

③ 当期物资市场采购价格。

2）编制步骤

第一步，计划编制人员与投标部门联系，了解工程投标书中该项目《材料汇总表》。

第二步，计划编制人员查看经主管领导审批的项目施工组织设计，了解工程工期安排和机械使用计划。

第三步，策划，根据企业资源和库存情况，对工程所需物资的供应进行策划，确定采购或租赁的范围；根据企业和地方主管部门的有关规定确定供应方式（招标或非招标，采购或租赁）；了解当期市场价格情况。

第四步，编制，按表 4-1 编制。

单位工程物资总量供应计划表　　**表 4-1**

项目名称：　　单位：元

序　号	材料名称	规　格	单　位	数　量	单　价	金　额	供应单位	供应方式

制表人：　　审核人：　　审批人：　　制表时间：

（2）材料各计划期需用量的编制

1）年度计划

年度计划是物资部门根据企业年初制定的方针目标和项目年度施工计划，通过套用现行的消耗定额编制的年度物资供应计划，是企业控制成本、编制资金计划和考核物资部门全年工作的主要依据。

① 编制依据

编制依据主要有：

企业年度方针目标、项目施工组织设计和年度施工计划以及企业现行物资消耗定额。

② 编制步骤

第一步，了解企业年度方针目标和本项目全年计划目标。

第二步，了解工程年度的施工计划。

第三步，了解市场行情，套用企业现行定额，编制年度计划。

③ 编制：按表 4-2 编制。

单位工程（　　）年度物资供应计划量 **表 4-2**

项目名称：　　单位：元

序　号	材料名称	规格（型号）	单　位	数　量	单　价	金　额	备　注

制表人：　　审核人：　　审批人：　　制表时间：

2）季度计划

季度计划是年度计划的滚动计划和分解计划。

3）月度计划

月度需用计划也称备料计划，是由项目技术部门依据施工方案和项目月度计划编制的下月备料计划。也是年、季度计划的滚动计划。需要技术人员充分了解所需物资的加工（生产）周期和进场复验所需时间，提前提交物资部门编制申请计划、采购计划，作为订货、备料的依据。

① 材料需用量的确定

$$需用量 = 图纸用量 \times (1 + 合理损耗率)$$

合理损耗率可按当地政府部门颁布的《施工预算定额》中规定的损耗量，也可实行企业内部规定的各类物资消耗损耗率。

② 月度需用计划由项目技术部门编制，经项目总工程师审核后报项目物资管理部门。

③ 编制：按表 4-3 编制。

材料备料计划 **表 4-3**

年 月

项目名称： 计划编号： 编制依据： 第 页共 页

序 号	材料名称	型 号	规 格	单 位	数 量	质量标准	备 注

制表人： 审核人： 审批人： 制表时间：

(3) 项目月度物资申请计划的编制

月度申请计划是各级物资部门下达采购、加工、订货合同的依据，是项目物资部门根据企业物资管理体制中明确的采购供应权限向上一级物资主管部门报送的计划。

项目物资部计划编制人员根据企业物资管理体制中采购权限的划分，将上级物资主管部门负责采购的物资，在充分调查现场库存情况后编制申请计划，经项目经理审批后于每月规定时间前分别报上级物资部门，若有调整，根据实际情况可进行调整，并按时间要求报补充计划。

申请计划编制要遵循以下原则：

1) 做好“四查”工作

所谓“四查”即：查计划、查图纸、查需用、查库存。查计划：查看工程施工计划，了解物资使用时间；查图纸，了解使用部位，开展质量成本活动；查需用，查技术部门编制的需用计划，是否有漏项，以确保进场物资满足施工生产需要；查库存，了解库存情况和有无可替代物资。

2) 实事求是的原则

深入调查研究，保证计划的准确性和可靠性。

3) 留有余地的原则

材料的供应受自然因素和社会因素影响较深，在编制申请计划时应考虑不能留有缺口，需有一定数量的合理储备，才能保证项目的正常供应，特别是冬雨期施工的材料。

计划中要明确材料的类别、名称、品种（型号）规格、数量、技术标准、使用部位、使用时间、质量要求和项目名称、编制日期、编制依据、送达日期、编制人、审核人、审批人。

计划材料申请量的确定可按下式计算：

材料申请量 = 本月实际需用量 + 期末合理储备量 − 本月初库存量

项目月度材料申请计划可按表 4-4 格式编制。

项目材料申请计划 **表 4-4**

年 月

项目名称： 计划编号： 编制依据： 第 页共 页

序 号	类 别	材料名称	型 号	规 格	单 位	数 量	质量标准	进场时间	使用部位	备 注

制表人： 审核人： 审批人： 制表日期： 送达日期：

（4）项目月度物资采购计划的编制

由公司总部负责采购的材料，按规定时间由公司物资部门计划责任师根据各项目所报月度申请计划，经复核、汇总后编制的采购计划，经物资部经理审核并报公司主管领导审批后进购。

由项目自行采购的材料，由项目计划编制人员编制采购，经项目商务经理审核，项目经理审批后在公司物资部推荐的供方中选择1～2家进行采购供应。

采购计划中要明确材料的类别、名称、品种（型号）规格、数量、单价、金额、质量标准、技术标准、使用部位、物资供方单位、进场时间、编制依据、编制日期、编制人、审核人、审批人。

项目月度材料采购计划中量的确定可按下式计算：

材料采购量 = 申请量 + 合理运输损耗量

项目月度材料采购计划可按表4-5格式编制。

项目材料采购计划 **表4-5**

年　月

项目名称：　　计划编号：　　编制依据：　　第　页共　页

序　号	类　别	材料名称	型　号	规　格	单　位	数　量	单　价	金　额	质量标准	进场时间	供　方	备　注

制表人：　　审核人：　　审批人：　　制表日期：　　送达日：

采购计划除计划编制人员自行留存外，还应分别提供给相关部门和人员作为工作依据；现场验收人员一份，作为进场验收的依据；采购员一份，作为采购供应的依据；财务部门一份，作为报销的依据。

（5）构件和半成品需要量计划

单位工程构件和半成品需要量计划是根据单位工程施工进度计划编制的。主要用于落实加工订货单位，并按所需规格、数量、时间，组织加工、运输和确定堆场位置和面积之用。其表格形式见表4-6所列。

构件需用量计划 **表4-6**

序　号	品　名	规　格	图　号	需用量		加工单位	供应日期	备　注
				单位	数量			

3. 设备需用量计划

单位工程施工机械需要量计划是根据单位工程施工进度计划和施工方案编制的。主要用于确定施工机具类型、数量、进场时间，落实机具来源，组织进场、退场日期。其表格形式见表4-7所列。

施工机械需用量计划 表 4-7

序 号	机械名称	类型型号	需用量		来 源	供应起止时间	备 注
			单位	数量			

编制施工方案时，施工机械的选择，多使用单位工程量成本比较法，即依据施工机械的额定台班产量和规定的台班单价，计算单位工程量成本，以选择成本最低的方案。

在施工中，不同的施工机械必须配套使用，以满足施工进度要求，并进行施工成本计算。

4. 项目物资供应计划用量及其编制

供应计划是各类物资的实际进场计划，是项目物资部根据施工形象进度和物资的现场加工周期所提出的最晚进场计划。

供应计划的编制可按项目物资的分类管理进行，以减少中间环节，发挥各级物资管理人员的作用，这种分类方法主要是根据物资对于企业质量和成本的影响程度和物资管理体制将物资分为 A、B、C 三类进行计划管理。以下是一种应用此种分类法对物资的分类：

A 类物资包括：

(1) 钢材：各类钢筋，各类型钢。

(2) 水泥：各等级袋装水泥、散装水泥，装饰工程用水泥，特种水泥。

(3) 木材：各类板、方材，木、竹制模板，装饰、装修工程用各类木制品。

(4) 装饰材料：精装修所用各类材料，各类门窗及配件，高级五金。

(5) 机电材料：工程用电线、电缆，各类开关、阀门、安装设备等所有机电产品。

(6) 工程机械设备：公司自购各类加工设备，租赁用自升式塔吊，外用电梯。

B 类物资包括：

(1) 防水材料：室内、外各类防水材料。

(2) 保温材料：内外墙保温材料，施工过程中的混凝土保温材料、工程中管道保温材料。

(3) 地方材料：砂石，各类砌筑材料。

(4) 安全防护用具：安全网，安全帽，安全带。

(5) 租赁设备：1) 中小型设备：钢筋加工设备，木材加工设备，电动工具；2) 钢模板；3) 架料，U 形托，井字架。

(6) 辅料：各类建筑胶，PVC 管，各类腻子。

(7) 五金：火烧丝，电焊条，圆钉，钢丝，钢丝绳。

(8) 工具：单价 400 元以上的手用工具。

C 类物资包括：

(1) 油漆：临建用调合漆，机械维修用材料。

(2) 小五金：临建用五金。

(3) 杂品。

(4) 工具：单价 400 元以下的手用工具。

(5) 劳保用品：按公司行政人事部有关规定执行。

根据 A、B、C 三类进行物资供应计划管理的实施，可按以下方法进行：

（1）A类物资供应计划：该类物资由公司负责供应。由项目物资部经理根据月度申请计划和施工现场、加工场地、加工周期和供应周期分别报出。供应计划应交由公司物资管理部门一份，由各专业责任人员按计划时间要求供应到指定地点。

（2）B类物资的供应计划：该类物资由项目部负责供应。由项目物资部经理根据审批的申请计划和项目部提供的现场实际使用时间、供应周期直接编制。

（3）C类物资：该类物资由项目部自行负责供应。在进场前按物资供应周期直接编制采购计划进场。

由于客观原因不能及时编制供应计划的，可用电话联系作为物资的供应计划，公司物资管理部门计划统计责任人员做好电话记录。

计划中要明确物资的类别、名称、品种（型号）规格、数量、进场时间、交货地点、验收人和编制日期、编制依据、送达日期、编制人、审核人、审批人。

实务、示例与案例

［案例1］　工程项目材料、施工设备需用量计划的编制

××市牧津纤维有限公司位于该市××开发区内，是中日合资企业，由于生产规模的不断扩大，原有生产车间已不能适应生产的需要，故拟增建分梳生产车间，该工程设计单位为××市建筑设计院，施工单位为该市第六建筑工程有限公司，监理为该市××建设监理公司，开工日期为××年3月1日，竣工日期为××年8月24日，日历工期178天。

该施工进度计划工程为178天，自××年3月1日开工，于同年8月24日竣工，施工项目43项，其中基础13项，主体15项，装饰15项。

施工进度网络计算：本工程的施工进度网络计算如图所示（略）。

主要工程量、主要劳动力需用量计划（略）、材料需用量计划、机械需用量计划分别见表4-8～表4-10所列。

主要工程量汇总表　　表4-8

工程项目	单　位	工程量	备　注	工程项目	单　位	工程量	备　注
挖土方	m^3	2498	基础	钢筋	kg	15000	主体
垫层	m^3	31	基础	地面	m^2	786	装修
承台	m^3	165	基础	楼面	m^2	264	装修
条基	m^3	5	基础	墙裙	m^2	819	装修
地梁	m^3	54	基础	楼梯抹灰	m^2	129	装修
基础柱	m^3	12	基础	踢脚板	m^2	30	装修
回填土	m^3	2743	基础	内墙面	m^2	2347	装修
混凝土梁	m^3	294	主体	顶棚	m^2	3073	装修
混凝土板	m^3	324	主体	屋面	m^2	821	装修
混凝土柱	m^3	129	主体	雨篷抹面	m^2	222	装修
混凝土构造柱	m^3	10	主体	挑檐抹灰	m^2	228	装修
混凝土挑檐	m^3	10	主体	独立柱抹灰	m^2	304	装修
混凝土楼梯	m^2	129	主体	外墙面	m^2	2104	装修
钢门	m^2	69	主体	站台地面	m^2	220	装修
钢窗	m^2	244	主体	台阶	m^2	2	装修
玻璃	m^2	244	主体	雨水管	m	143	装修
油漆	m^2	158	主体	楼梯栏杆	m	87	装修
脚手架	m^2	3567	主体	埋件	kg	12	装修
砌墙	m^3	592	主体	散水	m^2	50	装修

材料需用量计划 **表 4-9**

材料	总量	进场时间	分段需用量				
商品混凝土	1153m³	3月12日	按计划供应				
水泥	313t	3月1日	3月1日	4月1日	5月10日	7月1日	8月10日
			43t	30t	90t	90t	60t
砂	449m³	3月1日	3月1日	4月1日	5月10日	7月1日	9月10日
			49m³	130m³	70m³	80m³	120m³
砌块	592m³	3月1日	3月1日	5月10日	5月18日	5月25日	6月2日
			53.8m³	134.5m³	134.5m³	134.5m³	134.5m³
钢筋	150t	3月8日	3月8日	3月18日	4月3日	4月18日	5月3日
			30t	35t	35t	35t	15t
白灰	30t	3月15日	3月15日 30t				
钢模板	560m²	3月10日	3月10日	3月18日	3月28日		
			180m²	280m²	100m²		
脚手架	6500根	3月5日	3月5日	3月16日	4月1日	6月28日	
			500根	1200根	1200根	3600根	
扣件	15000个	3月5日	3月5日	3月16日	4月1日	6月28日	
			2000个	4000个	4000个	5000个	
脚手板	2600块	3月5日	3月5日	3月16日	4月1日	6月28日	
			300块	500块	500块	1300块	
安全网	1200片	4月2日	4月2日	4月18日	5月3日		
			300片	300片	600片		

施工机械需用量计划 **表 4-10**

序号	机具名称	型号	需用量		使用
			单位	数量	
1	塔吊	TQ60/80	台	1	主体垂直运输
2	卷扬机	JJM-3	台	1	装修垂直运输
3	振捣棒	21Z-50	台	4	浇混凝土
4	蛙夯	21W-60	台	4	基础回填
5	钢筋切断机	GJS-40	台	1	钢筋制作
6	钢筋调直机		台	7	钢筋制作
7	电焊机	BX3-300	台	2	钢筋制作
8	砂浆搅拌机	JQ250	台	2	砖砌筑
9	抹灰机械	21m-66	台	2	混凝土表面抹光
10	挖土机	WY60	台	1	基础挖土
11	载重汽车		台	4	运输（运土）
12	电锯电刨		台	2	木活加工
13	离心水泵		台	2	基础排水
14	筛砂机		台	1	主体

［示例］

钢材需用量计算的案例

一、项目概况：

某钢结构厂房，总建筑面积约为1700m²，结构为单坡单层门式钢架，跨度为16.4m，檐口标高为8.000m。钢柱钢梁为焊接H型钢，钢柱柱底标高为－0.300米。钢柱截面主要为H（250－400）＊200＊6＊10；钢梁截面主要为H400＊200＊6＊10；系杆截面为Φ114＊4；水平撑、柱间撑截面为Φ22。主体结构材质为Q345B，系杆、支撑材质为Q235B。结构总重为36T。如下图：

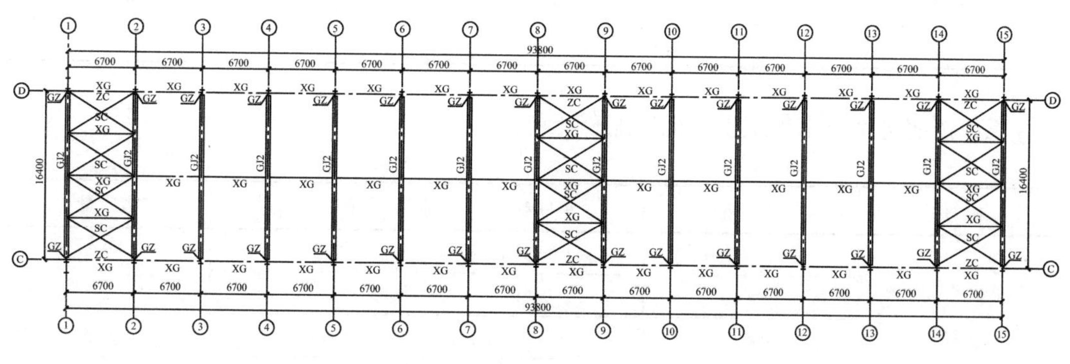

结构平面布置图

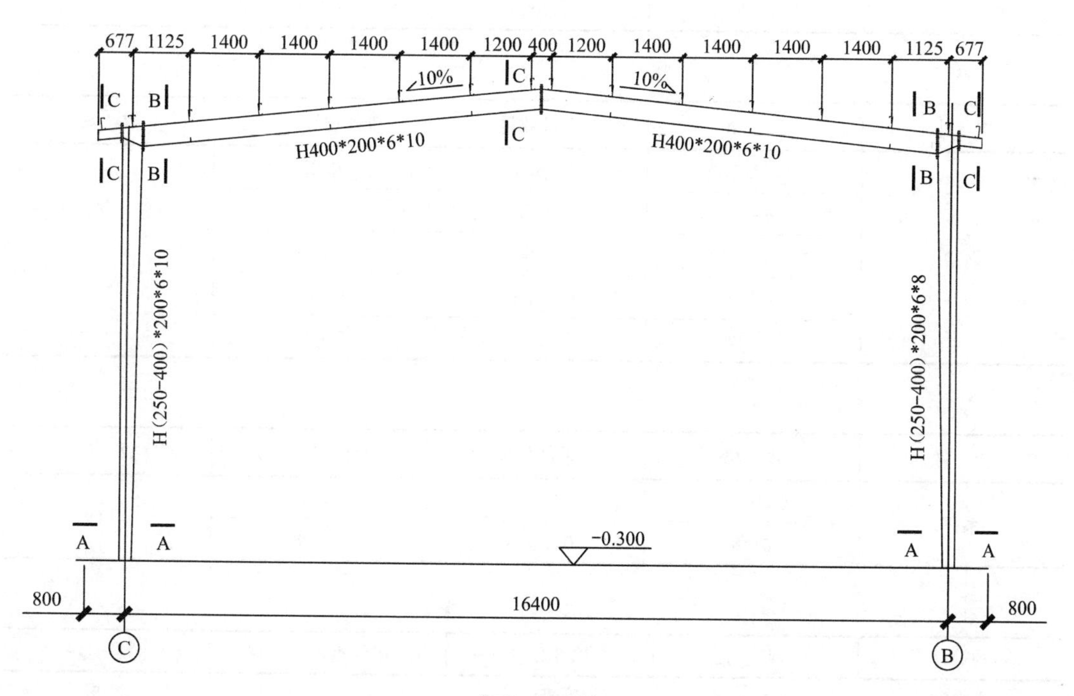

钢架立面图

二、该厂房用料明细：

规　格	长度（m^2）	重量（t）	备　注
－10＊200	953.55m	14.97	Q345B
δ=6	91.913m^2	4.329	Q345B
δ=8	16.637m^2	1.045	Q345B
δ=10	103.81m^2	8.149	Q345B
δ=20	18.732m^2	2.941	Q345B
Φ114＊4	307.2m	3.334	Q235B
Φ22	278.76m	0.832	Q235B

三、按照进度要求加工生产批量配套计划：

构　件	规　格	单件数量	单件重量（t）	数　量
钢柱	－10＊200	15.957m	0.251	30件
	δ=6	0.042m^2	0.002	
	δ=8	3.19m^2	0.02	
	δ=10	3.425m^2	0.269	
	δ=20	0.393m^2	0.062	

构　件	规　格	单件数量	单件重量（T）	数　量
钢梁	－10＊200	15.828m	0.25	30件
	δ=6	3.022m^2	0.143	
	δ=8	0.109m^2	0.007	
	δ=10	0.036m^2	0.003	
	δ=20	0.232m^2	0.037	

构　件	规　格	单件数量	单件重量（T）	数　量
系杆	Φ114＊4	6.4m	0.07	48件
	δ=8	0.128m^2	0.008	

构　件	规　格	单件数量	单件重量（T）	数　量
水平撑	Φ22	7.85m	0.024	24根
柱间撑	Φ22	7.53m	0.023	12根

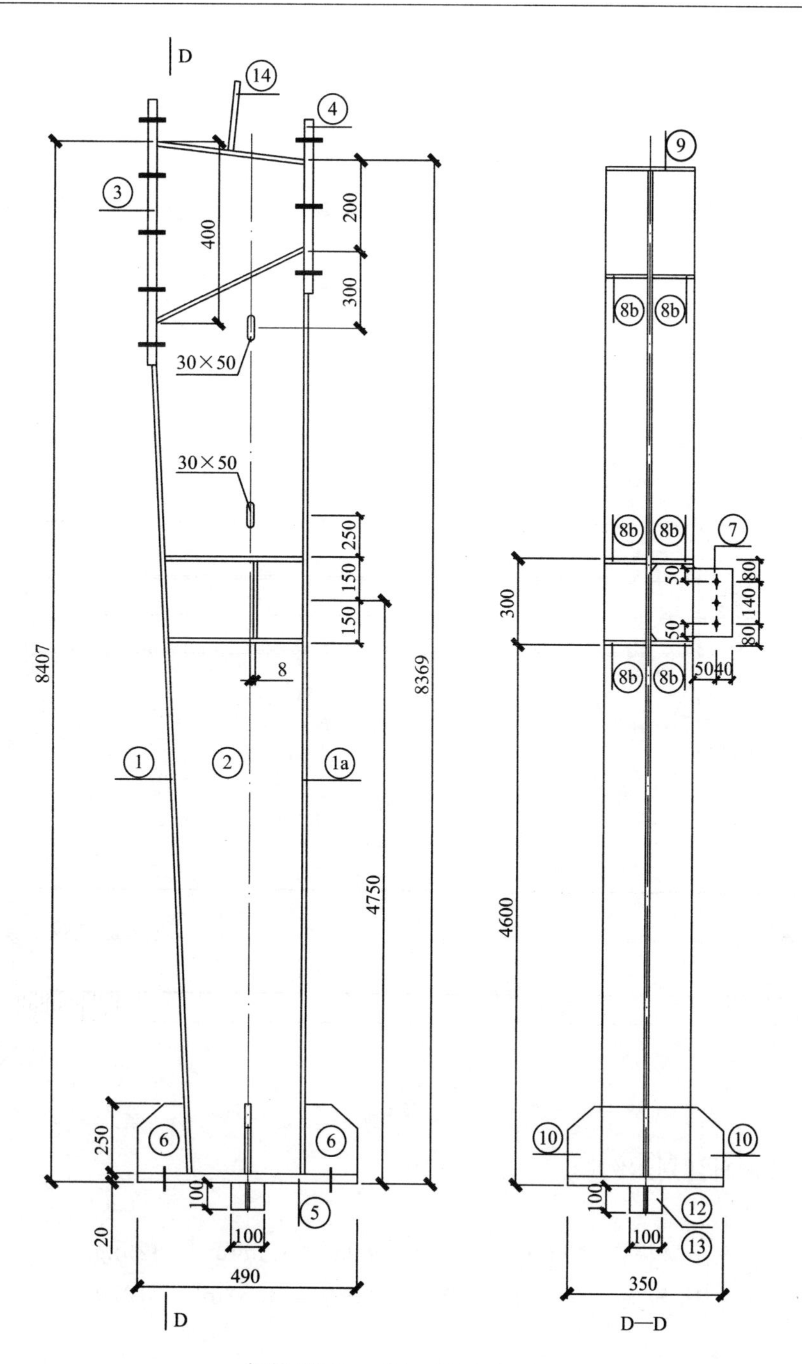

钢柱 H250—400＊200＊6＊10

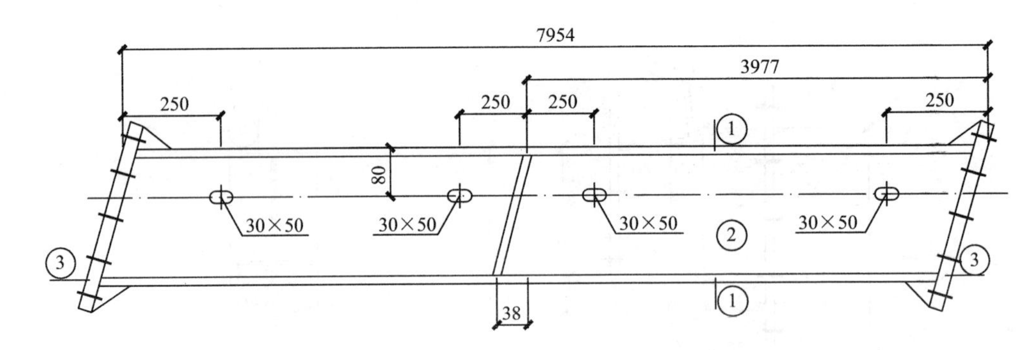

钢梁 H400 * 200 * 6 * 10

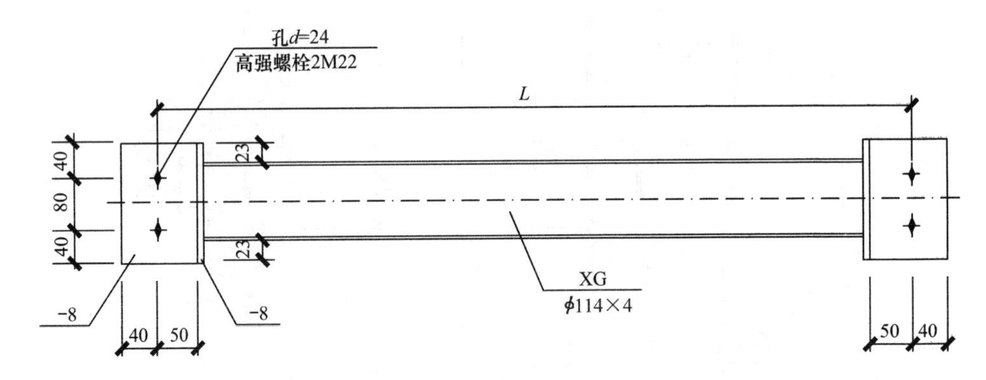

系杆

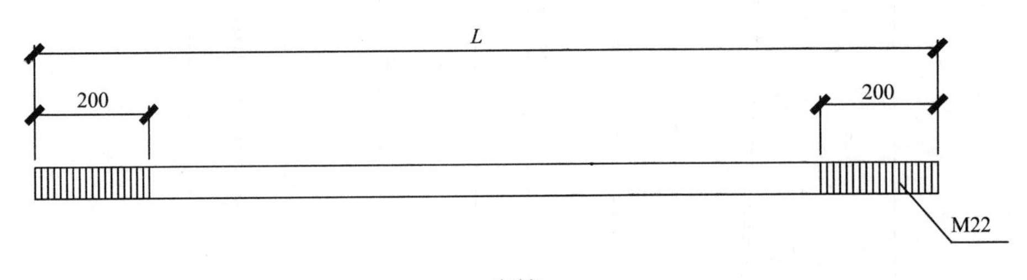

支撑

四、钢柱用料计划示例。

翼缘板：

1 号板：$\delta = 10$， 0.2 * 7.898 = 1.58m^2。 125kg

1a 号板：$\delta = 10$， 0.2 * 8.059 = 1.62m^2。 127kg

腹板：

2 号板：$\delta = 10$， 0.38 * 8.377 = 3.19m^2。 251kg

连接板：

3 号板：$\delta = 20$， 0.2 * 0.58 = 0.116m^2。 19kg

4 号板：$\delta = 20$， 0.2 * 0.38 = 0.076m^2。 12kg

7 号板：$\delta = 8$， 0.187 * 0.284 = 0.053m^2。 4kg

8 号板：$\delta = 8$， 0.097 * 0.318 * 4 = 0.124m^2。 8kg

8a 号板：$\delta = 8$， 0.097 * 0.407 * 2 = 0.079m^2。 5kg

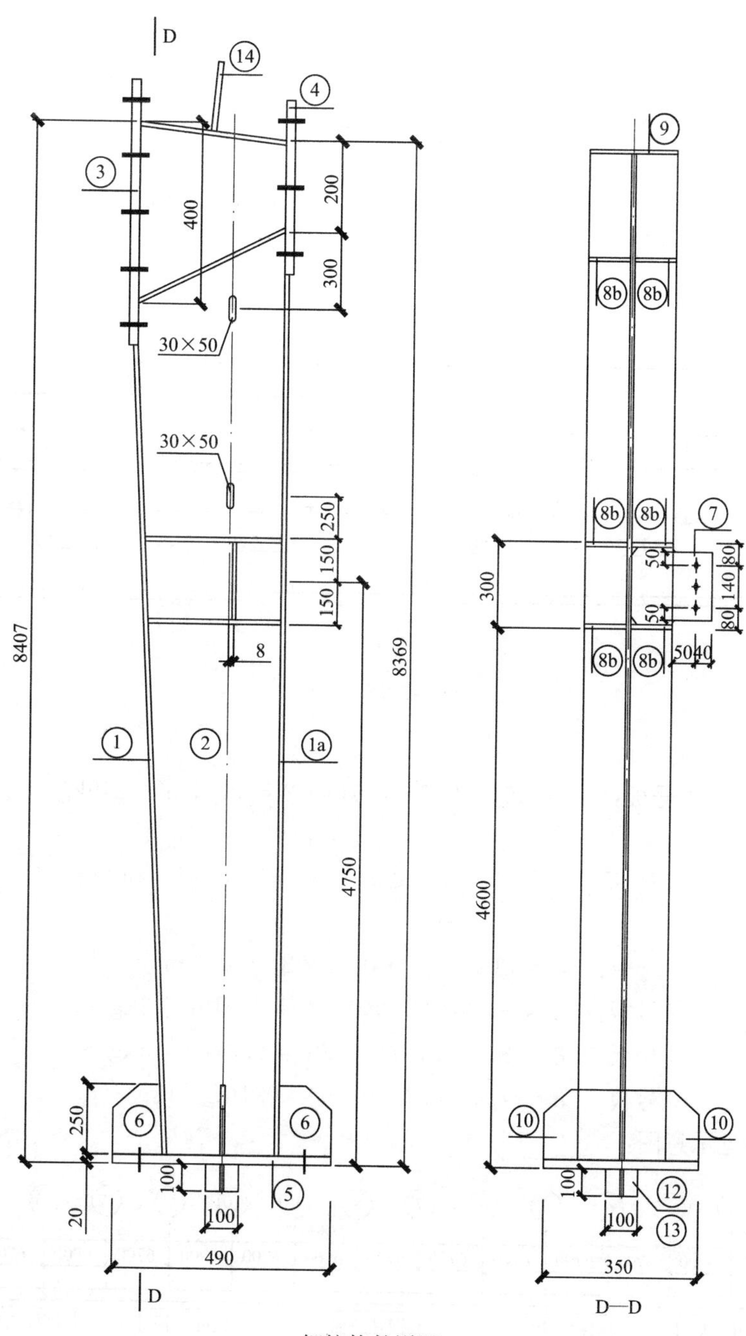

钢柱构件详图

8b 号板：δ = 8， 0.097 * 0.322 * 2 = 0.063m²。 4kg

9 号板： δ = 10， 0.2 * 0.38 = 0.076m²。 6kg

14 号板：δ = 6， 0.2 * 0.21 = 0.042m²。 2kg

柱底板：

5 号板： δ = 20， 0.35 * 0.49 = 0.172m²。 27kg

11 号板：δ = 20， 0.085 * 0.085 * 4 = 0.029m²。 5kg

法兰板

6 号板：$\delta=10$，　0.12 * 0.25 * 2 = 0.06m²。　5kg

10 号板：$\delta=10$，　0.172 * 0.25 * 2 = 0.086m²。　7kg

抗剪件：

12 号板：$\delta=10$，　0.1 * 0.1 = 0.01m²。　1kg

13 号板：$\delta=10$，　0.1 * 0.045 * 2 = 0.01m²。　1kg

钢梁用料计划示例。

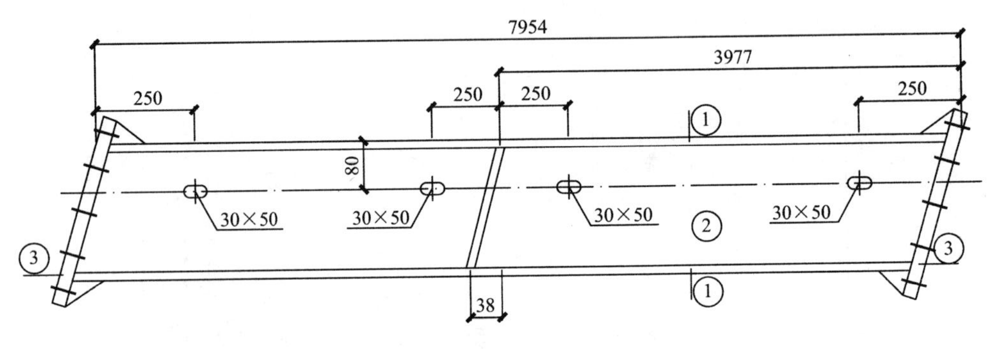

钢梁构件详图

翼缘板：

1 号板：$\delta=10$，　0.2 * 7.914 * 2 = 3.17m²　249kg

腹板：

2 号板：$\delta=6$，　7.952 * 0.38 = 3.12m²　149kg

连接板：

3 号板：$\delta=20$，　0.2 * 0.58 * 2 = 0.23m²　36kg

4 号板：$\delta=8$，　0.097 * 0.38 = 0.04m²　3kg

5 号板：$\delta=8$，　0.187 * 0.38 = 0.07m²　5kg

6 号板：$\delta=10$，　0.1 * 0.09 = 0.1m²　1kg

构件存放场地见示意图：

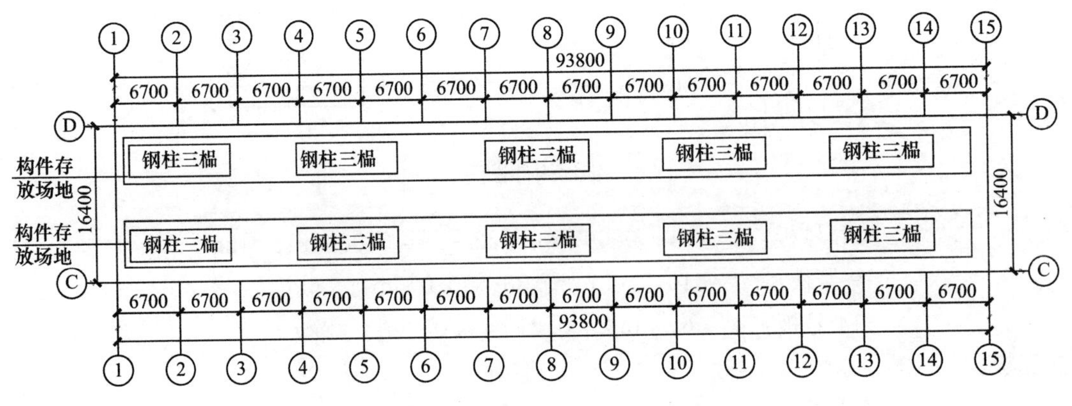

场地平面图

[案例 2]　　施工机械设备配置方案决策

某基础施工公司分包某地下商业中心土方开挖工程，土方量为 128600m^3，平均运土距离 8km，合同工期 45d。该公司可投入此工程的机械设备见表 4-11 所列。每天按 8h 施工时间考虑，每天出土必须外运，且考虑自有机械设备数量限制，确定最经济的设备配置方案。

机械设备数据表　　表 4-11

挖掘机			
型号	PC01—01	PC02—01	PC09—01
斗容量（m^3）	0.84	1.17	1.96
台班产量（m^3/台班）	600	1000	1580
台班单价（元/台班）	1180	1860	3000
自有数量	6	3	1
自卸汽车			
型号	PC01—01	PC02—01	PC09—01
载重能力	8t	12t	15t
运距 8km 台班产量（m^3/台班）	45	63	77
台班单价（元/台班）	516	680	850
自有数量	40	36	10

（1）先计算若设备数量没有限制的配置最经济方案，相应的每立方米土方挖运直接费。

根据案例中数据计算各机械设备的土方挖（运）单方直接费。

1）挖掘机

PC01—01：1180÷600=1.97 元/m^3

PC02—01：1860÷1000=1.86 元/m^3

PC09—01：3000÷1580=1.90 元/m^3

取挖土直接费最低的 1.86 元/m^3 的 PC02—01 型挖掘机。

2）自卸汽车

8t 车：516÷45=11.47 元/m^3

12t 车：680÷63=10.79 元/m^3

15t 车：850÷777=11.04 元/m^3

取运土直接费最低的 10.79 元/m^3 的 12t 自卸汽车。

3）相应的每立方米土方挖运直接费为：1.86+10.79=12.65 元/m^3。

（2）挖运都选相应直接费最低的设备：

1）首先按挖土直接费最低的 PC02-1 挖掘机考虑，每天施工需要台数：

$$128600 \div (1000 \times 45) = 2.86 \approx 3 \text{ 台}$$

取每天安排 PC02—1 型挖掘机 3 台，则每天出土量为 3×1000=3000m^3。

2）自卸车也选用运土直接费最低的 12t 自卸车，每天需 3000÷63=47.6 台。该公司仅有该型号自卸车 36 台，故超出部分只能另选其他车型。

每天剩余土方量：3000－36×63＝732m^3。

3）考虑采用运土直接费次低的15t自卸车，每天需732/77＝9.5台，故选择选用自卸车9台。

每天仍剩余土方量：732－9×77＝39m^3

4）剩余39m^3均需任一车型的一个台班，其中12t自卸车除外，15t自卸车虽剩下1台，考虑到8t自卸车台班单价516元最低，故选用1台8t自卸车。

5）综上所述，最经济的设备配置方案如下：

应选择施工机械为：PC02—1型挖掘机3台、8t自卸车1台、12t自卸车36台、15t自卸车9台。

（3）每日土方挖运总费用：3×1860＋1×516＋36×680＋9×850＝38226元/天

土方挖运工作天数：128600/3000＝42.86≈43天

则土方挖运单方直接费为：38226×43/128600＝12.78元/m^3

[案例3]　　设备采购配置方案的确定

某建筑工程公司已投标中标承担某地文化中心工程，其中钢结构施工吊装的大型施工机具按施工组织设计，已选定为60t塔吊一台。经初步讨论，要满足施工需要并获得该型塔吊，有三种方案可供选择，这三种方案是搬迁、购置、租赁：

（1）甲方案：搬迁塔吊。该公司已有一台60t塔吊，正在另一施工现场使用。可利用建筑施工期间存在的间隙搬迁塔吊，以满足新工程施工需要，待安装开始时再搬迁回来。这样，便需要两次搬迁费用；同时由此必须采取一些措施，以弥补另一现场无吊车所产生的需要，经测算，需要费用3万元。

（2）乙方案：购置塔吊。某厂已同意加工制造同型塔吊，但因时间紧迫，要求加价30%；这样该公司要支付两台塔吊固定费用。原塔吊机械件使用费甚少，可忽略不计。其运输安装费用按运输、拆迁与安装总费用的一半计算。

（3）丙方案：租赁塔吊。按年日历天数支付600元租赁费用。租用塔吊要付租金，塔吊运输、安装、拆迁的费用和机械年使用费必须自己开支。另一现场用的很少的塔吊固定费用还需支付。

60t塔吊有关具体数据是：一次性投资150万元；运输、拆迁、安装一次总费用10万元；年使用费6万元；塔吊残值20万元；使用年限为20年；年复利率8%。该塔吊在新工程使用期为1年。

问题：

（1）分别计算三个方案的年费用。

（2）根据计算结果选择理想方案，并说明理由。

（3）对使用优选方案进行说明。

（4）计算各方案的年费用。

1）甲方案：甲方案总费用为：

$$(150-20)\times\frac{0.08\times(1+0.08)^{20}}{(1+0.08)^{20}-1}+0.08\times20+6+2\times10+3=43.84\text{万元}$$

2）乙方案：乙方案总费用为：

$$[(150\times1.30-20)+(150-20)]\times\frac{0.08\times(1+0.08)^{20}}{(1+0.08)^{20}-1}$$
$$+2\times0.08\times20+6+1/2\times10=45.27\text{万元}$$

3）丙方案：丙方案总费用为：

$$[365\times600/1000+(150-20)]\times\frac{0.08\times(1+0.08)^{20}}{(1+0.08)^{20}-1}+0.08\times20+6+10=52.74\text{万元}$$

根据以上计算结果可见，三种方案中甲方案的总费用最少，从整个公司利益出发，选择甲方案最好，既有利于充分发挥塔吊效能、争取主动，又可以节约费用。

由于是两个工程合用一台塔吊，故原施工现场涉及塔吊的有关工作应合理安排，尽可能减少因拆迁带来的影响。同时在新工程施工中使用塔吊，一定不能延误工期，以免影响原工程的安装工作。

五、材料、设备的采购

（一）材料、设备的采购方式

由于建筑工程所需材料、设备的数量大、品种规格复杂、质量要求随工程设计不同和业主的要求而变化，而材料、设备生产企业一般比较分散，经营网点多，价格差异较大。在市场经济条件下，建筑企业的采购工作要根据复杂多变的市场情况，采用灵活多样的采购方式，既要保证施工生产需要，又要最大限度降低采购成本。因此，正确选择采购方式有利于获得最适宜的资源。通常应根据材料、设备的需用量、价格、售后服务情况、业主要求及资金状况等多种因素，确定以下采购方式。

1. 市场采购

从供应商、市场、生产企业的销售机构购买所需的材料、设备，这种方法是目前企业获得资源的主要途径。市场采购具体的供货方式可分为以下三种：

（1）现货供应

现货供应是指随时需要随时购买的一种货物采购方式。这种采购方式一般适用于市场供应比较充裕，价格升浮幅度较小，采购批量、价值都较小，采购较为频繁的材料设备。

（2）期货供应

期货供应是指建筑企业要求供应商以商定的价格和约定的供货时间，保质保量按期供应材料的一种材料设备采购方式。这种方式一般适用于一次采购批量大，且价格升浮幅度较大，而供货时间可确定的主要材料设备等采购的一种采购方式。

（3）赊销供应

赊销供应是指建筑企业向供应商购买材料，一定时期暂不付货款的一种货物采购方式。这种方式一般适用于施工生产连续使用，供应商长期固定、市场供大于求，竞卖较为激烈的材料设备而采用的一种采购方式。建筑企业应充分地运用这种方式，减少采购资金占用，降低采购成本。

2. 招标采购

由材料部门编制货物采购标书，提出需用材料设备的数量、品种、规格、质量、技术参数等招标条件，由各供应（销售或代理）商投标，表明对采购标书中相关内容的满足程度和满足方法，经评标组织评定后，确定供应（销售或代理）商及其供应产品。

3. 协作采购

通常是指业主参与货物供应商的选择，参与材料价格的谈判和否决，参与材料设备采购资金结算的行为。该种采购方式要求工程项目材料人员必须与业主方配合，才能完成材料采购任务。

4. 补偿贸易获得资源

通常是指企业与材料或产品的生产企业建立的补偿贸易关系。一般由企业提供部分或全部资金，用于材料生产企业新建、扩建、改建生产设施，并以其产品偿还企业的投资，企业因此而获得材料资源。

5. 联合开发获得资源

通常是指企业与生产企业按照不同的生产特点和产品特点走合资经营、联合生产、产销联合和技术协作等多种协作方式，开发更宽的资源渠道。

6. 调剂与串换

在企业或项目部之间本着互惠互利的原则，可将余缺材料进行调剂、暂借、串换，以满足临时、急需和特殊材料的需用。

建筑企业要根据不同材料的采购，采用不同的采购方式。当然，在千变万化的市场环境中，采购方式不是一成不变的，企业要把握市场，灵活应用采购方式。

（二）材料的采购方案

材料采购时，要选择合理的材料采购方案，即采购周期、批量、库存量满足使用要求，并使采购费和储存费之和最低的采购方案。

1. 材料采购的信息准备

采购准备的重要内容之一是熟悉市场情况，掌握有关项目所需要的货物及服务的市场信息。缺乏可靠的市场信息，采购中往往会导致错误的判断，以至采取不恰当的采购方法，或在编制预算时作出错误的估算。良好的市场信息机制应该包括以下三个方面。

（1）建立重要的货物来源的记录，以便需要时就能随时提出不同的供应商所能供应的货物的规格性能及其可靠性的相关信息。

（2）建立同一类目货物的价格目录，以便采购者能利用竞争性价格得到好处，比如：商业折扣。

（3）对市场情况进行分析研究，作出预测，使采购者在制定采购计划、决定如何捆包及采取何种采购方式时，能有比较可靠的依据作为参考。

当然，若项目组织不大，要全面掌握所需货物及服务在国际及国内市场上的供求情况和各承包商/供应商的产品性能规格及其价格等信息，这一任务要求项目组织、业主、采购代理机构通力合作来承担。采购代理机构尤其应该重视市场调查和市场信息，必要时还需要聘用咨询专家来帮助制定采购计划，提供有关信息，直至参与采购的全过程。

2. 材料采购方案的确定

在进行材料采购时，应进行方案优选，选择采购费和储存费之和最低的方案，其计算公式为：

$$F = Q/2 \times P \times A + S/Q \times C \tag{5-1}$$

式中 F——采购费和储存费之和；

Q——每次采购量；

P——采购单价；

A——仓库年仓储费率；

S——总采购量；

C——每次采购费。

3. 最优采购批量的计算

最优采购批量，也称最优库存量，或称经济批量，是指采购费和储存费之和最低的采购批量，其计算公式如下：

$$Q_0 = \sqrt{2SC/PA} \tag{5-2}$$

式中 Q_0——最优采购批量。

年采购次数$=S/Q_0$

采购间隔期=365/年采购次数

项目的年材料费用总和就是材料费、采购费和仓库仓储费三者之和。

（三）供货商的选定

在工程项目的货物采购活动中，施工项目方与供应商之间，由矛盾的双方发展已逐渐成为战略性伙伴关系，形成了企业的物资供应链，参与企业招投标，利益共得，风险共担，对提高企业的竞争能力有至关重要的作用。

1. 供货商选定的管理职责

目前大部分工程项目采购活动实行公司、项目部分层负责的管理方式，在这种管理方式下，各层可根据 ABC 分类法确定的物资类别，对物资供货商选定分别承担如下的管理职责：

（1）A、B类物资采购前必须对物资供方进行评定，采购后定期对供方进行考核评估，各类物资的采购须在所评定的合格物资供方中进行采购。

（2）A、B类物资的物资供方评定（事前）与考核评估（事后）工作一般应由公司物资部门负责牵头，项目经理部积极配合。

（3）C类物资可不进行物资供方评定工作，由项目物资部根据施工现场周围物资供应情况建立相对固定的物资供方，并将物资供方汇编报公司物资部备案，在公司授权范围内进行采购供应。

（4）以大分包形式分包的工程，分包单位的物资供方评定工作由项目物资部负责。

2. 对物资供方的评定

（1）评定方法

1）对物资供方能力和产品质量体系进行实地考察与评定；

2）对所需产品样品进行综合评定；

3）了解其他使用者的使用效果。

（2）评定内容

1）供方资质：供方的营业执照、生产许可证、安全生产证明、企业资质证明有效期的认定；

2）供方质量保证能力：物资样品、说明书、产品合格证、试验结果；

3）供方资信程度：供方生产规模、供方业绩、社会评价、财务状况；

4）供方服务能力：供货能力，履约能力，后续服务能力；

5）供方安全、环保能力：安全资格、环保能力、人员资格；

6）供方遵守法律法规，履行合同或协议的情况；

7）供货能力：批量生产能力、供货期保证能力与资质情况；

8）付款要求：资金的垫付能力和流动资金情况；

9）企业履约情况及信誉；

10）售后服务能力；

11）同等质量的产品单价竞争力。

（3）评定程序

1）物资供方的评定工作由公司物资部经理负责。

2）物资采购人员根据企业内部员工和外界人士推荐、参加各类展览会、IT网等查询所得到的及所需的供方资料，按“供应商资格预审/评价表”（表5-1）上的内容要求由供应商填写。

3）各级采购人员根据所审批的“供应商资格预审/评价表”按采购权限将物资供方进行分类整理，并按上述评定方法与内容，进行综合评定后填写评价意见。

4）公司物资部经理审核后在“评价结果”一栏中签署评价意见后报经公司有关领导审核。

5）经公司主管领导审批后，将评定合格的物资供方列入公司合格供应方花名册（表5-3）中，作为公司或项目各类物资采购选择供方范围。

供应商预审/评价表　　　　表 5-1

<table>
<tr><td>项目名称</td><td></td><td>编号</td><td></td></tr>
<tr><td>供应商名称</td><td></td><td>法人代表</td><td></td></tr>
<tr><td>产品名称</td><td></td><td>传真</td><td></td></tr>
<tr><td>地址</td><td></td><td>联系人</td><td></td></tr>
<tr><td>成立日期</td><td></td><td>联系电话</td><td></td></tr>
<tr><td>网址</td><td></td><td>邮政编码</td><td></td></tr>
</table>

<table>
<tr><td rowspan="22">审核内容</td><td colspan="6">供应商营业执照、资质证书（复印件）</td></tr>
<tr><td colspan="6">样品：□有□无　　　　样本：□有□无</td></tr>
<tr><td colspan="6">能否提供产品质量证明文件；□能□否　（验原件、留存复印件）</td></tr>
<tr><td colspan="5">生产许可证：□有□无　（验原件、留存复印件）</td><td rowspan="9">如供应商为经销商，应提供产品生产厂家的相应资料</td></tr>
<tr><td colspan="5">准用证：□有□无　（验原件、留存复印件）</td></tr>
<tr><td colspan="5">产品认证证书：□有□无　（验原件、留存复印件）</td></tr>
<tr><td colspan="5">质量体系认证证书：□有□无　（验原件、留存复印件）</td></tr>
<tr><td colspan="5">新技术、新产品的认证证书：□有□无　（验原件、留存复印件）</td></tr>
<tr><td colspan="5">当地行业主管部门备案证：□有□无　（验原件、留存复印件）</td></tr>
<tr><td colspan="5">质量标准：□有□无　（验原件、留存复印件）</td></tr>
<tr><td colspan="5">环保要求及执行标准：□有□无　（复印件）</td></tr>
<tr><td colspan="5">职业健康安全要求及执行标准：□有□无　（复印件）</td></tr>
<tr><td colspan="6">售后服务内容：</td></tr>
<tr><td colspan="6">年销售总量：</td></tr>
<tr><td colspan="6">产品应用情况</td></tr>
<tr><td>工程名称</td><td>供应物资名称、规格型号</td><td>单　位</td><td>数　量</td><td>合同金额</td><td>合同日期</td></tr>
<tr><td></td><td></td><td></td><td></td><td></td><td></td></tr>
<tr><td></td><td></td><td></td><td></td><td></td><td></td></tr>
<tr><td></td><td></td><td></td><td></td><td></td><td></td></tr>
<tr><td></td><td></td><td></td><td></td><td></td><td></td></tr>
<tr><td></td><td></td><td></td><td></td><td></td><td></td></tr>
<tr><td colspan="6">有关情况说明

供应商法人代表（或授权人）：　　　　　　年　月　日　　　公章</td></tr>
<tr><td colspan="7">以下内容公司填写</td></tr>
<tr><td colspan="7">评价是否合格：

□合格　　　　　　□不合格</td></tr>
</table>

续表

项目技术审核	样品及相关技术资料： □合格 □不合格 签名： 日期：
物资部审核	供应商资质、供货能力、质量保证能力、满足环保要求的能力： □合格 □不合格 签名： 日期：
批准意见	批准（是否可进入合格供应商品单或能否参加供应商的选择）： □合格 □不合格 签名： 日期：

供应商评估表 **表 5-2**

编号：

______项目部：

请对______供应商（档案编号：　　　）

在　　年　　月至　　年　　月期间为你项目部供应物资的情况进行评估，将评估结果填入下表，并于　　年　　月　　日前交回物资部。

物资部

日期：

	评估项目	评　估	评估人
项目评估	产品质量	□ 好 □ 一般 □ 差	
	按时供货	□ 好 □ 一般 □ 差	
	产品包装	□ 好 □ 一般 □ 差	
	售后服务	□ 好 □ 一般 □ 差	
	合作性	□ 好 □ 一般 □ 差	
	对纠正措施的执行	□ 好 □ 一般 □ 差	
	对环保保证函的执行	□ 好 □ 一般 □ 差	
	对重点影响单位环境、安全管理协议的执行	□ 好 □ 一般 □ 差	
部门评估	与其他供应商相比价格	□ 低 □ 相当 □ 高	
	与其他供应商相比供货周期	□ 短 □ 相当 □ 长	
	报价配合	□ 好 □ 一般 □ 差	

物资部经理批示：

□可

该供应商　　继续保留在合格供应商名单内。

□不可

签名：

日期：

合格供方花名册 表 5-3

序 号	类 别	编 号	供方名称	所供物资	地 址	资料存放	联系人

制表人： 审核人： 审批人：

3. 对物资供方的评估

对合格供方每年定期重新评估，即业绩评价，从而淘汰不符合要求的物资供方，以确保所供物资能够满足工程设计质量要求，使业主满意。每年更新供方名录、不合格的撤出，符合要求的及时评价、补充。

（1）评估的内容

1）生产能力和供货能力；

2）所供产品的价格水平和社会信誉；

3）质量保证能力；

4）履约表现和售后服务水平；

5）产品环保、安全性。

（2）评估程序

1）由采购员牵头，组织项目物资部、机电部和项目有关人员对已供货的供方进行一次全面的评价，并填写“供应商评估表”（表 5-2）。

2）使用单位的有关部门和采购部门在“供应商评估表”中填写实际情况。

3）公司物资部经理根据评估的内容签署意见，确定是否继续保留在合格供应单位名单中。

（四）采购及订货成交、进场和结算

工程项目材料设备采购（包括加工订货）是根据采购和加工订货计划按程序进行的。材料设备采购通常是指可获得的标准产品或常规产品。加工订货的产品往往是非标准产品或有特殊要求、特殊功能的产品，其主要操作程序基本相同。材料采购和加工订货业务主要分为准备、谈判、成交、执行和结算五个阶段。

1. 采购订货的准备

实施采购和加工订货前，应做好细致的准备工作，掌握资源与需用双方情况。一般包括落实需要采购材料设备品种、规格、型号、质量、数量、使用时间、送货地点、进货批量和价格限制；了解资源情况，考察供应商的企业资质、供应能力、价格水平及售后服务情况，提出采购建议；选择和确定采购供应商，必要时到供应商生产、储备地点进行实地考察，按企业采购工作管理程序办理相关签认手续；编制采购和加工订货实施计划，报请有关领导批准。

2. 采购的施行

（1）采购询价

企业根据采购计划需要，在合格供应商名册中选择有同类材料供应经历的供应商及建设方、项目部推荐的供应商进行询价及相关服务咨询。

（2）供应商选择

企业采购部门根据采购询价结果选择参与投标的供应商，如果进入招标范围的供应商不在合格供应商名册中，应经过合格分供方评审程序。

（3）采购招标

1）招标在入围的合格供应商中进行，应标供应商不得少于三家。

2）企业实行招标采购物资时，成立包括物资、财务、商务、法律、技术、项目部等部门负责人参加的招标小组，负责物资采购招标的评标，比价（比价表见表 5-4 所列）、定标；对确定的中标单位，发放中标通知书。

3）对于批量小、品种单一、价格低廉的物资，可以采用非招标形式采购。

4）采购合同经评审及相关部门会签后，由企业指定的授权人审核、批准、签署。

物资采购比价会审表　　　　**表 5-4**

项目名称及编码								
项目基本情况								
项目供应商名称								
名称及规格型号	单位	数量	单价	总价	单价	总价	单价	总价
安全健康因素评价（好、一般、较差）								
质量因素评价（好、一般、较差）								
环保因素评价（好、一般、较差）								
材料款项支付评价（好、一般、较差）								
售后服务评价（好、一般、较差）								

建议：

经办人：

日期：

	公司领导	物资部门	工程部门		
参加人签字及时间					

备注：

注：企业参照此表的格式进行物资采购比价分析。

3. 采购订货的成交

材料设备采购和加工订货业务，经过与供方协商取得一致意见，履行买卖手续后即为成交。成交的形式有：签订购销合同、签发提货单据和现货现购等形式。

货物采购合同包括材料采购合同和设备供应合同。

（1）材料采购合同

1）采购合同签订应注意的问题

① 签订合同前，应对对方进行资质审查，看其是否具有货物或货款支付能力及信誉情况，避免欺诈合同、皮包合同、倒卖合同或假合同的签订。

② 签订合同应使用企业、事业单位章或合同专用章并有法定代表（理）人签字或盖章，而不能使用计划、财务等其他业务章。

③ 不能以产品分配单或调拨单等代替合同。重要合同要经工商行政管理部门签证或经公证机关公证。

④ 签订合同时间和地点都要写在合同内。

⑤ 户名应用全称，即公章上名称、地址、电话不能写错。

⑥ 补偿贸易合同必须由供方（即供款企业）担保单位实行担保。

2）采购合同的主要条款

材料采购合同的主要条款有：

① 材料名称（牌号、商标）、品种、规格、型号、等级；

② 材料质量标准和技术标准；

③ 材料数量和计量单位；

④ 材料包装标准和包装物品的供应和使用办法；

⑤ 材料的交货单位、交货方式、运输方式、到货地点（包括专用线、码头）；

⑥ 接（提）货单位和接（提）货人；

⑦ 交（提）货期限；

⑧ 验收方法；

⑨ 材料单、总价及其他费用；

⑩ 结算方式，开户银行，账户名称，账号，结算单位；

⑪ 违约责任；

⑫ 供需双方协商同意的其他事项。

（2）设备供应合同

设备供应合同的主要内容大体和材料采购合同相似，但在设备供应合同中还要考虑：

1）采购设备的数量；

2）采购设备的价格；

3）采购设备的技术标准；

4）设备采购的现场服务。

4. 采购和订货的进场

材料买卖双方现货现购成交的，当场查验材料的数量、品种、规格及外观质量，无误后即执行完毕。提货成交的应到成交地点查验采购材料或产品是否与谈判达成的协议一致。履行协商确定的全部内容无误后，执行完毕。签订购销合同的，按合同规定的期限到货时，由供需双方共同交接验收（材料进场验收的要求和内容详见下一章）。

采购设备的到货检验要遵循以下程序：

（1）货物到达目的地后，采购人要向供货方发出到货检验通知，由双方共同检验。

（2）货物清点。由双方代表依照运单和装箱单共同对货物进行清点，如发现不符之处，要明确责任归属。

（3）开箱检验。货物运到现场后，双方应共同进行开箱检验。

采购设备的检验应符合以下要求：

（1）现场开箱验收应根据采购合同和装箱单，开箱检验采购产品的外观质量、型号、数量、随机资料和质量证明等，并填写检验记录表。符合条件的采购产品，应办理入库手续后妥善保管。

（2）对特种设备、材料、制造周期长的大型设备等可采取直接到供货单位验证的方式。有特殊要求的设备和材料可委托具有检验资格的机构进行第三方检验。

（3）产品检验时使用的检验器具应满足检验精度和检验项目的要求，并在有效期内。

产品检验涉及的标准规范应齐全有效，检验抽验频次、代表批量和检验项目必须符合规定要求。产品的取样必须有代表性，且按规定的部位、数量及采选的操作要求进行。

不论哪一种成交方式，对所采购进场的材料、设备都要严格按相应规范、规定的验收要求进行验收。

5. 采购和订货的结算

以货币支付材料和加工品价款及相关费用一般包括材料或产品自身的价款，另外还有加工费、运输费、包装费、保管费、装卸费和其他税费。

工程项目的材料结算方式，是指在规定的期限内，需方以货币支付供方所提供的材料价值和服务价值的形式。正确选择材料结算方式，对于减少资金占用、加快周转具有重要作用。

选择结算方式，应遵循既有利于资金周转又简便易行的原则。工程项目材料结算方式主要分为企业内部结算和对外结算两大类。

（1）企业内部结算方式

企业内部结算主要是指工程项目部与企业的结算，主要结算方式有：

1）转账法

根据工程项目的材料到货验收凭证，通过企业财务（结算）中心，办理资金的支付和划转。这种方法简单方便，缺点是难于事先控制，易发生企业对工程项目的款项拖欠。这种结算方式主要用于大宗材料的结算。

2）内部货币法

内部货币法也称为企业内部货币。由企业财务部门或内部银行发行并签认后生效使用。持证（或券）者在限额内申请和使用材料，供方在限额内供料，互相签认后供方凭签认量在企业财务（结算）中心结算。这种做法的优点是，直观清晰，便于控制，缺点是证

(或券)计算繁杂。主要适用于分散、零星的材料结算。

3)预付法

工程项目月初申报材料计划的同时，将资金预付给供方，月底按工程项目实际验收量办理结算，多退少补。此种做法的优点是便于控制，缺点是易造成资金分散和呆滞。

(2)企业对外结算方式

企业对外结算主要是指工程项目直接与企业外部供方的结算。此类工程项目通常都设置独立的银行账户，单独设立账户的可委托本企业财务(结算)中心实施结算。主要结算方式有：

1)托收承付

由收款单位根据采购合同规定发货后，委托银行向工程项目(或企业财务中心)收取货款，工程项目(或企业财务中心)根据采购合同核对收货凭证和付款凭证无误后，在承付期内承付的结算方式。

2)信汇结算

收款单位在发货后，将收款凭证和有关发货凭证，用挂号函件寄给工程项目，经工程项目审核无误后，通过银行汇给收款单位。

3)委托银行付款结算

由工程项目(或企业财务中心)按采购和加工订货所需款项，委托银行从本单位账户中将款项转入指定的收款单位账户的一种同城结算方式。

4)承兑汇票结算

工程项目(或企业财务中心)开具在一定期限后才可兑付的支票付给收款单位，兑现期到后，由银行将所指款项由付款账户转入收款方账户。

5)支票结算。工程项目(或企业财务中心)签发支票，由收款单位通过银行，凭支票从工程项目(或企业财务中心)账户支付款项的一种同城结算方式。

6)现金结算。工程项目(或企业财务中心)将价款直接交供应方，但每笔现金金额不应超过当地银行规定的现金限额。

实务、示例与案例

[案例]　　材料采购方案的确定

某建筑工程项目的年合同造价为2160万元，企业物资部门按概算每万元10t采购水泥。由同一个水泥厂供应，合同规定水泥厂按每次催货要求时间发货。项目物资部门提出了三个方案：

A_1 方案，每月交货一次；

A_2 方案，每两个月交货一次；

A_3 方案，每三个月交货一次。根据历史资料得知，每次催货费用为 $C=5000$ 元；仓库保管费率为储存材料费的4%。水泥单价(含运费)为360元/t。

试决策：

(1)确定最优采购方案。

(2)确定最优采购批量和供应间隔期。

决策过程：

（1）供应商的选择

已有规定：材料采购时应选择企业发布的合格供应方名册的厂家；对于企业合格供应商名册以外的厂家，在必须采购其产品时，要严格按照合格分供方选择与评定工作程序执行，即按企业规定经过对分供方审批合格后，方可签订采购合同进行采购；对于不需要进行合格分供方审批的一般材料，采购金额在5万元以上的（含5万元），必须签订订货合同。

（2）优选方案的确定

水泥采购量＝2160×10＝21600t

1）A_1 方案的计算：

采购次数为12÷1＝12次；每次采购数量为21600÷12＝1800t

保管费＋采购费＝1800×360÷2×0.04＋12×5000＝12960＋60000＝72960元

2）A_2 方案的计算：

采购次数为12÷2＝6次；每次采购数量为21600÷6＝3600t

保管费＋采购费＝3600×360÷2×0.04＋6×5000＝25920＋30000＝55920元

3）A_3 方案的计算：

采购次数为12÷3＝4次；每次采购数量为21600÷4＝5400t

保管费＋采购费＝5400×360÷2×0.04＋4×5000＝38880＋20000＝58880元

从 A_1、A_2、A_3 三个方案的总费用比较来看，A_2 方案的总费用最小，故应采用 A_2 方案，即每两个月采购一次。

（3）计算最优采购批量

$$Q_0 = \sqrt{2SC/PA} = \sqrt{2 \times 21600 \times 5000/360 \times 0.04} = 3873\text{t}$$

采购次数＝21600÷3873＝5.6次，即应采购6次。

采购间隔期＝365÷6＝61天，即两个月采购一次。

[示例]

建筑材料采购合同

合同编号：________

买方：________	卖方：________
法定住址：________	法定住址：________
法定代表人：________	法定代表人：________
职务：________	职务：________
委托代理人：________	委托代理人：________
身份证号码：________	身份证号码：________
通信地址：________	通信地址：________
邮政编码：________	邮政编码：________
联系人：________	联系人：________
电话：________	电话：________
传真：________	传真：________
账号：________	账号：________
电子信箱：________	电子信箱：________

根据《中华人民共和国合同法》及其他有关法律、法规的规定，买卖双方在平等、自愿、公平、诚实信用的基础上就建材买卖事宜达成协议如下：

第一条 所购建材基本情况

主体及配件					品　牌				
	品名	产地	材质	颜色	规格	单位	数量	单价	总价
主体									
配件									
备注									

合计人民币（大写）：拾　万　仟　佰　拾　元　角　分

合计人民币（小写）：　　　　　　元

第二条　质量标准：国家标准________行业标准________企业标准________

第三条　包装标准

标的物包装必须牢固，卖方应保障商品在运输途中的安全。买方对商品包装有特殊要求，双方应在合同中注明，增加的包装费用由买方负担。

第四条　合理损耗标准及计算方法：________。

第五条　设计

1. 卖方需要实地测量的，测量时间为：________。

2. 卖方设计方案经买方签字确认后，作为本合同的附件与本合同具有同等的法律效力。

3. 设计方案确认后不得单方擅自更改，否则因更改方案造成的延期责任和费用由更改方承担。

第六条　定金

买方应在______年____月____日前向卖方交付总价款________%的定金（此比例不得超过20%），卖方交货后，定金抵作价款。买方违约中途解除合同的，无权要求返还定金；卖方违约中途解除合同的，应双倍返还定金。

第七条　交货

交货方式为（卖方送货/买方取货）；交货时间：________；交货地点：________。安装方式为（卖方安装/买方自装）；选择卖方安装的，安装标准为________，安装费用由________承担，买方应为卖方提供必要的安装条件。

第八条　换货

交货验收完毕后买方因对货物的规格、颜色等需求发生变化而提出换货要求的，在包装完好且没有损伤等影响二次销售的情况下，买方可凭本合同在交货之日起____日内办理换货手续，换货费用由买方承担。

第九条 余货处理

安装后的剩余货物，在包装完好且没有损坏等影响二次销售的情况下，买方可凭本合同在交货之日起________日内办理退货手续，退货费用由买方承担。

第十条 验收

对于货物的规格、颜色与约定不符或有其他表面瑕疵的，买方应在交货时当场提出异议，异议经核实卖方应无条件换货或补足；选择卖方安装的，双方应在安装完毕后________日内共同验收安装质量，经验收未达到约定安装标准的，卖方应无条件返工。

第十一条 提出异议的时间和方法

1. 买方在验收中如发现货物的品种、型号、规格、花色和质量不合规定或约定，应在妥善保管货物的同时，自收到货物后________日内向卖方提出书面异议；在异议期间，买方有权拒付不符合合同规定部分的货款。买方未及时提出异议或者自收到货物之日起________日内未通知卖方的，视为货物合乎规定。

2. 买方因使用、保管、保养不善等造成产品质量下降的，不得提出异议。

3. 卖方在接到买方书面异议后，应在________日内负责处理并通知买方处理情况，否则，即视为默认买方提出的异议和处理意见。

第十二条 产品价格如需调整，必须经双方协商，并报请物价部门批准后方能变更。在物价主管部门批准前，仍应按合同原订价格执行。如卖方因价格问题而影响交货，则每延期交货一天，卖方应按延期交货部分总值的万分之________作为罚金付给买方。

第十三条 付款时间________

双方约定以第________种方式支付价款。

1. 签订本合同时，买方支付预付款________元，收到货物后一次性支付余款。

2. 签订本合同时，支付定金（货款的20%），收到货物后，支付货款的40%，验收合格后，支付货款的20%。

3. ________。

第十四条 保险

1. ________方应以________方为保险受益人向________方指定的保险公司对货物投保________方指定的险种，并应使该保险在本合同履行完毕前持续有效，保险费用及维持该保险所需费用均由________方承担。如因________方未及时投保和续保而造成损失的，由________方自行承担。

2. 保险事故发生后，________方须立即通知________方，并将受保险金所需的一切有关必要的文件及时交付给________方。

第十五条 卖方撤离展销会或市场的，由展销会和市场主办单位先行承担赔偿责任；主办单位承担责任之后，有权向卖方追偿。

第十六条 保证人

1. 买方委托________为本合同买方的保证人，保证人向卖方出具不可撤销的担保函。买方负责将本合同复印件转交保证人。

2. 保证人根据《担保函》就买方在本合同项下应向卖方支付的全部费用承担连带保证责任，该费用包括相关一切费用。

第十七条　通知

1. 根据本合同需要发出的全部通知以及双方的文件往来及与本合同有关的通知和要求等必须用书面形式，可采用________（书信、传真、电报、当面送交等方式）传递。以上方式无法送达的，方可采取公告送达的方式。

2. 各方通信地址如下：________。

3. 一方变更通知或通信地址，应自变更之日起________日内，以书面形式通知对方；否则，由未通知方承担由此而引起的相应责任。

第十八条　保密

双方保证对从另一方取得且无法自公开渠道获得的商业秘密（技术信息、经营信息及其他商业秘密）予以保密。未经该商业秘密的原提供方同意，一方不得向任何第三方泄露该商业秘密的全部或部分内容。但法律、法规另有规定或双方另有约定的除外。保密期限为________年。

一方违反上述保密义务的，应承担相应的违约责任并赔偿由此造成的损失。

第十九条　违约责任

1. 卖方违约责任

（1）卖方不能交货的，向买方偿付不能交货部分货款________%的违约金。

（2）卖方所交货物品种、型号、规格、花色、质量不符合同规定的，如买方同意利用，应按质论价；买方不能利用的，应根据具体情况，由卖方负责包换或包修，并承担修理、调换或退货而支付的实际费用。

（3）卖方因货物包装不符合合同规定，须返修或重新包装的，卖方负责返修或重新包装，并承担因此支出的费用。买方不要求返修或重新包装而要求赔偿损失的，卖方应赔偿买方该不合格包装物低于合格物的差价部分。因包装不当造成货物损坏或灭失的，由卖方负责赔偿。

（4）卖方逾期交货的，应按照逾期交货金额每日万分之________计算，向买方支付逾期交货的违约金，并赔偿买方因此所遭受的损失。如逾期超过________日，买方有权终止合同并可就遭受的损失向卖方索赔。

（5）卖方提前交的货物、多交的货物，如其品种、型号、规格、花色、质量不符合约定，买方在代保管期间实际支付的保管、保养等费用以及非因买方保管不善而发生的损失，均应由卖方承担。

（6）货物错发到货地点或接货人的，卖方除应负责运到合同规定的到货地点或接货人外，还应承担买方因此多支付的实际合理费用和逾期交货的违约金。

（7）卖方提前交货的，买方接到货物后，仍可按合同约定的付款时间付款；合同约定自提的，买方可拒绝提货。卖方逾期交货的，卖方应在发货前与买方协商，买方仍需要货物的，卖方应按数补交，并承担逾期交货责任；买方不再需要货物的，应在接到卖方通知后________日内通知卖方，办理解除合同手续，逾期不答复的，视为同意卖方发货。

（8）其他：________。

2. 买方违约责任

（1）买方中途退货的，应向卖方赔偿退货部分货款的________%违约金。

（2）买方未按合同约定的时间和要求提供有关技术资料、包装物的，除交货日期得以顺延外，应按顺延交货部分货款金额每日万分之________计算，向卖方支付违约金；如________日内仍不能提供的，按中途退货处理。

（3）买方自提产品未按卖方通知的日期或合同约定日期提货的，应按逾期提货部分货款金额每日万分之________计算，向卖方支付逾期提货的违约金，并承担卖方实际支付的代为保管、保养的费用。

（4）买方逾期付款的，应按逾期货款金额每日万分之________计算，向卖方支付逾期付款的违约金。

（5）买方违反合同规定拒绝接受货物的，应承担因此给卖方造成的损失。

（6）买方如错填到货的地点、接货人，或对卖方提出错误异议，应承担卖方因此所受到的实际损失。

（7）其他约定：________。

第二十条　声明及保证

1. 买方

（1）买方为一家依法设立并合法存续的企业，有权签署并有能力履行本合同。

（2）买方签署和履行本合同所需的一切手续________均已办妥并合法有效。

（3）在签署本合同时，任何法院、仲裁机构、行政机关或监管机构均未作出任何足以对买方履行本合同产生重大不利影响的判决、裁定、裁决或具体行政行为。

（4）买方为签署本合同所需的内部授权程序均已完成，本合同的签署人是买方的法定代表人或授权代表人。本合同生效后即对合同双方具有法律约束力。

2. 卖方

（1）卖方为一家依法设立并合法存续的企业，有权签署并有能力履行本合同。

（2）卖方签署和履行本合同所需的一切手续________均已办妥并合法有效。

（3）在签署本合同时，任何法院、仲裁机构、行政机关或监管机构均未作出任何足以对卖方履行本合同产生重大不利影响的判决、裁定、裁决或具体行政行为。

（4）卖方为签署本合同所需的内部授权程序均已完成，本合同的签署人是卖方的法定代表人或授权代表人。本合同生效后即对合同双方具有法律约束力。

第二十一条　争议解决方式

1. 本合同项下发生的争议，双方应协商或向市场主办单位、消费者协会申请调解解决，也可向行政机关提出申诉。

2. 协商、调解、申诉解决不成的，应向人民法院提起诉讼，或按照另行达成的仲裁条款或仲裁协议申请仲裁。

第二十二条　其他约定事项：________。

第二十三条　对本合同的变更或补充不合理地减轻或免除卖方应承担的责任的，仍以本合同为准。

第二十四条　任何一方如要求全部或部分注销合同，必须提出充分理由，经双方协商。提出注销合同一方须向对方偿付注销合同部分总额________%的补偿金。

第二十五条　客观条件变化

1. 买方如发生破产、关闭、停业、合并、分立等情况时，应立即书面通知卖方并提供有关证明文件，如本合同因此不能继续履行时，卖方有权采取相关措施。

2. 买方和担保人的法定地址、法定代表人等发生变化，不影响本合同的执行，但买方和担保人应立即书面通知卖方。

3. 卖方在参加买方破产清偿后，其债权未能全部受偿的，可就不足部分向保证人追偿。

4. 卖方决定不参加买方破产程序的，应及时通知买方的保证人，保证人可以就保证债务的数额申报债权参加破产分配。

第二十六条 如因生产资料、生产设备、生产工艺或市场发生重大变化，买方须变更产品品种、规格、质量、包装时，应提前________天与卖方协商。

第二十七条　不可抗力

1. 本合同所称不可抗力是指不能预见、不能克服、不能避免并对一方当事人造成重大影响的客观事件，包括但不限于自然灾害如洪水、地震、火灾和风暴等以及社会事件如战争、动乱、政府行为等。

2. 如因不可抗力事件的发生导致合同无法履行时，遇不可抗力的一方应立即将事故情况书面告知另一方，并应在________天内，提供事故详情及合同不能履行或者需要延期履行的书面资料，双方认可后协商终止合同或暂时延迟合同的履行。本合同可以不履行或延期履行或部分履行，并免予承担违约责任。

第二十八条　解释

本合同的理解与解释应依据合同目的和文本原意进行，本合同的标题仅是为了阅读方便而设，不应影响本合同的解释。

第二十九条　补充与附件

本合同未尽事宜，依照有关法律、法规执行，法律、法规未作规定的，双方可以达成书面补充协议。本合同的附件和补充协议均为本合同不可分割的组成部分，与本合同具有同等的法律效力。

第三十条 本合同一式________份。

经法定代表人签章后生效。

有效期从________年________月________日起至________年________月________日止。

买方（盖章）：________　　　　卖方（盖章）：________

法定代表人（签字）：________法定代表人（签字）：________

开户银行：________开户银行：________

账号：________账号：________

________年________月________日________年________月________日

签订地点：________签订地点：________

六、材料的验收与复验

（一）进场验收和复验意义

建筑材料施工项目的主要物资，是建筑工程构成实体的组成要素，其质量的保证直接关系建筑物各种功能的实现，尤其关系到建筑物整个寿命周期内的安全、耐久性，具有关系国计民生的重要意义；另一方面，建筑物投资高、使用环境不可测、诸多材料在工程结束后都处于隐蔽不可测状态；其三，假冒伪劣产品用于工程，会造成严重的公共安全隐患，因此，材料的质量必须在生产和工程应用各阶段加强控制。

而工程项目的材料进场验收是施工企业物资由生产流通领域向流通领域转移的中间重要环节，是保证进入施工现场的物资满足工程预定的质量标准，满足用户使用，确保用户生命安全的重要手段和保证，因此在相关国家规范和各地建设行政管理部门对建筑材料的进场验收和复验都作出了严格的规定，要求施工企业加强对建筑材料的进场验收与管理，按规范应复验的必须复验，无相应检测报告或复验不合格的应予退货，更严禁使用有害物质含量不符合国家规定的建筑材料，同时使用国家明令淘汰的建筑材料和使用没有出厂检验报告的建筑材料，尤其不按规定对建筑材料的有害物质含量指标进行复验的，对施工单位和有关人员进行处罚。

应该注意的是，建筑材料的出厂检验报告和进场复试报告有本质的不同，不能替代。这主要是因为出厂检验报告为厂家在完成此批次货物的情况下厂方自身内部的检测，一旦发生问题和偏离，不具有权威性；其二，进场复验报告为用货单位在监理及业主方的监督下由本地质检权威部门出具的检验报告，具有法律效力；其三，出厂检验报告是每种型号、每种规格都出具的，而进场报告是施工部门在使用的型号规格内随机抽取的。

由此可见进场验收和复验的重要意义。材料设备的验收必须要做到认真、及时准确、公正、合理。

（二）常用建筑及市政工程材料的技术要求

1. 水泥

（1）通用硅酸盐水泥

1）分类

通用硅酸盐水泥是以硅酸盐水泥熟料和适量的石膏及规定的混合材料制成的水硬性胶凝材料。其包括硅酸盐水泥、普通硅酸盐水泥、矿渣硅酸盐水泥、火山灰质硅酸盐水泥、粉煤灰硅酸盐水泥、复合硅酸盐水泥。

硅酸盐水泥是由硅酸盐水泥熟料、0%～5%石灰石或符合标准要求的粒化高炉矿渣、适量石膏磨细制成的水硬性胶凝材料。硅酸盐水泥分为两种类型，不掺加混合材料的称I型硅酸盐水泥，其代号为P·I。在硅酸盐水泥粉磨时掺加不超过水泥质量5%石灰石或粒化高炉矿渣混合材料的称II型硅酸盐水泥，其代号为P·II。

普通硅酸盐水泥，简称普通水泥，代号为P·O，其水泥中熟料＋石膏的掺量应≥85%且<95%，允许符合标准要求的活性混合材料的掺量为>5%且≤20%，其中允许用不超过水泥质量5%的符合标准要求的窑灰或不超过水泥质量8%的非活性混合材料来代替。

矿渣硅酸盐水泥，国家标准（GB 175—2007/XG1—2009）规定：矿渣硅酸盐水泥（简称矿渣水泥），根据粒化高炉矿渣掺量的不同分为A型与B型两种，A型矿渣掺量>20%且≤50%，代号为P·S·A；B型矿渣掺量>50%且≤70%，代号为P·S·B。其中允许用不超过水泥质量8%且符合标准要求的活性混合材料、非活性混合材料或符合标准要求的窑灰中的任一种材料代替。

火山灰质硅酸盐水泥，国家标准（GB 175—2007/XG1—2009）规定：火山灰质硅酸盐水泥（简称火山灰水泥），代号为P·P，其水泥中熟料＋石膏的掺量应≥60%且<80%，混合材料为符合标准要求的火山灰质活性混合材料，其掺量为>20%且≤40%。

粉煤灰硅酸盐水泥，国家标准（GB 175—2007/XG1—2009）规定：粉煤灰硅酸盐水泥（简称粉煤灰水泥），代号为P·F。其水泥中熟料＋石膏的掺量应≥60%且<80%，混合材料为符合标准要求的粉煤灰活性混合材料，其掺量为>20%且≤40%。

复合硅酸盐水泥，国家标准（GB 175—2007/XG1—2009）规定：复合硅酸盐水泥（简称复合水泥），代号为P·C。其水泥中熟料＋石膏的掺量应≥50%且<80%，混合材料为两种或两种以上的活性混合材料及非活性混合材料，其掺量为>20%且≤50%，其中允许用不超过水泥质量8%且符合标准要求的窑灰代替，掺矿渣时混合材料掺量不得与矿渣硅酸盐水泥重复。

2）通用硅酸盐水泥的技术要求

①化学指标

通用硅酸盐水泥的化学指标见表6-1所列。

通用硅酸盐水泥的化学指标（%）（GB 175—2007/XG1—2009）　**表6-1**

<table>
<tr><th>品　种</th><th>代　号</th><th>不溶物（质量分数）</th><th>烧失量（质量分数）</th><th>三氧化硫（质量分数）</th><th>氧化镁（质量分数）</th><th>氯离子（质量分数）</th></tr>
<tr><td rowspan="2">硅酸盐水泥</td><td>P·I</td><td>≤0.75</td><td>≤3.0</td><td rowspan="3">≤3.5</td><td rowspan="3">≤5.0[a]</td><td rowspan="8">≤0.06[c]</td></tr>
<tr><td>P·II</td><td>≤1.50</td><td>≤3.5</td></tr>
<tr><td>普通硅酸盐水泥</td><td>P·O</td><td>—</td><td>≤5.0</td></tr>
<tr><td rowspan="2">矿渣硅酸盐水泥</td><td>P·S·A</td><td>—</td><td>—</td><td rowspan="2">≤4.0</td><td>≤6.0[b]</td></tr>
<tr><td>P·S·B</td><td>—</td><td>—</td><td>—</td></tr>
<tr><td>火山灰质硅酸盐水泥</td><td>P·P</td><td>—</td><td>—</td><td rowspan="3">≤3.5</td><td>—</td></tr>
<tr><td>粉煤灰硅酸盐水泥</td><td>P·F</td><td>—</td><td>—</td><td rowspan="2">≤6.0[b]</td></tr>
<tr><td>复合硅酸盐水泥</td><td>P·C</td><td>—</td><td>—</td></tr>
</table>

注：a 如果水泥压蒸试验合格，则水泥中氧化镁的含量（质量分数）允许放宽至6.0%。

b 如果水泥中氧化镁的含量（质量分数）大于6.0时，需进行水泥压蒸安定性试验并合格。

c 当有更低要求时，该指标由买卖双方协商确定。

不溶物是指水泥经酸和碱处理后，不能被溶解的残余物。它是水泥中非活性组分的反映，主要由生料、混合材和石膏中的杂质产生。

烧失量是指水泥经高温灼烧以后的质量损失率，主要由水泥中未煅烧组分产生，如未烧透的生料、石膏带入的杂质、掺合料及存放过程中的风化物等。当样品在高温下灼烧时，会发生氧化、还原、分解及化合等一系列反应并放出气体。

② 碱含量

通用硅酸盐水泥除主要矿物成分以外，还含有少量其他化学成分，如钠和钾的化合物。碱含量按 $Na_2O+0.658K_2O$ 的计算值来表示。当用于混凝土中的水泥碱含量过高，骨料又具有一定的活性时，会发生有害的碱集料反应。因此，国家标准规定：若使用活性骨料，用户要求提供低碱水泥时，水泥中碱含量不得大于 0.6%或由买卖双方商定。

③ 物理指标

A. 凝结时间

硅酸盐水泥初凝时间不小于 45min，终凝时间不大于 390min。

普通硅酸盐水泥、矿渣硅酸盐水泥、火山灰质硅酸盐水泥、粉煤灰硅酸盐水泥和复合硅酸盐水泥初凝不小于 45min，终凝不大于 600min。

B. 安定性

沸煮法合格。

C. 细度（选择性指标）

硅酸盐水泥和普通硅酸盐水泥的细度以比表面积表示，其比表面积不小于 $300m^3/kg$；矿渣硅酸盐水泥、火山灰质硅酸盐水泥、粉煤灰硅酸盐水泥和复合硅酸盐水泥的细度以筛余表示，其 80μm 方孔筛筛余不大于 10%或 45μm 方孔筛筛余不大于 30%。

D. 强度

不同品种不同强度等级的通用硅酸盐水泥，其不同龄期的强度应符合 6-2 的规定。

硅酸盐水泥按 3d 和 28d 龄期的抗折和抗压强度分为 42.5、42.5R、52.5、52.5R、62.5、62.5R 六个强度等级。

普通硅酸盐水泥按 3d 和 28d 龄期的抗折和抗压强度分为 42.5、42.5R、52.5、52.5R 四个强度等级。

矿渣硅酸盐水泥、火山灰质硅酸盐水泥、粉煤灰硅酸盐水泥、复合硅酸盐水泥按 3d、28d 龄期抗压强度及抗折强度分为 32.5、32.5R、42.5、42.5R、52.5、52.5R6 个强度等级。各强度等级各龄期的强度不得低于表 6-2 中的数值。

通用硅酸盐水泥各强度等级各龄期强度值（GB 175—2007/XG1—2009） **表 6-2**

品 种	强度等级	抗压强度（MPa）		抗折强度（MPa）	
		3d	28d	3d	28d
硅酸盐水泥	42.5	≥17.0	≥42.5	≥3.5	≥6.5
	42.5R	≥22.0	≥42.5	≥4.0	≥6.5
	52.5	≥23.0	≥52.5	≥4.0	≥7.0
	52.5R	≥27.0	≥52.5	≥5.0	≥7.0
	62.5	≥28.0	≥62.5	≥5.0	≥8.0
	62.5R	≥32.0	≥62.5	≥5.5	≥8.0

续表

品　种	强度等级	抗压强度（MPa）		抗折强度（MPa）	
		3d	28d	3d	28d
普通硅酸盐水泥	42.5	≥17.0	≥42.5	≥3.5	≥6.5
	42.5R	≥22.0		≥4.0	
	52.5	≥23.0	≥52.5	≥4.0	≥7.0
	52.5R	≥27.0		≥5.0	
矿渣硅酸盐水泥、火山灰质硅酸盐水泥、粉煤灰硅酸盐水泥、复合硅酸盐水泥	32.5	≥10.0	≥32.5	≥2.5	≥5.5
	32.5R	≥15.0		≥3.5	
	42.5	≥15.0	≥42.5	≥3.5	≥6.5
	42.5R	≥19.0		≥4.0	
	52.5	≥21.0	≥52.5	≥4.0	≥7.0
	52.5R	≥23.0		≥4.5	

注：R—早强型。

（2）高铝水泥

高铝水泥是以铝矾土和石灰为原料，按一定比例配合，经煅烧、磨细所制得的一种以铝酸盐为主要矿物成分的水硬性胶凝材料，又称铝酸盐水泥，是一种快凝快硬性水泥。

1）分类

高铝水泥分为CA—50、CA—60、CA—70、CA—80四种类型。

2）高铝水泥的技术要求

高铝水泥的细度要求比表面积不小于300m²/kg或45μm方孔筛筛余不得超过20%；初凝时间CA—50、CA—70、CA—80不得早于30min，CA—60不得早于60min；终凝时间CA—50、CA—70、CA—80不得迟于6h，CA—60不得迟于18h。体积安定性必须合格。高铝水泥分为CA—50、CA—60、CA—70、CA—80四种类型，强度要求见表6-3所列。

高铝水泥各龄期强度值（GB 201—2000）　　**表6-3**

水泥类型	抗压强度（MPa）				抗折强度（MPa）			
	6h	1d	3d	28d	6h	1d	3d	28d
CA—50	20*	40	50	—	3.0*	5.5	6.5	—
CA—60	—	20	45	85	—	2.5	5.0	10.0
CA—70	—	30	40	—	—	5.0	6.0	—
CA—80	—	25	30	—	—	4.0	5.0	—

注：*当用户需要时，生产厂家要提供结果。

（3）特性水泥

1）分类

常用的特性水泥主要有快硬硅酸盐水泥、膨胀水泥和自应力水泥、中热硅酸盐水泥和低热矿渣硅酸盐水泥以及低碱度硫铝酸盐水泥。

① 快硬硅酸盐水泥

由硅酸水泥熟料和适量石膏磨细制成的，以3d抗压强度表示强度等级的水硬性胶凝材料称为快硬硅酸盐水泥（简称快硬水泥）。

② 膨胀水泥和自应力水泥

膨胀水泥和自应力水泥都是在水化硬化过程中产生体积膨胀的水泥，属膨胀类水泥。若水泥在硬化过程中体积不会发生收缩，还略有膨胀，可以解决由于收缩带来的不利后果，即为膨胀水泥。而当这种膨胀受到水泥混凝土中钢筋的约束而产生的自压应力值大于2MPa的水泥则称为自应力水泥。

膨胀水泥按膨胀值不同，分为膨胀水泥和自应力水泥。膨胀水泥的线膨胀率一般在1%以下，相当或稍大于一般水泥的收缩率，可以补偿收缩，所以又称补偿收缩水泥或无收缩水泥。自应力水泥的线膨胀率一般为1%～3%，膨胀值较大。

该类特性水泥的主要品种有硅酸盐膨胀水泥、低热微膨胀水泥、硫铝酸盐膨胀水泥和自应力水泥。

③ 中、低热硅酸盐水泥和低热矿渣硅酸盐水泥

中、低热硅酸盐水泥（简称中、低热水泥）是以适当成分的硅酸盐水泥熟料、加入适量石膏，磨细制成的具有中、低水化热的水硬性胶凝材料。

低热矿渣硅酸盐水泥（简称低热矿渣水泥）是以适当成分的硅酸盐水泥熟料、20%～60%的粒化高炉矿渣和适量石膏共同磨细制成的具有低水化热的水硬性胶凝材料。

④ 低碱度硫铝酸盐水泥

以无水硫铝酸钙为主要成分的硫铝酸盐水泥熟料，加入适量的石膏和20%～50%石灰石磨细而成，具有碱度低、自由膨胀较小的水硬性胶凝材料，称为低碱度硫铝酸盐水泥。

2）特性水泥的技术要求

① 快硬硅酸盐水泥

快硬硅酸盐水泥的基本技术要求与普通水泥相似，初凝不得早于45min，终凝不得迟于10h。安定性（沸煮法检验）必须合格。强度等级以3d抗压强度表示，分为32.5、37.5、42.5三个等级，28d强度作为供需双方参考指标。

快硬硅酸盐水泥的特点是凝结硬化快，早期强度增长率高，适用于早期强度要求高的工程。可用于紧急抢修工程、低温施工工程、高等级混凝土等。

快硬水泥易受潮变质，在运输和贮存时，必须注意防潮，并应及时使用，不宜久存，出厂一月后，应重新检验强度，合格后方可使用。

② 中、低热硅酸盐水泥和低热矿渣硅酸盐水泥

中热硅酸盐水泥和低热矿渣水泥的主要技术性能见表6-4所列。氧化镁、三氧化硫、安定性、碱含量要求同普通水泥。细度为80μm方孔筛筛余不得超过12%，初凝不得早于60min，终凝不得迟于12h。中热硅酸盐水泥按强度分为42.5、52.5两个强度等级，低热矿渣硅酸盐水泥按强度分为32.5、42.5两个强度等级。

中、低热水泥各龄期的强度要求（GB 200—2003） **表6-4**

品种	强度等级	抗压强度（MPa）			抗折强度（MPa）		
		3d	7d	28d	3d	7d	28d
中热水泥	42.5	12.0	22.0	42.5	3.0	4.5	6.5
低热水泥	42.5	—	13.0	42.5	—	3.5	6.5
低热矿渣水泥	32.5	—	12.0	32.5	—	3.0	5.5

中热水泥水化热较低，抗冻性与耐酸性较高，适用于大体积水上建筑物水位变动区的覆面层及大坝溢流面，以及其他要求低水化热、高抗冻性和耐磨性的工程。低热矿渣水泥水化热更低，适用于大体积建筑物或大坝内部要求更低水化热的部位。此外，这两种水泥有一定的抗硫酸盐侵蚀能力，可用于低硫酸盐侵蚀的工程。

③ 低碱度硫铝酸盐水泥（代号 L-SAC）

低碱度硫铝酸盐水泥细度为比表面积不得低于 $450m^2/kg$；初凝不得早于 25min，终凝不得迟于 3h；碱度要求为：灰水比为 1∶10 的水泥浆液，1h 的 pH 值不得大于 10.5；28d 自由膨胀率 0～0.15%；低碱度硫酸盐的强度以 7d 抗压强度表示，分为 42.5 及 52.5 两个强度等级，要求见表 6-5 所列。

低碱度硫铝酸盐水泥各强度等级各龄期强度值　　表 6-5

强度等级	抗压强度（MPa）		抗折强度（MPa）	
	1d	7d	1d	7d
42.5	32.0	42.5	4.5	6.0
52.5	39.0	52.5	5.0	6.5

出厂水泥应保证 7d 强度、28d 自由膨胀率合格，凡比表面积、凝结时间、强度中任一项不符合规定要求时为不合格品。凡碱度和自由膨胀率中任一项不符合规定要求时为废品。

该水泥不得与其他品种水泥混用。运输与贮存时，不得受潮和混入杂物，应与其他水泥分别贮运，不得混杂。水泥贮存期为 3 个月，逾期水泥应重新检验，合格后方可使用。

2. 混凝土

（1）粗骨料

1）分类

粗骨料是指粒径大于 4.75mm 的岩石颗粒。常将人工破碎而成的石子称为碎石，即人工石子。而将天然形成的石子称为卵石，按其产源特点，也可分为河卵石、海卵石和山卵石。其各自的特点与相应的天然砂类似，虽各有其优缺点，但因用量大，故应按就地取材的原则给予选用。卵石的表面光滑，拌合混凝土比碎石流动性要好，但与水泥砂浆粘结力差，故强度较低。卵石和碎石按技术要求分为 I 类、II 类、III 类三个等级。I 类用于强度等级大于 C60 级的混凝土；II 类用于强度等级 C30～C60 级及抗冻、抗渗或有其他要求的混凝土；III 类适用于强度等级小于 C30 级的混凝土。

2）粗骨料的技术要求

① 颗粒级配

碎石和卵石的颗粒级配的范围见表 6-6 所列。

粗骨料的颗粒级配按供应情况分为连续级配和单粒级。按实际使用情况分为连续级配和间断级配两种。

碎石和卵石的颗粒级配的范围（JGJ 52—2006）　　**表 6-6**

累计筛余（%） 筛孔（mm） 公称粒径（mm）		2.36	4.75	9.50	16.0	19.0	26.5	31.5	37.5	53.0	63.0	75.0	90.0
连续粒级	5～10	95～100	80～100	0～15	0								
	5～16	95～100	85～100	30～60	0～10	0							
	5～20	95～100	90～100	40～80	—	0～10	0						
	5～25	95～100	90～100	—	30～70	—	0～5	0					
	5～31.5	95～100	90～100	70～90	—	15～45	—	0～5	0				
	5～40	—	95～100	70～90	—	30～65	—	—	0～5	0			
单粒粒级	10～20		95～100	85～100		0～15	0						
	16～31.5		95～100		85～100			0～10	0				
	20～40			95～100		80～100			0～10	0			
	31.5～63				95～100			75～100	45～75		0～10	0	
	40～80					95～100			70～100		30～60	0～10	0

注：与以上筛孔边长系列对应的筛孔公称边长及石子的公称粒径系列为 2.50mm、5.00mm、10.0mm、16.00mm、20.0mm、25.00mm、31.5mm、40.0mm、50.0mm、63.0mm、80.0mm、100.0mm。

② 强度及坚固性

A. 强度

粗骨料在混凝土中要形成结实的骨架，故其强度要满足一定的要求。粗骨料的强度有立方体抗压强度和压碎指标值两种，碎石和卵石的压碎值指标见表 6-7 所列。

碎石和卵石的压碎值指标（JGJ 52—2006）　　**表 6-7**

石类型	岩石品种	混凝土强度等级	压碎指标值（%）
碎石	沉积岩	C40～C60	≤10
		≤C35	≤16
	变质岩或深成的火成岩	C40～C60	≤12
		≤C35	≤20
	喷出的火成岩	C40～C60	≤13
		≤C35	≤30
卵石		C40～C60	≤12
		≤C35	≤16

注：沉积岩包括石灰岩、砂岩等；变质岩包括片麻岩、石英岩等；深成的火成岩花岗岩、正长岩、闪长岩和橄榄岩等；喷出的火成岩包括玄武岩和辉绿岩等。

B. 坚固性

砂、碎石和卵石的坚固性指标见表 6-8 所列。

砂、碎石和卵石的坚固性指标（JGJ 52—2006） **表 6-8**

混凝土所处的环境条件及其性能要求	砂石类型	5 次循环后的质量损失（%）
在严寒及寒冷地区室外使用，并经常处于潮湿或干湿交替状态下的混凝土； 对于有抗疲劳、耐磨、抗冲击要求的混凝土； 有腐蚀介质作用或经常处于水位变化区的地下结构混凝土	砂	≤8
	碎石、卵石	≤8
其他条件下使用的混凝土	砂	≤10
	碎石、卵石	≤12

③ 针片状颗粒

骨料颗粒的理想形状应为立方体，但实际骨料产品中常会出现颗粒长度大于平均粒径 4 倍的针状颗粒和厚度小于平均粒径 0.4 倍的片状颗粒。针、片状颗粒的外形和较低的抗折能力，会降低混凝土的密实度和强度，并使其工作性变差，故其含量应予控制，见表 6-9所列。

针、片状颗粒含量（JGJ 52—2006） **表 6-9**

混凝土强度等级	≥C60	C30～C55	≤C25
针、片状颗粒含量（按质量计，%）	≤8	≤15	≤25

④ 含泥量和泥块含量

卵石、碎石的含泥量和泥块含量应符合表 6-10 的规定。

碎石或卵石中的含泥量和泥块含量（JGJ 52—2006） **表 6-10**

混凝土强度等级	≥C60	C30～C55	≤C25
含泥量（按质量计，%）	≤0.5	≤1.0	≤2.0
泥块含量（按质量计，%）	≤0.2	≤0.5	≤0.7

⑤ 有害物质

与砂相同，卵石和碎石中不应混有草根、树叶、树枝、塑料、煤块和炉渣等杂物且其中的有害物质（有机物、硫化物和硫酸盐）的含量控制应满足表 6-11 的要求。

碎石或卵石中的有害物质含量（JGJ 52—2006） **表 6-11**

项　目	质量指标
硫化物及硫酸盐含量（折算成 SO_3 按质量计，%）	≤1.0
卵石中的有机物含量（用比色法试验）	颜色应不深于标准色。当颜色深于标准色时，应配制成混凝土进行强度对比试验，抗压强度比不应低于 0.95

当粗细骨料中含有活性二氧化硅（如蛋白石、凝灰岩、鳞石英等岩石）时，可与水泥中的碱性氧化物 Na_2O 或 K_2O 发生化学反应，生成体积膨胀的碱-硅酸凝胶体，该种物质吸水会体积膨胀，从而造成硬化混凝土的严重开裂，甚至造成工程事故，这种有害作用称

为碱骨料反应。国标《建筑用卵石、碎石》（GB/T 14685—2011）规定当骨料中含有活性二氧化硅，而水泥含碱量超过0.6%时，需进行专门试验，以确定骨料的可用性。

（2）细骨料

1）分类

细骨料是指粒径小于4.75mm的岩石颗粒，通常按砂的生成过程特点，可将砂分为天然砂和人工砂。天然砂根据产地特征，分为河砂、湖砂、山砂和海砂。人工砂是经除土处理的机制砂和混合砂的统称。机制砂是由机械破碎、筛分而得的岩石颗粒，但不包括软质岩、风化岩石的颗粒。混合砂是由机制砂和天然砂混合而成的砂。

2）细骨料的技术要求

① 细度模数

根据行业标准《普通混凝土用砂、石质量及检验方法标准》（JGJ 52—2006）按细度模数将砂分为粗砂（μ_t=3.1～3.7）、中砂（μ_t=2.3～3.0）、细砂（μ_t=1.6～2.2）、特细砂（μ_t=0.7～1.5）四级。普通混凝土在可能情况下应选用粗砂或中砂，以节约水泥。

② 颗粒级配

砂颗粒级配见表6-12所列。

砂颗粒级配区（JGJ 52—2006） **表6-12**

筛孔尺寸 \ 累计筛余（%） \ 级配区	I区	II区	III区
9.50mm	0	0	0
4.75mm	0～10	0～10	0～10
2.36mm	5～35	0～25	0～15
1.18mm	35～65	10～50	0～25
600μm	71～85	41～70	16～40
300μm	80～95	70～92	55～85
150μm	90～100	90～100	90～100

注：I区人工砂中150μm筛孔的累计筛余率可以放宽至85%～100%，II区人工砂中150μm筛孔的累计筛余率可以放宽至80%～100%，III区人工砂150μm筛孔的累计筛余率可以放宽至75%～100%。

如果砂的自然级配不符合级配的要求，可采用人工调整级配来改善，即将粗细不同的砂进行掺配或将砂筛除过粗、过细的颗粒。

③ 含泥量、泥块含量和石粉含量

天然砂的含泥量、泥块含量应符合表6-13的规定。人工砂和混合砂中的的石粉含量应符合表6-14的规定。表6-14中的亚甲蓝试验是专门用于检测粒径小于75μm的物质是纯石粉还是泥土的试验方法。

天然砂中含泥量和砂中泥块含量（JGJ 52—2006） **表6-13**

混凝土强度等级	≥C60	C30～C55	≤C25
含泥量（按质量计，%）	≤2.0	≤3.0	≤5.0
泥块含量（按质量计，%）	≤0.5	≤1.0	≤2.0

注：对于有抗冻、抗渗或其他特殊要求的小于或等于C25混凝土用砂，其含泥量不应大于3.0%，泥块含量不应大于1.0%。

人工砂或混合砂中石粉含量（JGJ 52—2006）　　**表 6-14**

混凝土强度等级		≥C60	C30～C55	≤C25
石粉含量（%）	*MB*<1.4（合格）	≤5.0	≤7.0	≤10.0
	MB≥1.4（不合格）	≤2.0	≤3.0	≤5.0

注：*MB* 为亚甲蓝试验的技术指标，称为亚甲蓝值，表示每千克 0～2.36mm 粒级试样所消耗的亚甲蓝克数。

④ 砂的有害物质

砂中不应混有草根、树叶、树枝、塑料、煤块、炉渣等杂物。其他有害物质，包括云母、轻物质、有机物、硫化物和硫酸盐、氯盐的含量控制应符合表 6-15 的规定。

砂中的有害物质含量（JGJ 52—2006）　　**表 6-15**

项　目	质量指标
云母含量（按质量计,%）	≤2.0
轻物质含量（按质量计,%）	≤1.0
硫化物及硫酸盐含量（折算成 SO_3 按质量计,%）	≤1.0
有机物含量（用比色法试验）	颜色不应深于标准色。当颜色深于标准色时，应按水泥胶砂强度试验方法进行强度对比试验，抗压强度比不应低于 0.95

海砂中的贝壳含量应符合表 6-16 的规定，对于有抗冻、抗渗或其他特殊要求的小于或等于 C25 的混凝土用砂，其贝壳含量不应大于 5%。

海砂中贝壳含量（JGJ 52—2006）　　**表 6-16**

混凝土强度等级	≥C40	C30～C35	C15～C25
贝壳含量（按质量计,%）	≤3.0	≤5.0	≤8.0

（3）轻骨料

堆积密度不大于 1100kg/m^3 的轻粗骨料和堆积密度不大于 1200kg/m^3 的轻细骨料总称为轻骨料。

1）分类

轻粗骨料按其性能分为三类：堆积密度不大于 500kg/m^3 的保温用或结构保温用超轻骨料；堆积密度大于 510kg/m^3 的轻骨料；强度等级不小于 25MPa 的结构用高强轻骨料。

轻骨料按来源不同可分为三类：

① 天然轻骨料。天然形成的（如火山爆发）多孔岩石，经破碎、筛分而成的轻骨料，如浮石、火山渣等。

② 人造轻骨料。以天然矿物为主要原料经加工制粒、烧胀而成的轻骨料，如黏土陶粒、页岩陶粒等。

③ 工业废料轻骨料。以粉煤灰、煤渣、煤矸石、高炉熔融矿渣等工业废料为原料，经专门加工工艺而制成的轻骨料，如粉煤灰陶粒、煤渣、自燃煤矸石、膨胀矿渣珠等。

按颗粒形状不同，轻骨料可分为圆球形（粉煤灰陶粒、黏土陶粒）、普通型（页岩陶粒和膨胀珍珠岩等）及碎石型（浮石、火山渣、煤渣等）。轻骨料的生产方法有烧结法和烧胀法。烧结法是将原料加工成球，经高强烧结而获得多孔骨料，如粉煤灰陶粒。烧胀法是将原料加工制粒，经高温熔烧使原料膨胀形成多孔结构，如黏土陶粒和页岩陶粒等。

轻骨料按其技术指标，分为优等品（A)、一等品（B）和合格品（C）三类。

2）轻骨料的技术要求

轻骨料的技术要求主要有颗粒级配（细度模数）、堆积密度、粒型系数、筒压强度（高强轻粗骨料尚应检测强度等级）和吸水率等，此外软化系数、烧失量、有毒物质含量等也应符合有关规定。

① 颗粒级配和细度模数

轻骨料与普通骨料同样也是通过筛分试验而得的累计筛余率来评定和计算颗粒级配及细轻骨料的细度模数。筛分粗骨料的筛子规格为：圆孔筛，筛孔直径为 40.0mm、31.5mm、20.0mm、16.0mm、10.0mm 和 5mm 共 6 种。筛分细骨料的筛子规格为：10.0mm、5.00mm、2.50mm、1.25mm、0.630mm、0.315mm、0.160mm 共 7 种，其中 1.25mm、0.63mm、0.315mm、0.160mm 为方孔形，其他为圆孔形。以上筛型随着新国标的颁布将逐渐过渡到新筛型。

各种轻骨料的颗粒级配应符合表 6-17 的要求，但人造轻粗骨料的最大粒径不宜大于 20.0mm。

轻骨料颗粒级配（GB/T 17431.1—2010）　　**表 6-17**

轻骨料种类	级配类别	公称粒级（mm）	各号筛的累计筛余（按质量计,%）										
			筛孔尺寸（mm）										
			40.0	31.5	20.0	16.0	10.0	5.00	2.50	1.25	0.630	0.315	0.160
细骨料		0～5					0	0～10	0～35	20～60	30～80	65～90	75～100
粗骨料	连续颗粒	5～40	0～10	—	40～60	—	50～85	90～100	95～100				
		5～31.5	0～5	0～10	—	40～75	—	90～100	95～100				
		5～20	—	0～5	0～10	—	40～80	90～100	95～100				
		5～16	—	—	0～5	0～10	20～60	85～100	95～100				
		5～10	—	—	—	0	0～15	80～100	95～100				
	单粒级	10～16	—	—	0	0～15	85～100	90～100					

轻细骨料的细度模数宜在 2.3～4.0 范围内。

② 堆积密度

轻骨料的堆积密度变化范围较普通混凝土要大。直接影响到配制而成的轻骨料混凝土的强度、导热系数等主要技术性能。轻骨料按堆积密度划分密度等级，见表 6-18 所列。轻细骨料以由堆积密度计算而得的变异系数作为其均匀性指标，不应大于 0.10。

轻骨料密度等级（GB/T 17431.1—2010） **表 6-18**

密度等级		堆积密度范围（kg/m³）
轻粗骨料	轻细骨料	
200	—	110～200
300	—	210～300
400	—	310～400
500	500	410～500
600	600	510～600
700	700	610～700
800	800	710～800
900	900	810～900
1000	1000	910～1000
1100	1100	1010～1100
—	1200	1100～1200

③ 强度

轻粗骨料的强度可由筒压强度和强度等级两种指标表示。

筒压强度是间接评定骨料颗粒本身强度的。它是将轻粗骨料按标准方法置于承压筒（Φ115×100）内，在压力机上将置于承压筒上的冲压模以每秒 300～500N 的速度匀速加荷压入，当压入深度为 20mm 时，测其压力值（MPa）即为该轻粗骨料的筒压强度。不同品种、密度级别和质量等级的轻粗骨料筒压强度要求，见表 6-19 所列。

轻粗骨料筒压强度（MPa）（GB/T 17431.1—2010） **表 6-19**

轻骨料品种		密度等级	筒压强度		
			优等品	一等品	合格品
超轻骨料	黏土陶粒 页岩陶粒 粉煤灰陶粒	200	0.3	0.2	
		300	0.7	0.5	
		400	1.3	1.0	
		500	2.0	1.5	
	其他超轻粗集料	≤500	—		
普通轻骨料	黏土陶粒 页岩陶粒 粉煤灰陶粒	600	3.0	2.0	
		700	4.0	3.0	
		800	5.0	4.0	
		900	6.0	5.0	
	浮石 火山渣 煤渣	600	—	1.0	0.8
		700	—	1.2	1.0
		800	—	1.5	1.2
		900	—	1.8	1.5
	自燃煤矸石 膨胀矿渣珠	900	—	3.5	3.0
		1000	—	4.0	3.5
		1100	—	4.5	4.0

筒压强度只能间接表示轻骨料的强度，因轻粗骨料颗粒在承压筒内为点接触，受应力集中的影响，其强度远小于它在混凝土中的真实强度。故国家标准规定，高强轻粗骨料还

应检验强度等级指标。

强度等级是指不同轻骨料所配制的混凝土的合理强度值，它是由不同轻骨料按标准试验方法配制而成的混凝土的强度试验而得。通过强度等级，就可根据欲配制的高强轻骨料混凝土的强度来选择合适的轻粗骨料，有很强的实用意义。不同密度级别的高强轻骨料的强度和强度等级应不低于表 6-20 的规定。

高强轻粗骨料的筒压强度及强度等级（GB/T 17431.1—2010） **表 6-20**

<table>
<tr><th colspan="2" rowspan="2">轻骨料品种</th><th rowspan="2">密度等级</th><th colspan="3">筒压强度</th></tr>
<tr><th>优等品</th><th>一等品</th><th>合格品</th></tr>
<tr><td rowspan="5">超轻骨料</td><td rowspan="4">黏土陶粒
页岩陶粒
粉煤灰陶粒</td><td>200</td><td>0.3</td><td colspan="2">0.2</td></tr>
<tr><td>300</td><td>0.7</td><td colspan="2">0.5</td></tr>
<tr><td>400</td><td>1.3</td><td colspan="2">1.0</td></tr>
<tr><td>500</td><td>2.0</td><td colspan="2">1.5</td></tr>
<tr><td>其他超轻粗集料</td><td>≤500</td><td colspan="3">—</td></tr>
<tr><td rowspan="11">普通轻骨料</td><td rowspan="4">黏土陶粒
页岩陶粒
粉煤灰陶粒</td><td>600</td><td>3.0</td><td colspan="2">2.0</td></tr>
<tr><td>700</td><td>4.0</td><td colspan="2">3.0</td></tr>
<tr><td>800</td><td>5.0</td><td colspan="2">4.0</td></tr>
<tr><td>900</td><td>6.0</td><td colspan="2">5.0</td></tr>
<tr><td rowspan="4">浮石
火山渣
煤渣</td><td>600</td><td>—</td><td>1.0</td><td>0.8</td></tr>
<tr><td>700</td><td>—</td><td>1.2</td><td>1.0</td></tr>
<tr><td>800</td><td>—</td><td>1.5</td><td>1.2</td></tr>
<tr><td>900</td><td>—</td><td>1.8</td><td>1.5</td></tr>
<tr><td rowspan="3">自燃煤矸石
膨胀矿渣珠</td><td>900</td><td>—</td><td>3.5</td><td>3.0</td></tr>
<tr><td>1000</td><td>—</td><td>4.0</td><td>3.5</td></tr>
<tr><td>1100</td><td>—</td><td>4.5</td><td>4.0</td></tr>
</table>

④ 粒型系数

颗粒形状对轻粗骨料在混凝土中的强度起着重要作用，轻粗骨料理想的外形应是球状。颗粒的形状越呈细长，其在混凝土中的强度越低，故要控制轻粗骨料的颗粒外形的偏差。粒型系数是用以反映轻粗骨料中的软弱颗粒情况的一个指标，它是随机选用 50 粒轻粗骨料颗粒，用游标卡尺测量每个颗粒的长向最大值 D_{max} 和中间截面处的最小尺寸 D_{min}，然后计算每颗的粒型系数 K'_e，再计算该种轻粗骨料的平均粒型系数 K_e，如式（6-1）所示，以两次试验的平均值作为测定值。

$$K'_e = \frac{D_{max}}{D_{min}} \quad K_e = \frac{\sum_{i=1}^{50} K'_e}{n} \tag{6-1}$$

不同粒型轻粗骨料的粒型系数应符合表 6-21 的规定。

轻粗骨料粒型系数（GB/T 17431.1—2010） **表 6-21**

<table>
<tr><th rowspan="2">轻骨料粒型</th><th colspan="3">平均粒型系数</th></tr>
<tr><th>优等品</th><th>一等品</th><th>合格品</th></tr>
<tr><td>圆球型≤</td><td>1.2</td><td>1.4</td><td>1.6</td></tr>
<tr><td>普通型≤</td><td>1.4</td><td>1.6</td><td>2.0</td></tr>
<tr><td>碎石型≤</td><td>—</td><td>2.0</td><td>2.5</td></tr>
</table>

(4) 混凝土强度的评定

混凝土强度的评定可分为统计方法评定和非统计方法评定。

1) 统计方法评定

根据混凝土强度质量控制的稳定性，《混凝土强度检验评定标准》(GB/T 50107—2010) 将评定混凝土强度的统计法分为两种：标准差已知方案和标准差未知方案。

① 标准差已知方案

指同一品种的混凝土生产，有可能在较长的时期内，通过质量管理，维持基本相同的生产条件，即维持原材料、设备、工艺以及人员配备的稳定性，即使有所变化，也能很快予以调整而恢复正常。能使同一品种、同一强度等级混凝土的强度变异性保持稳定。对于这类状况，每检验批混凝土的强度标准差 σ_0 可根据前一时期生产累计的强度数据确定。符合以上情况时，采用标准差已知方案。一般来说，预制构件生产可以采用标准差已知方案。

采用该种方案，按《混凝土强度检验评定标准》(GB/T 50107—2010) 要求，一检验批的样本容量应为连续的 3 组试件，其强度应符合式 (6-2) 和式 (6-3) 所示条件：

$$m_{f_{cu}} \geqslant f_{cu,k} + 0.7\sigma_0 \tag{6-2}$$

$$f_{cu,min} \geqslant f_{cu,k} - 0.7\sigma_0 \tag{6-3}$$

当混凝土强度等级不高于 C20 时，其强度的最小值尚应满足式 (6-4) 的要求：

$$f_{cu,min} \geqslant 0.85 f_{cu,k} \tag{6-4}$$

当混凝土强度等级高于 C20 时，其强度的最小值尚应满足式 (6-5) 和式 (6-6) 的要求：

$$f_{cu,min} \geqslant 0.90 f_{cu,k} \tag{6-5}$$

$$\sigma_0 = \sqrt{\frac{\sum_{i=1}^{n} f_{cu,i}^2 - n m_{f_{cu}}^2}{n-1}} \tag{6-6}$$

式中 $m_{f_{cu}}$——同一检验批混凝土立方体抗压强度的平均值 (N/mm^2)，精确至 $0.1N/mm^2$；

$f_{cu,k}$——混凝土立方体抗压强度标准值 (N/mm^2)，精确至 $0.1N/mm^2$；

σ_0——检验批混凝土立方体抗压强度的标准差 (N/mm^2)，精确至 $0.01N/mm^2$，当计算值小于 $2.5N/mm^2$ 时，应取 $2.5N/mm^2$。由前一时期（生产周期不少于 60d 且不宜超过 90d）的同类混凝土，样本容量不少于 45 组的强度数据计算确定。假定其值延续在一个检验期内保持不变。3 个月后，重新按上一个检验期的强度数据计算 σ_0 值；

$f_{cu,i}$——前一检验期内同一品种、同一强度等级的第 i 组混凝土试件的立方体抗压强度的代表值 (N/mm^2)，精确到 $0.1N/mm^2$，该检验期不应少于 60d，也不得大于 90d；

$f_{cu,min}$——同一检验批混凝土立方体抗压强度的最小值 (N/mm^2)，精确到 $0.1N/mm^2$；

n——前一检验期内的样本容量，在该期间内样本容量不应少于 45 组。

② 标准差未知方案

指生产连续性较差，即在生产中无法维持基本相同的生产条件，或生产周期较短，无法积累强度数据以计算可靠的标准差参数，此时检验评定只能直接根据每一检验批抽样的样本强度数据确定。为了提高检验的可靠性，《混凝土强度检验评定标准》（GB/T 50107—2010）要求每批样本组数不少于10组，其强度应符合式（6-7）～式（6-9）所示要求：

$$m_{f_{cu}} \geqslant f_{cu,k} + \lambda_1 \cdot S_{f_{cu}} \tag{6-7}$$

$$f_{cu,min} \geqslant \lambda_2 \cdot f_{cu,k} \tag{6-8}$$

$$S_{f_{cu}} = \sqrt{\frac{\sum_{i=1}^{n} f_{cu,i}^2 - nm_{f_{cu}}^2}{n-1}} \tag{6-9}$$

式中　$S_{f_{cu}}$——同一检验批混凝土立方体抗压强度的标准差（N/mm²），精确至0.01N/mm²。当检验批混凝土强度标准差 $S_{f_{cu}}$ 的计算值小于2.5N/mm²时，取2.5N/mm²；

λ_1，λ_2——合格评定系数，按表6-22取用；

n——本检验期（为确定检验批强度标准差而规定的统计时段）内的样本容量。

混凝土强度的合格评定系数（GB/T 50107—2010）　**表6-22**

试件组数	10～14	15～19	≥20
λ_1	1.15	1.05	0.95
λ_2	0.90	0.85	

2）非统计方法评定

对用于评定的样本容量小于10组时，应采用非统计方法评定混凝土强度，其强度按《混凝土强度检验评定标准》（GB/T 50107—2010）规定，应同时符合式（6-10）和式（6-11）所示要求：

$$m_{f_{cu}} \geqslant \lambda_3 \cdot f_{cu,k} \tag{6-10}$$

$$f_{cu,min} \geqslant \lambda_4 \cdot f_{cu,k} \tag{6-11}$$

式中　λ_3，λ_4——合格评定系数，按表6-23取用。

混凝土强度的非统计方法合格判定系数（GB/T 50107—2010）　**表6-23**

混凝土强度等级	C60	≥C60
λ_3	1.15	1.10
λ_4	0.95	

3）混凝土强度的合格性判断

混凝土强度应分批进行检验评定，当检验结果能满足以上评定强度公式的规定时，则该批混凝土判为合格；当不能满足上述规定时，该批混凝土强度判为不合格。对不合格批混凝土可按国家现行有关标准进行处理。

当对混凝土试件强度的代表性有怀疑时，可采用从结构或构件中钻取试件的方法或采用非破损检验方法，按有关标准对结构或构件中混凝土的强度进行推定。

结构或构件拆模、出池、出厂、吊装、预应力筋张拉或放张，以及施工期间需短暂负荷时的混凝土强度，应满足设计要求或现行国家标准的有关规定。

3. 砂浆

（1）砌筑砂浆

1）分类

砌筑砂浆可分为水泥砌筑砂浆、水泥混合砌筑砂浆和预拌砌筑砂浆。

2）砌筑砂浆的技术性能

① 工作性

A. 流动性

砂浆的流动性技术指标为稠度，由砂浆的沉入度试验确定。砌筑砂浆的施工稠度见表6-24所列。

砌筑砂浆的施工稠度（JGJ/T 98—2010） **表 6-24**

砌体种类	施工稠度（mm）
烧结普通砖砌体、粉煤灰砖砌体	70～90
烧结多孔砖砌体、烧结空心砖砌体、轻集料混凝土小型空心砌块砌体、蒸压加气混凝土砌块砌体	60～80
混凝土砖砌体、普通混凝土小型空心砌块砌体、灰砂砖砌体	50～70
石砌体	30～50

B. 保水性

砂浆的保水性用“保水率”表示。保水性试验应按下列步骤进行：

将砂浆拌合物装入圆环试模（底部有不透水片或自身密封性良好），称量试模与砂浆总质量，在砂浆表面覆盖棉纱及滤纸，并在上面加盖不透水片，以2kg的重物把上部不透水片压住；静止2min后移走重物及上部不透水片，取出滤纸（不包括棉纱），迅速称量滤纸质量。砂浆保水率按下式计算：

$$W = \left[1 - \frac{m_4 - m_2}{\alpha(m_3 - m_1)}\right] \times 100\% \tag{6-12}$$

式中 W——保水率（%）；

m_1——底部不透水片与干燥试模的质量（g），精确至1g；

m_2——15片滤纸吸水前的质量（g），精确至0.1g；

m_3——试模、底部不透水片与砂浆总质量（g），精确至1g；

m_4——15片滤纸吸水后的质量（g），精确至0.1g；

α——砂浆含水率（%）。

砌筑砂浆保水率应符合表6-25的规定。

砌筑砂浆的保水率（JGJ/T 98—2010） **表 6-25**

砂浆种类	保水率（%）
水泥砂浆	≥80
水泥混合砂浆	≥84
预拌砂浆	≥88

② 强度

砂浆的强度等级是以边长为 70.7mm 的立方体试块，在标准养护条件（温度为 20±2℃，相对湿度为 90%以上）下，用标准试验方法测得 28d 龄期的抗压强度来确定的。

水泥混合砂浆的强度等级可分为 M5、M7.5、M10、M15；水泥砂浆及预拌砂浆的强度等级可分为 M5、M7.5、M10、M15、M20、M25、M30。

③ 抗冻性

有抗冻性要求的砌体工程，砌筑砂浆应进行冻融试验。砌筑砂浆的抗冻性应符合表 6-26的规定，且当设计对抗冻性有明确要求时，尚应符合设计规定。

砌筑砂浆的抗冻性（JGJ/T 98—2010） **表 6-26**

使用条件	抗冻指标	质量损失率（%）	强度损失率（%）
夏热冬暖地区	F15	≤5	≤25
夏热冬冷地区	F25		
寒冷地区	F35		
严寒地区	F50		

（2）预拌砂浆

预拌砂浆，是指专业生产厂家生产的湿拌或干混砂浆。湿拌砂浆是指水泥、细骨料、矿物掺合料、外加剂、添加剂和水，按一定比例，在搅拌站经计量、拌制后，运至使用地点，并在规定时间内使用的拌合物。干混砂浆是指水泥、干燥骨料或粉料、添加剂以及根据性能确定的其他组分，按一定比例，在专业生产厂经计量、混合而成的混合物，在使用地点按规定比例加水或配套组分拌合使用。

1）预拌砂浆的分类和标记

① 预拌砂浆的分类

A. 湿拌砂浆

湿拌砂浆按用途分为湿拌砌筑砂浆、湿拌抹灰砂浆、湿拌地面砂浆和湿拌防水砂浆，并采用表 6-27 的代号。

湿拌砂浆代号（GB/T 25181—2010） **表 6-27**

品种	湿拌砌筑砂浆	湿拌抹灰砂浆	湿拌地面砂浆	湿拌防水砂浆
代号	WM	WP	WS	WW

湿拌砂浆按强度等级、抗渗等级、稠度和凝结时间的分类应符合表 6-28 的规定。

湿拌砂浆分类（GB/T 25181—2010） **表 6-28**

项　目	湿拌砌筑砂浆	湿拌抹灰砂浆	湿拌地面砂浆	湿拌防水砂浆
强度等级	M5、M7.5、M10、M15、M20、M25、M30	M5、M10、M15、M20	M15、M20、M25	M10、M15、M20
抗渗等级	—	—	—	P6、P8、P10
稠度（mm）	50、70、90	70、90、110	50	50、70、90
凝结时间（h）	≥8、≥12、≥24	≥8、≥12、≥24	≥4、≥8	≥8、≥12、≥24

B. 干混砂浆

干混砂浆的分类也称干拌砂浆或干粉砂浆，是主要的供应形式，按用途可以分为两大类：一是普通干混砂浆，包括干混砌筑砂浆、干混抹灰砂浆、干混地面砂浆和干混普通防水砂浆；二是特种干混砂浆，包括干混陶瓷砖粘结砂浆、干混界面砂浆、干混保温板粘结砂浆、干混保温板抹面砂浆、干混聚合物水泥防水砂浆、干混自流平砂浆、干混耐磨地坪砂浆和干混饰面砂浆，并采用表 6-29 的代号。

干混砂浆代号（GB/T 25181—2010） **表 6-29**

品种	干混砌筑砂浆	干混抹灰砂浆	干混地面砂浆	干混普通防水砂浆	干混陶瓷砖粘结砂浆	干混界面砂浆
代号	DM	DP	DS	DW	DTA	DIT
品种	干混保温板粘结砂浆	干混保温板抹面砂浆	干混聚合物水泥防水砂浆	干混自流平砂浆	干混耐磨地坪砂浆	干混饰面砂浆
代号	DEA	DBI	DWS	DSL	DFH	DDR

干混砌筑砂浆、干混抹灰砂浆、干混地面砂浆和干混普通防水砂浆按强度等级、抗渗等级的分类应符合表 6-30 的规定。

干混砂浆分类（GB/T 25181—2010） **表 6-30**

项目	干混砌筑砂浆		干混抹灰砂浆		干混地面砂浆	干混普通防水砂浆
	普通砌筑砂浆	薄层砌筑砂浆	普通抹灰砂浆	薄层抹灰砂浆		
强度等级	M5、M7.5、M10、M15、M20、M25、M30	M5、M10	M5、M10、M15、M20	M5、M10	M15、M20、M25	M10、M15、M20
抗渗等级	—	—	—	—	—	P6、P8、P10

注：1. 普通砌筑砂浆：灰缝厚度＞5mm 的砌筑砂浆；
2. 薄层砌筑砂浆：灰缝厚度≤5mm 的砌筑砂浆；
3. 普通抹灰砂浆：砂浆层厚度＞5mm 的抹灰砂浆；
4. 薄层抹灰砂浆：砂浆层厚度≤5mm 的抹灰砂浆；
5. 地面砂浆：用于建筑地面及屋面找平层的预拌砂浆；
6. 防水砂浆：用于有抗渗要求部位的预拌砂浆。

② 预拌砂浆的标记

A. 湿拌砂浆的标记

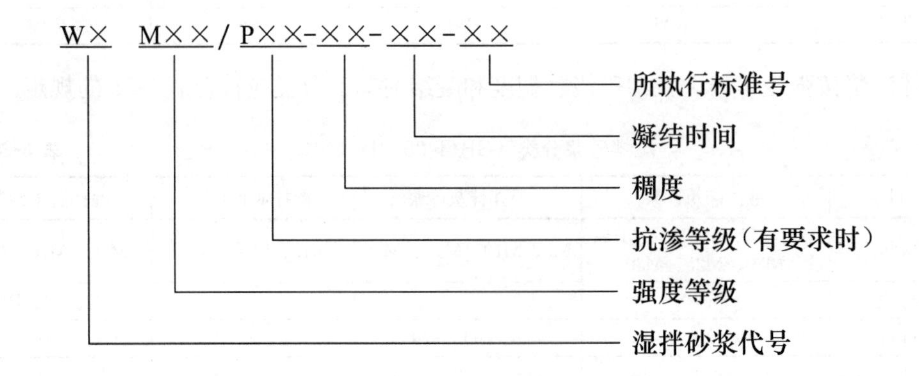

标记示例：

湿拌砌筑砂浆的强度等级为 M10，稠度为 70mm，凝结时间为 12h，其标记为：WM M10-70-12-GB/T 25181—2010；

湿拌防水砂浆的强度等级为 M15，抗渗等级为 P8，稠度为 70mm，凝结时间为 12h，其标记为：WW M15/P8-70-12-GB/T 25181—2010。

B. 干混砂浆的标记

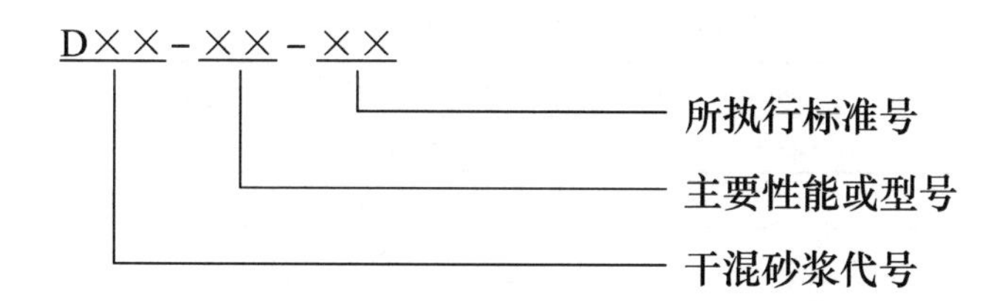

标记示例：

干混砌筑砂浆的强度等级为 M10，其标记为：DM-M10-GB/T 25181—2010；

用于混凝土界面处理的干混界面砂浆的标记为：DIT-C-GB/T 25181—2010。

2）预拌砂浆的技术性能

① 湿拌砂浆

A. 湿拌砌筑砂浆拌合物的体积密度不小于 1800kg/m^3。

B. 湿拌砂浆的性能应符合表 6-31 的规定。

湿拌砂浆的性能指标（GB/T 25181—2010） **表 6-31**

项目		湿拌砌筑砂浆	湿拌抹灰砂浆	湿拌地面砂浆	湿拌防水砂浆
保水率（%）		≥88	≥88	≥88	≥88
14d 拉伸粘结强度（MPa）		—	≥0.20	—	≥0.20
28d 收缩率（%）		—	≤0.20	—	≤0.15
抗冻性*	强度损失率（%）	≤25			
	质量损失率（%）	≤5			

注：*有抗冻要求时，应进行抗冻性试验。

C. 湿拌砂浆的抗压强度应符合表 6-32 的规定。

湿拌砂浆抗压强度（GB/T 25181—2010） **表 6-32**

强度等级	M5	M7.5	M10	M15	M20	M25	M30
28d 抗压强度（MPa）	≥5.0	≥7.5	≥10.0	≥15.0	≥20.0	≥25.0	≥30.0

D. 湿拌防水砂浆抗渗压力应符合表 6-33 的规定。

湿拌防水砂浆抗渗压力（GB/T 25181—2010） **表 6-33**

抗渗等级	P6	P8	P10
28d 抗渗压力（MPa）	≥0.6	≥0.8	≥1.0

② 干混砂浆

A. 外观：粉状产品应均匀、无结块。双组分产品液料组分经搅拌后应呈均匀状态、无沉淀；粉料组分应均匀、无结块。

B. 干混普通砌筑砂浆拌合物的体积密度不小于 1800kg/m^3。

C. 干混砌筑砂浆、干混抹灰砂浆、干混地面砂浆、干混普通防水砂浆的性能应符合表 6-34 的规定。

干混砂浆性能指标（GB/T 25181—2010） **表 6-34**

<table>
<tr><th rowspan="2" colspan="2">项 目</th><th colspan="2">干混砌筑砂浆</th><th colspan="2">干混抹灰砂浆</th><th rowspan="2">干混地面砂浆</th><th rowspan="2">干混普通防水砂浆</th></tr>
<tr><th>普通砌筑砂浆</th><th>薄层砌筑砂浆[a]</th><th>普通抹灰砂浆</th><th>薄层抹灰砂浆[a]</th></tr>
<tr><td colspan="2">保水率（%）</td><td>≥88</td><td>≥99</td><td>≥88</td><td>≥99</td><td>≥88</td><td>≥88</td></tr>
<tr><td colspan="2">凝结时间（h）</td><td>3～9</td><td>—</td><td>3～9</td><td>—</td><td>3～9</td><td>3～9</td></tr>
<tr><td colspan="2">2h 稠度损失率（%）</td><td>≤30</td><td>—</td><td>≤30</td><td>—</td><td>≤30</td><td>≤30</td></tr>
<tr><td colspan="2">14d 拉伸粘结强度（MPa）</td><td>—</td><td>—</td><td>≥0.20</td><td>≥0.30</td><td>—</td><td>≥0.20</td></tr>
<tr><td colspan="2">28d 收缩率（%）</td><td>—</td><td>—</td><td>≤0.20</td><td>≤0.20</td><td>—</td><td>≤0.15</td></tr>
<tr><td rowspan="2">抗冻性[b]</td><td>强度损失率（%）</td><td colspan="6">≤25</td></tr>
<tr><td>质量损失率（%）</td><td colspan="6">≤5</td></tr>
</table>

注：a 干混薄层砌筑砂浆宜用于灰缝厚度不大于 5mm 的砌筑；干混薄层抹灰砂浆宜用于灰缝厚度不大于 5mm 的抹灰。
b 有抗冻要求时，应进行抗冻性试验。

D. 干混砌筑砂浆、干混抹灰砂浆、干混地面砂浆、干混普通防水砂浆的抗压强度应符合表 6-32 的规定；干混普通防水砂浆的抗渗压力应符合表 6-33 的规定。

4. 建筑钢材

（1）碳素结构钢

1）分类

碳素结构钢包括一般结构钢和工程用热轧钢板、钢带、型钢等。现行国家标准《碳素结构钢》（GB/T 700—2006）具体规定了它的牌号表示方法、代号和符号、技术要求、试验方法、检验规则等。

2）碳素结构钢的技术要求

碳素结构钢的技术要求包括化学成分、力学性能、冶炼方法、交货状态及表面质量五个方面，碳素结构钢的化学成分、力学性能、冷弯试验指标应符合表 6-35～表 6-37 的要求。

碳素结构钢的牌号和化学成分（熔炼分析）（GB/T 700—2006） **表 6-35**

<table>
<tr><th rowspan="2">牌 号</th><th rowspan="2">统一数字代号[a]</th><th rowspan="2">等 级</th><th rowspan="2">厚度或直径（mm）</th><th rowspan="2">脱氧方法</th><th colspan="5">化学成分（质量分数）（%）不大于</th></tr>
<tr><th>C</th><th>Si</th><th>Mn</th><th>P</th><th>S</th></tr>
<tr><td>Q195</td><td>U11952</td><td>—</td><td>—</td><td>F、Z</td><td>0.12</td><td>0.30</td><td>0.50</td><td>0.035</td><td>0.040</td></tr>
<tr><td rowspan="2">Q215</td><td>U12152</td><td>A</td><td rowspan="2">—</td><td rowspan="2">F、Z</td><td rowspan="2">0.15</td><td rowspan="2">0.35</td><td rowspan="2">1.20</td><td rowspan="2">0.045</td><td>0.050</td></tr>
<tr><td>U12155</td><td>B</td><td>0.045</td></tr>
</table>

续表

牌号	统一数字代号[a]	等级	厚度或直径（mm）	脱氧方法	化学成分（质量分数）（%）不大于				
					C	Si	Mn	P	S
Q235	U12352	A	—	F、Z	0.22	0.35	1.40	0.045	0.050
	U12355	B			0.20[b]				0.045
	U12358	C		Z	0.17			0.040	0.040
	U12359	D		TZ				0.035	0.035
Q275	U12752	A	—	F、Z	0.24	0.35	1.50	0.045	0.050
	U12755	B	≤40	Z	0.21			0.045	0.045
			>40		0.22				
	U12758	C	—	Z	0.20			0.040	0.040
	U12759	D		TZ				0.035	0.035

注：a 表中为镇静钢、特殊镇静钢牌号的统一数字，沸腾钢牌号的统一数字代号如下：

Q195F——U11950；

Q215AF——U12150，Q215BF——U12153；

Q235AF——U12350，Q235BF——U12353；

Q275AF——U12750。

b 经需方同意，Q235B 的碳含量可不大于 0.22%。

碳素结构钢的拉伸性能（GB/T 700—2006） **表 6-36**

牌号	等级	屈服强度[a]（N/mm²），不小于						抗拉强度[b]（N/mm²）	断后伸长率（%）不小于					冲击试验（V 形缺口）	
		厚度或直径（mm）							厚度（或直径）（mm）					温度（℃）	冲击吸收功（纵向）不小于
		≤40	>16～40	>40～60	>60～100	>100～150	>150～200		≤40	>40～60	>60～100	>100～150	>150～200		
Q195	—	195	185	—	—	—	—	315～430	33	—	—	—	—	—	—
Q215	A	215	205	195	185	175	165	335～450	31	30	29	27	26	—	—
	B													+20	27
Q235	A	235	225	215	215	195	185		26	25	24	22	21	—	
	B													+20	27[c]
	C													0	
	D													−20	
Q275	A	275	265	255	245	225	215		22	21	20	18	17	—	—
	B													+20	27[c]
	C													0	
	D													−20	

注：a Q195 的屈服强度值仅供参考，不作为交货条件。

b 厚度大于 100mm 的钢材抗拉强度下限允许降低 20N/mm²。宽带钢（包括剪切钢板）抗拉强度上限不作为交货条件。

c 厚度小于 25mm 的 Q235B 级钢材，如供方能保证冲击吸收功值合格，经需方同意，可不做检验。

碳素结构钢的冷弯性能（GB/T 700—2006） **表 6-37**

牌号	试样方向	冷弯试验 180° $B=2a$[a]	
		钢材厚度或直径[b]（mm）	
		≤60	>60～100
		弯心直径 d	
Q195	纵	0	—
	横	0.5a	

续表

牌　号	试样方向	冷弯试验 180° $B=2a$[a]	
		钢材厚度或直径[b]（mm）	
		≤60	>60～100
		弯心直径 d	
Q215	纵	0.5a	1.5a
	横	a	2a
Q235	纵	a	2a
	横	1.5a	2.5a
Q275	纵	1.5a	2.5a
	横	2a	3a

注：a B 为试样宽度，a 为试样厚度或直径。

b 钢材厚度或厚度大于 100mm 时，弯曲试验由双方协商确定。

（2）低合金高强度结构钢

1）分类

低合金高强度结构钢是在碳素结构钢的基础上，添加少量的一种或几种合金元素（总含量小于 5%）的一种结构钢。其目的是为了提高钢的屈服强度、抗拉强度、耐磨性、耐蚀性及耐低温性能等。因此，它是综合性较为理想的建筑钢材，尤其在大跨度、承受动荷载和冲击荷载的结构中更适用。另外，与使用碳素钢相比，可节约钢材 20%～30%，而成本并不很高。

2）低合金高强度结构钢的技术要求

低合金高强度结构钢的化学成分、力学性能见表 6-38、表 6-39 所列。

低合金高强度结构钢的牌号和化学成分（GB/T 591—2008）　　**表 6-38**

序　号	质量等级	化学成分（质量分数）（%）														
		C≤	Si≤	Mn≤	P	S	Nb	V	Ti	Cr	Ni	Cu	N	Mo	B	Al
					≤											≥
Q345	A	0.20	0.50	1.70	0.035	0.035	0.07	0.15	0.20	0.30	0.50	0.30	0.012	0.10	—	—
	B				0.035	0.035										
	C				0.030	0.030										0.015
	D	0.18			0.030	0.025										
	E				0.025	0.020										
Q390	A	0.20	0.50	1.70	0.035	0.035	0.07	0.20	0.20	0.30	0.50	0.30	0.015	0.10	—	—
	B				0.035	0.035										
	C				0.030	0.030										0.015
	D				0.030	0.025										
	E				0.025	0.020										
Q420	A	0.20	0.50	1.70	0.035	0.035	0.07	0.20	0.20	0.30	0.08	0.30	0.015	0.20	—	—
	B				0.035	0.035										
	C				0.030	0.030										0.015
	D				0.030	0.025										
	E				0.025	0.020										

续表

序号	质量等级	化学成分（质量分数）（%）														
		C≤	Si≤	Mn≤	P	S	Nb	V	Ti	Cr	Ni	Cu	N	Mo	B	Al
					≤											≥
Q460	C				0.030	0.030										
	D	0.20	0.60	1.80	0.030	0.025	0.011	0.20	0.20	0.30	0.80	0.55	0.015	0.20	0.004	0.015
	E				0.025	0.020										
Q500	C				0.030	0.030										
	D	0.18	0.60	1.80	0.030	0.025	0.11	0.12	0.20	0.60	0.80	0.55	0.015	0.20	0.004	0.015
	E				0.025	0.020										
Q550	C				0.030	0.030										
	D	0.18	0.60	2.00	0.030	0.025	0.11	0.12	0.20	0.80	0.80	0.80	0.015	0.30	0.004	0.015
	E				0.025	0.020										
Q620	C				0.030	0.030										
	D	0.18	0.60	2.00	0.030	0.025	0.11	0.12	0.20	1.00	0.80	0.85	0.015	0.30	0.004	0.015
	E				0.025	0.020										
Q690	C				0.030	0.030										
	D	0.018	0.60	2.00	0.030	0.025	0.11	0.12	0.20	1.00	0.80	0.80	0.015	0.30	0.004	0.015
	E				0.025	0.020										

注：1. 型材及棒材P、S含量可提高0.005%，其中A级钢可为0.045%。
2. 当细化晶粒元素组合加入时，20（Nb+V+Ti）≤0.22%，20（Mo+Cr）≤0.30%。

（3）钢筋混凝土结构用钢材

1）分类

钢筋混凝土结构用的钢筋和钢丝，主要由碳素结构钢或低合金结构钢轧制而成。主要品种有热轧钢筋、冷加工钢筋、热处理钢筋、预应力混凝土用钢丝和钢绞线。按直条或盘条（也称盘圆）供货。

① 热轧钢筋

用加热钢坯轧成的条形成品钢筋，称为热轧钢筋。它是建筑工程中用量最大的钢材品种之一，主要用于钢筋混凝土和预应力混凝土结构的配筋。

热轧钢筋按其轧制外形分为：热轧光圆钢筋（HPB）和热轧带肋钢筋（HRB）。带肋钢筋按肋纹的形状分为月牙肋和等高肋。

② 预应力混凝土用热处理钢筋

预应力混凝土用热处理钢筋，是用热轧带肋钢筋经淬火和回火调质处理后的钢筋。通常，有直径为6、8、10（mm）三种规格，其条件屈服强度不小于1325MPa，抗拉强度不小于1470MPa，伸长率（δ_{10}）不小于6%，1000h应力松弛不大于3.5%。按外形分为有纵肋和无纵肋两种，但都有横肋。钢筋热处理后卷成盘，使用时开盘钢筋自行伸直，按要求的长度切断。不能用电焊切断，也不能焊接，以免引起强度下降或脆断。热处理钢筋在预应力结构中使用，具有与混凝土粘结性能好、应力松弛率低、施工方便等优点。

表 6-39

低合金高强度结构钢钢材的拉伸性能（GB/T 1591—2008）

牌 号	质量等级	拉伸试验[a,b,c]																					
		以下公称厚度（直径，边长）下屈服强度（MPa）									以下公称厚度（直径，边长）下抗拉强度（MPa）							断后伸长率（%） 公称厚度（直径，边长）					
		≤16 mm	>16 ～ 40mm	>40 ～ 63mm	>63 ～ 80mm	>80 ～100 mm	>100 ～150 mm	>150 ～200 mm	>200 ～250 mm	>250 ～400 mm	≤40 mm	>40 ～63 mm	>63 ～80 mm	>80 ～100 mm	>100 ～150 mm	>150 ～250 mm	>250 ～400 mm	≤40 mm	>40 ～63 mm	>63 ～100 mm	>100 ～150 mm	>150 ～250 mm	>250 ～400 mm
Q345	A																						
	B									—							—						—
	C	≥345	≥335	≥325	≥315	≥305	≥285	≥275	≥265		470～630	470～630	470～630	470～630	450～600	450～600		≥20	≥19	≥19	≥18	≥17	
	D									≥265							450～630						≥17
	E																						
Q390	A																						
	B																						
	C	≥390	≥370	≥350	≥330	≥330	≥310	—	—	—	490～650	490～650	490～650	490～650	470～620	—	—	≥21	≥20	≥19	≥19	≥18	—
	D																						
	E																						
Q420	A																						
	B																						
	C	≥420	≥400	≥380	≥360	≥360	≥340	—	—	—	520～680	520～680	520～680	520～680	500～650	—	—	≥20	≥19	≥19	≥18	—	—
	D																						
	E																						

续表

牌号	质量等级	拉伸试验[a,b,c]																					
		以下公称厚度（直径，边长）下屈服强度（MPa）									以下公称厚度（直径，边长）下抗拉强度（MPa）							断后伸长率（%）公称厚度（直径，边长）					
		≤16mm	>16～40mm	>40～63mm	>63～80mm	>80～100mm	>100～150mm	>150～200mm	>200～250mm	>250～400mm	≤40mm	>40～63mm	>63～80mm	>80～100mm	>100～150mm	>150～250mm	>250～400mm	≤40mm	>40～63mm	>63～100mm	>100～150mm	>150～250mm	>250～400mm
Q460	C																						
	D	≥460	≥440	≥420	≥400	≥400	≥380	—	—	—	550～720	550～720	550～720	550～720	530～700	—	—	≥17	≥16	≥16	≥16	—	—
	E																						
Q500	C																						
	D	≥500	≥480	≥470	≥450	≥440	—	—	—	—	610～770	600～760	590～750	540～730	—	—	—	≥17	≥17	≥17	—	—	—
	E																						
Q550	C																						
	D	≥550	≥530	≥520	≥500	≥490	—	—	—	—	670～830	620～810	600～790	590～780	—	—	—	≥16	≥16	≥16	—	—	—
	E																						
Q620	C																						
	D	≥620	≥600	≥590	≥570	—	—	—	—	—	710～880	690～880	670～860	—	—	—		≥15	≥15	≥15	—	—	—
	E																						
Q690	C																						
	D	≥690	≥670	≥660	≥640	—	—	—	—	—	770～940	750～920	730～900	—	—	—		≥14	≥14	≥14	—	—	—
	E																						

注：a 当屈服不明显时，可测量 $R_{P0.2}$ 代替下屈服强度。

b 宽度不大于 600mm 的扁平材，拉伸试验取横向试样；宽度小于 600mm 的扁平材、型材及棒材取纵向试样，断后伸长率最小值相应提高 1%（绝对值）。

c 厚度大于 250～400mm 的数值适用于扁平材。

③ 冷轧带肋钢筋

热轧圆盘经冷轧后，在其表面带有沿长度方向均分布的三面或两面横肋，即成为冷轧带肋钢筋。钢筋冷轧后允许进行低温回头处理。根据《冷轧带肋钢筋》（GB 13788—2008）规定，冷轧带肋钢筋按抗拉强度分为五个牌号，分别为 CRB550、CRB650、CRB800、CRB970、CRB1170。C、R、B 分别为冷轧、带肋、钢筋三个词的英文首位字母，数值为抗拉强度的最小值。与冷拔低碳钢丝相比较，冷轧带肋钢筋具有强度高、塑性好，与混凝土粘结牢固，节约钢材，质量稳定等优点。CRB550 宜用做普通钢筋混凝土结构，其他牌号宜用在预应力混凝土结构中。

④ 冷轧扭钢筋

冷轧扭钢筋是用低碳钢热轧圆盘条专用钢筋经冷轧扭机调直、冷轧并冷扭一次成型，规定截面形状和节距的连续螺旋状钢筋。冷轧扭钢筋有两种类型。Ⅰ型（矩形截面），Φ^t6.5、Φ^t8、Φ^t10、Φ^t12、Φ^t14；Ⅱ型（菱形截面）Φ^t12，标记符号 Φ^t 为原材料（母材）轧制前的公称直径（mm）。

⑤ 预应力混凝土用钢丝和钢绞线

预应力混凝土用钢丝是用优质碳素结构钢制成，根据《预应力混凝土用钢丝》（GB/T 5223—2002），钢丝按加工状态分为冷拉钢丝和消除应力钢丝两类，消除应力钢丝按松弛性能又分为低松弛钢丝（WLR）和普通松弛钢丝（WNR）。钢丝分为消除应力光圆钢丝（代号 SP）、消除应力刻痕钢丝（代号 SI）、消除应力螺旋肋钢丝（代号 SH）和冷拉钢丝（代号 WCD）4 种。

2）钢筋混凝土结构用钢材的技术要求

① 热轧钢筋

根据《钢筋混凝土用钢第 1 部分：热轧光圆钢筋》（GB 1499.1—2008）和《钢筋混凝土用钢第 2 部分热轧带肋钢筋》国家标准第 1 号修改单（GB 1499.2—2007/XG1—2009），热轧钢筋的力学性能及工艺性能应符合表 6-40 的规定。

热轧钢筋的性能（GB 1499.1—2008，GB 1499.2—2007） **表 6-40**

强度等级代号	外形	钢种	公称直径（mm）	屈服强度（N/mm²）	抗拉强度（N/mm²）	断后伸长率（%）	冷弯试验	
							角度	弯心直径
HPB235	光圆	低碳钢	6～22	235	370	25	180°	$d=a$
HPB300				300	420			
HRB335	月牙肋	低碳钢 合金钢	6～25	335	455	17	180°	$d=3a$
HRBF335			28～40					$d=4a$
			>40～50					$d=5a$
HRB400			6～25	400	540	16	180°	$d=4a$
HRBF400			28～40					$d=5a$
			>40～50					$d=6a$
HRB500	等高肋	中碳钢 合金钢	6～25	500	630	15	180°	$d=6a$
HRBF500			28～40					$d=7a$
			>40～50					$d=8a$

② 低碳钢热轧圆盘条的力学性能和工艺性能根据《低碳钢热轧圆盘条》（GB/T 701—2008）规定，盘条分为建筑用盘条和拉丝用盘条两类，牌号有 Q195、Q215、Q235、

Q275，其力学性能和工艺性能见表 6-41 所列。

低碳钢热轧圆盘条力学性能和工艺性能（GB/T 701—2008） **表 6-41**

<table>
<tr><th rowspan="2">牌　号</th><th colspan="2">力学性能</th><th rowspan="2">冷弯试验 180°
d：弯心直径
a：试样直径</th></tr>
<tr><th>抗拉强度（MPa），不大于</th><th>断后伸长率（%），不小于</th></tr>
<tr><td>Q195</td><td>410</td><td>30</td><td>$d=0$</td></tr>
<tr><td>Q215</td><td>435</td><td>28</td><td>$d=0$</td></tr>
<tr><td>Q235</td><td>500</td><td>23</td><td>$d=0.5a$</td></tr>
<tr><td>Q275</td><td>540</td><td>21</td><td>$d=1.5a$</td></tr>
</table>

③ 预应力混凝土用冷拉钢丝的力学性能见表 6-42 所列。1×2 结构钢绞线尺寸及力学性能见表 6-43 所列。

预应力混凝土用冷拉钢丝的力学性能（GB/T 5223—2002） **表 6-42**

<table>
<tr><th>公称直径（mm）</th><th>抗拉强度（MPa），不小于</th><th>规定非比例伸长应力（MPa）</th><th>最大力下总伸长率（L_o=200mm）（%），不小于</th><th>弯曲次数（次/180°），不小于</th><th>弯曲半径（mm）</th><th>断面收缩率（%），不小于</th><th>每 210mm 扭矩的扭转次数，不小于</th><th>初始应力相当于 70% 公称抗拉强度时，1000h 后应力松弛率（%），不大于</th></tr>
<tr><td>3.00</td><td rowspan="3">1470
1570
1670
1770</td><td rowspan="3">1100
1180
1250
1330</td><td rowspan="6">1.5</td><td>4</td><td>7.5</td><td>—</td><td>—</td><td rowspan="6">8</td></tr>
<tr><td>4.00</td><td>4</td><td>10</td><td rowspan="2">35</td><td>8</td></tr>
<tr><td>5.00</td><td>4</td><td>15</td><td>8</td></tr>
<tr><td>6.00</td><td rowspan="3">1470
1570
1670
1770</td><td rowspan="3">1100
1180
1250
1330</td><td>5</td><td>15</td><td rowspan="3">30</td><td>7</td></tr>
<tr><td>7.00</td><td>5</td><td>20</td><td>6</td></tr>
<tr><td>8.00</td><td>5</td><td>20</td><td>5</td></tr>
</table>

（4）钢结构用钢材

1）分类

2）技术要求

① 钢的牌号和化学成分

钢的牌号和化学成分（熔炼分析）应符合《碳素结构钢》（GB/T 700—2006）或《低合金高强度结构钢》（GB/T 1591—2008）的有关规定。根据需方要求，经供需双方协议，也可按其他牌号和化学成分供货。

② 力学性能

型钢的力学性能应符合《碳素结构钢》（GB/T 700—2006）或《低合金高强度结构钢》（GB/T 1591—2008）的有关规定。根据需方要求，经供需双方协议，也可按其他力学性能指标供货。

1×2 结构钢绞线尺寸及力学性能（GB/T 5224—2003） **表 6-43**

钢绞线结构	钢绞线公称直径（mm）	抗拉强度（MPa）	整根钢绞线的最大力（kN），不小于	规定非比例延伸力 $F_{P0.2}$（kN），不小于	最大力总伸长率（L_o≥400mm）（%）	应力松弛性能	
						初始负荷相当于公称最大力的百分数（%）	1000h 后应力松弛率（%），不大于
1×2	5.00	1570	15.4	13.9	对所有规格	对所有规格	对所有规格
		1720	16.9	15.2			
		1860	18.3	16.5			
		1960	19.2	17.3			
	5.80	1570	20.7	18.6			
		1720	22.7	20.4		60	1.0
		1860	24.6	22.1			
		1960	25.9	23.3			
	8.00	1470	36.9	33.2	3.5	70	2.5
		1570	39.4	35.5			
		1720	43.2	38.9			
		1860	46.7	42.0		80	4.5
		1960	49.2	44.3			
	10.00	1470	57.8	52.0			
		1570	61.7	55.5			
		1720	67.6	60.8			
		1860	73.1	65.8			
		1960	77.0	69.3			
	12.00	1470	83.1	74.8			
		1570	88.7	79.8			
		1720	97.2	87.5			
		1860	105	94.5			

注：规定非比例延伸力 $F_{P0.2}$值不小于整根钢绞线公称最大力 F_m 的 90%。

5. 墙体材料

（1）砌墙砖

常用的砌墙砖品种有烧结普通砖、烧结多孔砖和空心砖、蒸压（养）砖等。

按使用的原料不同，烧结普通砖可分为：烧结普通黏土砖（N）、烧结粉煤灰砖（F）、烧结煤矸石砖（M）和烧结页岩砖（Y）。蒸压（养）砖又称免烧砖。根据所用原料不同有灰砂砖、粉煤灰砖等。

1）烧结普通砖

① 规格

根据《烧结普通砖》（GB 5101—2003）规定，烧结普通砖的外形为直角六面体，公称尺寸为：240mm×115mm×53mm。按技术指标分为优等品（A）、一等品（B）及合格品（C）三个质量等级。

② 技术要求

烧结普通砖的外观质量应符合有关规定。

烧结普通砖按抗压强度分为 MU30、MU25、MU20、MU15、MU10 五个强度等级。各强度等级砖的强度值应符合表 6-44 的要求。

烧结普通砖的强度等级（GB 5101—2003）（MPa） **表 6-44**

强度等级	抗压强度平均值 f	变异系数 $\delta \leqslant 0.21$	$\delta > 0.21$
		强度标准值 $f_k \geqslant$	单块最小抗压强度值 $f_{min} \geqslant$
MU30	30.0	22.0	25.0
MU25	25.0	18.0	22.0
MU20	20.0	14.0	16.0
MU15	15.0	10.0	12.0
MU10	10.0	6.5	7.5

泛霜也称起霜，是砖在使用过程中的盐析现象。标准规定：优等品无泛霜，一等品不允许出现中等泛霜，合格品不允许出现严重泛霜。

石灰爆裂是指砖坯中夹杂有石灰石，砖吸水后，由于石灰逐渐熟化而膨胀产生的爆裂现象。这种现象影响砖的质量，并降低砌体强度。标准规定：优等品不允许出现最大破坏尺寸大于 2mm 的爆裂区域；一等品不允许出现最大破坏尺寸大于 10mm 的爆裂区域，在 2～10mm 间爆裂区域，每组砖样不得多于 15 处；合格品不允许出现最大破坏尺寸大于 15mm 的爆裂区域，在 2～15mm 间的爆裂区域，每组砖样不得多于 15 处，其中大于 10mm 的不得多于 7 处。

2）烧结多孔砖、空心砖

① 烧结多孔砖的规格和技术要求

烧结多孔砖即竖孔空心砖，其孔洞率在 20%左右，根据国家标准《烧结多孔砖和多孔砌砖》（GB 13544—2011）的规定，多孔砖其长度、宽度、高度尺寸应符合下列要求：290，240，190，180（175），140，115，90（mm）。其他规格尺寸由供需双方协商确定。

烧结多孔砖根据抗压强度分为 MU30、MU25、MU20、MU15、MU10 五个强度等级。根据尺寸偏差、外观质量、强度等级和物理性能分为优等品（A）、一等品（B）和合格品（C）三个质量等级。各强度等级的强度应符合表 6-45 中的规定。

烧结多孔砖的强度等级（GB 13544—2011）（MPa） **表 6-45**

强度等级	抗压强度平均值 f	变异系数 $\delta \leqslant 0.21$	$\delta > 0.21$
		强度标准值 $f_k \geqslant$	单块最小抗压强度值 $f_{min} \geqslant$
MU30	30.0	22.0	25.0
MU25	25.0	18.0	22.0
MU20	20.0	14.0	16.0
MU15	15.0	10.0	12.0
MU10	10.0	6.5	7.5

② 烧结空心砖和空心砌块的规格和技术要求

根据国家标准《烧结空心砖和空心砌块》（GB 13545—2003）的规定，空心砖和砌块其长度、宽度、高度尺寸应符合下列要求：390，290，240，190，180（175），140，115，90（mm）。

烧结空心砖和砌块根据其大面抗压强度分为MU10.0、MU7.5、MU5.0、MU3.5、MU2.5五个强度等级；按体积密度分为800、900、1000、1100四个密度级别；强度、密度、抗风化性能及放射性物质合格的砖和砌块，根据尺寸偏差、外观质量、孔洞排列及其结构、泛霜、石灰爆裂、吸水率分为优等品（A）、一等品（B）和合格品（C）三个质量等级，强度等级指标要求见表6-46所列，密度等级指标要求见表6-47所列。

烧结空心砖和砌块的强度等级（GB 13545—2003）　**表6-46**

强度等级	抗压强度（MPa）			密度等级范围（kg/m³）
	抗压强度平均值≥	变异系数 $\delta \leqslant 0.21$	$\delta > 0.21$	
		强度标准值 $f_k \geqslant$	单块最小抗压强度值 $f_{min} \geqslant$	
MU10.0	10.0	7.0	8.0	≤1100
MU7.5	7.5	5.0	5.8	
MU5.0	5.0	3.5	4.0	
MU3.5	3.5	2.5	2.8	
MU2.5	2.5	1.6	1.8	≤800

烧结空心砖和砌块的密度等级（GB 13545—2003）（kg/m³）　**表6-47**

密度等级	5块砖密度平均值	密度等级	5块砖密度平均值
800	≤800	1000	901～1000
900	801～900	1100	1001～1100

3）蒸压（养）砖

蒸压（养）砖又称免烧砖。这类砖的强度不是通过烧结获得，而是制砖时掺入一定量的胶凝材料或在生产过程中形成一定的胶凝物质使砖具有一定强度。根据所用原料不同有灰砂砖、粉煤灰砖等。

① 蒸压灰砂砖（LSB）

A. 规格

灰砂砖的外形为矩形体。规格尺寸为240mm×115mm×53mm。

B. 技术要求

根据抗压强度、抗折强度及抗冻性分为MU25、MU20、MU15、MU10四个强度等级，见表6-48所列。

灰砂砖的强度等级（GB 11945—1999）　**表6-48**

强度等级	抗压强度（MPa）		抗折强度（MPa）		抗冻性	
	平均值不小于	单块值不小于	平均值不小于	单块值不小于	五块抗冻抗压强度（MPa）平均值不小于	单块干质量损失（%）不大于
MU25	25.0	20.0	5.0	4.0	20.0	2.0
MU20	20.0	16.0	4.0	3.2	16.0	
MU15	15.0	12.0	3.3	2.6	12.0	
MU10	10.0	8.0	2.5	2.0	8.0	

根据尺寸偏差和外观质量分为优等品（A）、一等品（B）和合格品（C）三个质量等级。

② 粉煤灰砖

粉煤灰砖是以粉煤灰、石灰或水泥为主要原料，掺以适量的石膏、外加剂、颜料和集料等，经坯料制备、成型、高压或常压蒸汽养护而制成的实心砖。砖的颜色分为本色（N）和彩色（CO）。

A. 规格

蒸压粉煤灰砖的外形为矩形体。规格尺寸为240mm×115mm×53mm。

B. 技术要求

根据抗压强度及抗折强度分为MU20、MU15、MU10、MU7.5四个强度等级，见表6-49所列。

粉煤灰砖强度等级（JC 239—2001）（MPa） **表 6-49**

强度等级	抗压强度≥		抗折强度≥	
	10块平均值≥	单块最小值≥	10块平均值≥	单块最小值≥
MU20	20.0	15.0	4.0	3.0
MU15	15.0	11.0	3.2	2.4
MU10	10.0	7.5	2.5	1.9
MU7.5	7.5	5.6	2.0	1.5

产品等级：根据外观质量、尺寸偏差、强度、抗冻性和干缩值分为优等品（A）、一等品（B）和合格品（C）三个质量等级。

（2）墙用砌块

砌块是一种比砌墙砖大的新型墙体材料，具有适应性强、原料来源广、不毁耕地、制作方便、可充分利用地方资源和工业废料、砌筑方便灵活等特点，同时可提高施工效率及施工的机械化程度，减轻房屋自重，改善建筑物功能，降低工程造价。推广和使用砌块是墙体材料改革的一条有效途径。

建筑砌块可分为实心和空心两种；按大小分为中型砌块（高度为400mm、800mm）和小型砌块（高度为200mm），前者用小型起重机械施工，后者可用手工直接砌筑；按原材料不同分为硅酸盐砌块和混凝土砌块，前者用炉渣、粉煤灰、煤矸石等材料加石灰、石膏配合而成，后者用混凝土制作。

1）粉煤灰砌块

粉煤灰砌块又称粉煤灰硅酸盐砌块，是以粉煤灰、石灰、石膏和骨料（煤渣、硬矿渣等）为原料，按照一定比例加水搅拌、振动成型，再经蒸汽养护而制成。

根据《粉煤灰砌块》（JC 238—1991）规定，其主要技术要求如下：

① 规格

粉煤灰砌块的外形尺寸分为880mm×380mm×240mm和880mm×430mm×240mm两种。砌块的端面应加灌浆槽，坐浆面（又叫铺浆面）宜设抗切槽。

② 等级划分

强度等级：按立方体试件的抗压强度，砌块分为10级、13级两个强度等级。

质量等级：根据外观质量、尺寸偏差及干缩性分为一等品（B）、合格品（C）两个质量等级。

2）蒸压加气混凝土砌块（ACB）

蒸压加气混凝土砌块（简称加气混凝土砌块）是以钙质材料（水泥、石灰等）和硅质材料（砂、粉煤灰、矿渣等）为原料，经过磨细，并以铝粉为加气剂，按一定比例配合，经过料浆浇注，再经过发气成型、坯体切割、蒸压养护等工艺制成的一种轻质、多孔的硅酸盐建筑墙体材料。

根据《蒸压加气混凝土砌块》（GB 11968—2006）规定，其主要技术指标如下：

① 规格

砌块的规格尺寸有以下两个系列（单位为mm）：

系列1：长度：600；

高度：200、250、300；

宽度：75为起点，100、125、150、175、200…（以25递增）。

系列2：长度：600；

高度：240、300；

宽度：60为起点，120、180、240、300、360…（以60递增）。

② 强度等级与密度等级

加气混凝土砌块按抗压强度分为A1.0、A2.0、A2.5、A3.5、A5.0、A7.5、A10.0七个强度等级，见表6-50所列。按干体积密度分为B03、B04、B05、B06、B07、B08六个级别，见表6-51所列。按外观质量、尺寸偏差、体积密度、抗压强度分为优等品（A）和合格品（C）。

蒸压加气混凝土砌块的强度等级（GB 11968—2006）（MPa）　　**表6-50**

强度级别		A1.0	A2.0	A2.5	A3.5	A5.0	A7.5	A10.0
立方体抗压强度	平均值≥	1.0	2.0	2.5	3.5	5.0	7.5	10.0
	最小值≥	0.8	1.6	2.0	2.8	4.0	6.0	8.0

蒸压加气混凝土砌块的干体积密度（GB 11968—2006）（kg/m³）　　**表6-51**

体积密度级别		B03	B04	B05	B06	B07	B08
干密度	优等品≤	300	400	500	600	700	800
	合格品≤	325	425	525	625	725	825

3）混凝土小型空心砌块

混凝土小型空心砌块（简称混凝土小砌块）是以水泥、砂、石等普通混凝土材料制成的。空心率为25%～50%。

根据《普通混凝土小型空心砌块》（GB 8239—1997）规定，其主要技术指标如下：

① 规格

混凝土小型空心砌块主规格尺寸为390mm×190mm×190mm，其他规格尺寸可由供需双方协商。

② 强度等级与质量等级

强度等级：按抗压强度分为MU3.5、MU5.0、MU7.5、MU10.0、MU15.0、MU20.0六个强度等级，见表6-52所列。按其尺寸偏差和外观质量分为优等品（A）、一等品（B）和合格品（C）三个质量等级。

普通混凝土小型空心砌块强度等级（GB 8239—1997）（MPa） **表 6-52**

强度等级	砌块抗压强度		强度等级	砌块抗压强度	
	平均值≥	单块最小值≥		平均值≥	单块最小值≥
MU3.5	3.5	2.8	MU10.0	10.0	8.0
MU5.0	5.0	4.0	MU15.0	15.0	12.0
MU7.5	7.5	6.0	MU20.0	20.0	16.0

混凝土小型空心砌块的抗冻性在采暖地区一般环境条件下应达到F15，干湿交替环境条件下应达到F25，非采暖地区不规定。其相对含水率应达到：潮湿地区≤45%；中等地区≤40%；干燥地区≤35%。其抗渗性也应满足有关规定。

混凝土小型空心砌块适用于建造地震设防烈度为8度及8度以下地区的各种建筑墙体，包括高层与大跨度的建筑，也可以用于围墙、挡土墙、桥梁、花坛等市政设施，应用范围十分广泛。

使用注意事项：小砌块采用自然养护时，必须养护28d后方可使用；出厂时小砌块的相对含水率必须严格控制在标准规定范围内；小砌块在施工现场堆放时，必须采取防雨措施；砌筑前，小砌块不允许浇水预湿。

4）轻骨料混凝土小型空心砌块

轻骨料混凝土小型空心砌块是以陶粒、膨胀珍珠岩、浮石、火山渣、煤渣、炉渣等各种轻粗细骨料和水泥按一定比例混合，经搅拌成型、养护而成的空心率大于25%、体积密度不大于1400kg/m^{3}的轻质混凝土小砌块。

根据《轻集料混凝土小型空心砌块》（GB/T 15229—2011）规定，其技术要求如下：

① 规格：主规格尺寸为390mm×190mm×190mm。其他规格尺寸可由供需双方商定。

② 强度等级与密度等级：按干体积密度分为500、600、700、800、900、1000、1200、1400八个密度等级，见表6-53所列；按抗压强度分阶段为MU1.5、MU2.5、MU3.5、MU5.0、MU7.5、MU10.0六个强度等级，见表6-54所列；按尺寸允许偏差、外观质量分为优等品（A）、一等品（B）和合格品（C）三个等级。

轻骨料混凝土小型空心砌块密度等级（GB/T 15229—2011）（kg/m^3） **表 6-53**

密度等级	砌块干体积密度范围	密度等级	砌块干体积密度范围
500	≤500	900	810～900
600	510～600	1000	910～1000
700	610～700	1200	1010～1200
800	710～800	1400	1210～1400

轻骨料混凝土小型空心砌块强度等级（GB/T 15229—2011）（MPa） **表 6-54**

强度等级	砌块抗压强度		密度等级范围
	平均值	最小值	
MU 1.5	≥1.5	1.2	≤800
MU 2.5	≥2.5	2.0	

续表

强度等级	砌块抗压强度		密度等级范围
	平均值	最小值	
MU 3.5	≥3.5	2.8	≤1200
MU 5.0	≥5.0	4.0	
MU 7.5	≥7.5	6.0	≤1400
MU 10.0	≥10.0	8.0	

轻骨料混凝土小型空心砌块是一种轻质高强、能取代普通黏土砖的最有发展前途的墙体材料之一，又因其绝热性能好、抗震性能好等特点，在各种建筑的墙体中得到广泛应用，特别是在绝热要求较高的维护结构上使用广泛。

6. 防水材料

（1）石油沥青和改性石油沥青

1）石油沥青

根据我国现行石油沥青标准，石油沥青主要划分为三大类：建筑石油沥青、道路石油沥青和普通石油沥青。各品种按技术性质划分为多种牌号。各牌号的技术要求见表 6-55、表 6-56 所列。

建筑石油沥青技术要求（GB/T 494—2010）　**表 6-55**

项目 \ 牌号	质量指标		
	10	30	40
针入度（25℃，100g，5s）（1/10mm）	10～25	26～35	36～50
针入度（46℃，100g，5s）（1/10mm）	报告[a]	报告[a]	报告[a]
针入度（0℃，200g，5s）（1/10mm），不小于	3	6	6
延度（25℃，5cm/min）（cm），不小于	1.5	2.5	3.5
软化点（环球法）（℃），不低于	95	75	60
溶解度（三氯乙烯）（%），不小于	99.0		
蒸发后质量变化（163℃，5h）（%），不大于	1		
蒸发后 25℃针入度比[b]（%），不小于	65		
闪点（开口杯法）（℃），不低于	260		

注：a 报告应为实测值。

b 测定蒸发损失后样品的 25℃针入度与原 25℃针入度之比乘以 100 后，所得的百分比，称为蒸发后针入度比。

道路石油沥青技术要求（NB/SH/T 0522—2010）　**表 6-56**

项目 \ 牌号	质量指标				
	200	180	140	100	60
针入度（25℃，100g，5s）（1/10mm）	200～300	150～200	110～150	80～110	50～80
延度[注]（25℃/cm），不小于	20	100	100	90	70
软化点（℃）	30～48	35～48	38～51	42～55	45～58
溶解度（%）	99.0				
闪点（开口）（℃），不小于	180	200	230		

续表

项目 \ 牌号	质量指标				
	200	180	140	100	60
密度（25℃）(g/cm³)	报告				
蜡含量（%），不大于	4.5				
薄膜烘箱试验（163℃，5h）					
质量变化（%），不大于	1.3	1.3	1.3	1.2	1.0
针入度比（%）	报告				
延度（25℃/cm）	报告				

注：1. 如25℃延度达不到，15℃延度达到时，也认为是合格的，指标要求与25℃延度一致。
2. 本标准所属产品适用于中、低等级道路及城市道路非主干道的道路沥青路面，也可作为乳化沥青和稀释沥青的原料。

2）改性石油沥青

建筑上使用的沥青必须具有一定的物理性质和黏附性。即在低温条件下应有弹性和塑性；在高温条件下要有足够的强度和稳定性；在加工和使用条件下具有抗“老化”能力；还应与各种矿物料和结构表面有较强的黏附力；对构件变形的适应性和耐疲劳性等。通常，石油加工厂制备的沥青不一定能全面满足这些要求，如只控制了耐热性（软化点），其他方面就很难达到要求，致使目前沥青防水屋面渗漏现象严重，使用寿命短。为此，常用橡胶、树脂和矿物填料等对沥青改性。橡胶、树脂和矿物填料等统称为石油沥青改性材料。

（2）防水卷材

1）分类

防水卷材是建筑工程防水材料的重要品种之一。防水卷材的品种较多，性能各异。建筑工程中常用的有石油沥青防水卷材（有石油沥青纸胎油毡、石油沥青玻璃布油毡、石油沥青玻纤胎油毡、石油沥青麻布胎油毡等）、高聚物改性沥青防水卷材、合成高分子防水卷材等。

2）技术要求

各类防水卷材的特点、适用范围及技术要求见表6-57～表6-66所列。

石油沥青防水卷材的特点及适用范围　　表6-57

卷材名称	特　点	适用范围	施工工艺
石油沥青纸胎油毡	是我国传统的防水材料，目前在屋面工程中仍占主导地位。其低温柔性差，防水层耐用年限较短，但价格较低	三毡四油、二毡三油叠层铺设的屋面工程	热玛琋脂、冷玛琋脂粘贴施工
石油沥青玻璃布油毡	抗拉强度高，胎体不易腐烂，材料柔韧性好，耐久性比纸胎油毡提高一倍以上	多用做纸胎油毡的增强附加层和突出部位的防水层	热玛琋脂、冷玛琋脂粘贴施工
石油沥青玻纤胎油毡	有良好的耐水性、耐腐蚀性和耐久性，柔韧性也优于纸胎油毡	常用做屋面或地下防水工程	热玛琋脂、冷玛琋脂粘贴施工
石油沥青麻布胎油毡	抗拉强度高，耐水性好，但胎体材料易腐烂	常用做屋面增强附加层	热玛琋脂、冷玛琋脂粘贴施工
石油沥青铝箔胎油毡	有很高的阻隔蒸气的渗透能力，防水功能好，且具有一定的抗拉强度	与带孔玻纤毡配合或单独使用，宜用于隔气层	热玛琋脂粘贴施工

沥青防水卷材外观质量（GB 50207—2012）　　**表 6-58**

项　目	质量要求
孔洞、硌伤	不允许
露胎、涂盖不匀	不允许
折纹、皱折	距卷芯 1000mm 以外，长度不大于 100mm
裂纹	距卷芯 1000mm 以外，长度不大于 10mm
裂口、缺边	边缘裂口小于 20mm；缺边长度小于 50mm，深度小于 20mm
每卷卷材的接头	不超过 1 处，较短的一段不应小于 2500mm，接头处应加长 150mm

沥青防水卷材物理性能（GB 50207—2012）　　**表 6-59**

项　目		性能要求	
		350 号	500 号
纵向拉力（25±2℃）（N）		≥340	≥440
耐热度（85±2℃，2h）		不流淌，无集中性气泡	
柔性（18±2℃）		绕 ϕ20 圆棒无裂纹	绕 ϕ25 圆棒无裂纹
不透水性	压力（MPa）	≥0.10	≥0.15
	保持时间（min）	≥30	≥30

常见高聚物改性沥青防水卷材的特点和适用范围　　**表 6-60**

卷材名称	特　点	适用范围	施工工艺
SBS 改性沥青防水卷材	耐高、低温性能有明显提高，卷材的弹性和耐疲劳性明显改善	单层铺设的屋面防水工程或复合使用，适合于寒冷地区和结构变形频繁的建筑	冷施工铺贴或热熔铺贴
APP 改性沥青防水卷材	具有良好的强度、延伸性、耐热性、耐紫外线照射及耐老化性能	单层铺设，适合于紫外线辐射强烈及炎热地区屋面使用	热熔法或冷粘法铺设
PVC 改性焦油沥青防水卷材	有良好的耐热及耐低温性能，最低开卷温度为−18℃	有利于在冬季负温度下施工	可热作业亦可冷施工
再生胶改性沥青防水卷材	有一定的延伸性，且低温柔性较好，有一定的防腐蚀能力，价格低廉属低档防水卷材	变形较大或档次较低的防水工程	热沥青粘贴
废橡胶粉改性沥青防水卷材	比普通石油沥青纸胎油毡的抗拉强度、低温柔性均有明显改善	叠层使用于一般屋面防水工程，宜在寒冷地区使用	热沥青粘贴

高聚物改性沥青防水卷材外观质量（GB 50207—2012）　　**表 6-61**

项　目	质量要求
孔洞、缺边、裂口	不允许
边缘不整齐	不超过 10mm
胎体露白、未浸透	不允许
撒布材料粒度、颜色	均匀
每卷卷材的接头	不超过 1 处，较短的一段不应小于 1000mm，接头处应加长 150mm

高聚物改性沥青防水卷材物理性能（GB 50207—2012） **表 6-62**

项目		性能要求		
		聚酯毡胎体	玻纤胎体	聚乙烯胎体
拉力（N/50mm）		≥450	纵向≥350， 横向≥250	≥100
延伸率（%）		最大拉力时，≥30	—	断裂时，≥200
耐热度（℃，2h）		SBS 卷材 90，APP 卷材 110，无滑动、流淌、滴落		PEE 卷材 90，无流淌、起泡
低温柔度（℃）		SBS 卷材-18，APP 卷材-5，PEE 卷材-10。 3mm 厚 r=15mm；4mm 厚 r=25mm；3s 弯 180°，无裂纹		
不透水性	压力（MPa）	≥0.3	≥0.2	≥0.3
	保持时间（min）	≥30		

注：SBS——弹性体改性沥青防水卷材；APP——塑性体改性沥青防水卷材；
PEE——改性沥青聚乙烯胎防水卷材

卷材厚度选用表（GB 50207—2012） **表 6-63**

屋面防水等级	设防道数	合成高分子防水卷材	高聚物改性沥青防水卷材	沥青防水卷材
Ⅰ级	三道或三道以上设防	不应小于 1.5mm	不应小于 3mm	—
Ⅱ级	二道设防	不应小于 1.2mm	不应小于 3mm	—
Ⅲ级	一道设防	不应小于 1.2mm	不应小于 4mm	三毡四油
Ⅳ级	一道设防	—	—	二毡三油

常见合成高分子防水卷材的特点和适用范围 **表 6-64**

卷材名称	特点	适用范围	施工工艺
三元乙丙橡胶防水卷材	防水性能优异，耐候性好，耐臭氧性、耐化学腐蚀性、弹性和抗拉强度大，对基层变形开裂的适应性强，重量轻，使用温度范围广，寿命长，但价格高，粘结材料尚需配套完善	防水要求较高、防水层耐用年限要求长的工业与民用建筑，单层或复合使用	冷粘法或自粘法
丁基橡胶防水卷材	有较好的耐候性、耐油性、抗拉强度和延伸率，耐低温性能稍低于三元乙丙橡胶防水卷材	单层或复合使用于要求较高的防水工程	冷粘法施工
氯化聚乙烯防水卷材	具有良好的耐候、耐臭氧、耐热老化、耐油、耐化学腐蚀及抗撕裂的性能	单层或复合作用，宜用于紫外线强的炎热地区	冷粘法施工
氯磺化聚乙烯防水卷材	延伸率较大、弹性较好，对基层变形开裂的适应性较强，耐高、低温性能好，耐腐蚀性能优良，有很好的难燃性	适合于有腐蚀介质影响及在寒冷地区的防水工程	冷粘法施工
聚氯乙烯防水卷材	具有较高的拉伸和撕裂强度，延伸率较大，耐老化性能好，原材料丰富，价格便宜，容易粘结	单层或复合使用于外露或有保护层的防水工程	冷粘法或热风焊接法施工
氯化聚乙烯—橡胶共混防水卷材	不但具有氯化聚乙烯特有的高强度和优异的耐臭氧、耐老化性能，而且具有橡胶所特有的高弹性、高延伸性以及良好的低温柔性	单层或复合使用，尤宜用于寒冷地区或变形较大的防水工程	冷粘法施工
三元乙丙橡胶—聚乙烯共混防水卷材	是热塑性弹性材料，有良好的耐臭氧和耐老化性能，使用寿命长，低温柔性好，可在负温条件下施工	单层或复合外露防水屋面，宜在寒冷地区使用	冷粘法施工

合成高分子防水卷材外观质量（GB 50207—2012）　　表 6-65

项　目	质量要求
折痕	每卷不超过2处，总长度不超过20mm
杂质	大于0.5mm颗粒不允许，每$1m^2$不超过$9mm^2$
胶块	每卷不超过6处，每处面积不大于$4mm^2$
凹痕	每卷不超过6处，深度不超过本身厚度的30%；树脂类深度不超过15%
每卷卷材的接头	橡胶类每20m不超过1处，较短的一段不应小于3000mm，接头处应加长150mm；树脂类20m长度内不允许有接头

合成高分子防水卷材物理性能（GB 50207—2012）　　表 6-66

项　目		性能要求			
		硫化橡胶类	非硫化橡胶类	树脂类	纤维增强类
断裂拉伸强度（MPa）		≥6	≥3	≥10	≥9
扯断伸长率（%）		≥400	≥200	≥200	≥10
低温弯折（℃）		−30	−20	−20	−20
不透水性	压力（MPa）	≥0.3	≥0.2	≥0.3	≥0.3
	保持时间（min）	≥30			
加热收缩率（%）		<1.2	<2.0	<2.0	<1.0
热老化保持率（80℃，168h）	断裂拉伸强度	≥80%			
	扯断伸长率	≥70%			

（3）防水涂料、防水油膏、防水粉

1）防水涂料

防水涂料是一种流态或半流态物质，涂布在基层表面，经溶剂或水分挥发或各组分间的化学反应，形成有一定弹性和一定厚度的连续薄膜，使基层表面与水隔绝，起到防水、防潮作用。防水涂料广泛适用于工业与民用建筑的屋面防水工程、地下室防水工程和地面防潮、防渗等。

防水涂料按液态类型可分为溶剂型、水乳型和反应型三种；按成膜物质的主要成分可分为沥青类、高聚物改性沥青类和合成高分子类。

① 防水涂料的性能

防水涂料的品种很多，各品种之间的性能差异很大，但无论何种防水涂料，要满足防水工程的要求，必须具备以下性能：

A. 固体含量

固体含量指防水涂料中所含固体比例。由于涂料涂刷后靠其中的固体成分形成涂膜，因此固体含量多少与成膜厚度及涂膜质量密切相关。

B. 耐热度

耐热度指防水涂料成膜后的防水薄膜在高温下不发生软化变形、不流淌的性能，它反映防水涂膜的耐高温性能。

C. 柔性

柔性指防水涂料成膜后的膜层在低温下保持柔韧的性能，它反映防水涂料在低温下的施工和使用性能。

D. 不透水性

不透水性指防水涂料在一定水压（静水压或动水压）和一定时间内不出现渗漏的性能，是防水涂料满足防水功能要求的主要质量指标。

E. 延伸性

延伸性指防水涂膜适应基层变形的能力。防水涂料成膜后必须具有一定的延伸性，以适应由于温差、干湿等因素造成的基层变形，保证防水效果。

② 防水涂料的技术要求应符合表 6-67～表 6-69 的规定。

高聚物改性沥青防水涂料物理性能（GB 50207—2012） **表 6-67**

项　目		性能要求
固体含量（%）		≥43
耐热度（80℃，5h）		无流淌、起泡和滑动
柔性（−10℃）		3mm 厚，绕 ϕ20 圆棒无裂纹、断裂
不透水性	压力（MPa）	≥0.1
	保持时间（min）	≥30
延伸（20±2℃拉伸）（mm）		≥4.5

涂膜厚度选用表（GB 50207—2012） **表 6-68**

屋面防水等级	设防道数	高聚物改性沥青防水涂料	合成高分子防水涂料
Ⅰ级	三道或三道以上设防	—	不应小于 1.5mm
Ⅱ级	二道设防	不应小于 3mm	不应小于 1.5mm
Ⅲ级	一道设防	不应小于 3mm	不应小于 2mm
Ⅳ级	一道设防	不应小于 2mm	—

合成高分子防水涂料物理性能（GB 50207—2012） **表 6-69**

项　目		性能要求		
		反应固化型	挥发固化型	聚合物水泥涂料
固体含量（%）		≥94	≥65	≥65
拉伸强度（MPa）		≥1.65	≥1.5	≥1.2
断裂延伸率（%）		≥350	≥300	≥200
柔性（℃）		−30，弯折无裂纹	−20，弯折无裂纹	−10，绕 ϕ10 棒无裂纹
不透水性	压力（MPa）	≥0.3		
	保持时间（min）	≥30		

2）防水油膏

防水油膏是一种非定型的建筑密封材料，也称密封膏、密封胶、密封剂，是溶剂型、乳液型、化学反应型等黏稠状的材料。防水油膏与被粘基层应具有较高的粘结强度，具备良好的水密性和气密性，良好的耐高低温性和耐老化性，还有一定的弹塑性和拉伸—压缩循环性能。以适应屋面板和墙板的热胀冷缩、结构变形、高温不流淌、低温不脆裂的要求，保证接缝不渗漏、不透气的密封作用。

防水油膏的选用，应考虑它的粘结性能和使用部位。密封材料与被粘基层的良好粘结，是保证密封的必要条件，因此，应根据被粘基层的材质、表面状态和性质来选择粘结性良好的防水油膏；建筑物中不同部位的接缝，对防水油膏的要求不同，如室外的接缝要求较高的耐候性，而伸缩缝则要求较好的弹塑性和拉伸—压缩循环性能。常用的防水油膏有：沥青嵌缝油膏、塑料油膏、丙烯酸类密封膏、聚氨酯密封膏、聚硫密封膏和硅酮密封膏等。

沥青嵌缝油膏是以石油沥青为基料，加入改性材料、稀释剂及填充料混合制成的密封膏。改性材料有废橡胶粉和硫化鱼油；稀释剂有松焦油、松节重油和机油；填充料有石棉绒和滑石粉等。

沥青嵌缝油膏主要用做屋面、墙面、沟和槽的防水嵌缝材料。

使用沥青嵌缝油膏嵌缝时，缝内应洁净干燥，先刷涂冷底子油一道，待其干燥后即嵌填油膏。油膏表面可加石油沥青、油毡、砂浆、塑料作为覆盖层。

聚氯乙烯接缝膏是以煤焦油和聚氯乙烯（PVC）树脂粉为基料，按一定比例加入增塑剂、稳定剂及填充料等，在140℃温度下塑化而成的膏状密封材料，简称PVC接缝膏。

塑料油膏是用废旧聚氯乙烯（PVC）塑料代替聚氯乙烯树脂粉，其他原料和生产方法同聚氯乙烯接缝膏。塑料油膏成本较低。

PVC接缝膏和塑料油膏有良好的粘结性、防水性、弹塑性，耐热、耐寒、耐腐蚀和抗老化性能也较好。可以热用，也可以冷用。热用时，将聚氯乙烯接缝膏或塑料油膏用文火加热，加热温度不得超过140℃，达到塑化状态后，应立即浇灌于清洁干燥的缝隙或接头等部位。冷用时，加溶剂稀释。

这种油膏适用于各种屋面嵌缝或表面涂布作为防水层，也可用于水渠、管道等接缝，用于工业厂房自防水屋面嵌缝、大型墙板嵌缝等的效果也很好。

丙烯酸类密封膏是丙烯酸树脂掺入增塑剂、分散剂、碳酸钙、增量剂等配制而成，有溶剂型和水乳型两种，通常为水乳型。

丙烯酸类密封膏在一般建筑基底上不产生污渍。它具有优良的抗紫外线性能，尤其是对于透过玻璃的紫外线。它的延伸率很好，初期固化阶段为200％～600％，经过热老化、气候老化试验后达到完全固化时为100％～350％。在－34～80℃温度范围内具有良好的性能。丙烯酸类密封膏比橡胶类便宜，属于中等价格及性能的产品。

丙烯酸类密封膏主要用于屋面、墙板、门、窗嵌缝，但它的耐水性能不算太好，所以不宜用于经常泡在水中的工程，如不宜用于广场、公路、桥面等有交通来往的接缝中，也不用于水池、污水厂、灌溉系统、堤坝等水下接缝中。丙烯酸类密封膏一般在常温下用挤枪嵌填于各种清洁、干燥的缝内，为节省材料，缝宽不宜太大，一般为9～15mm。

聚氨酯密封膏一般是双组分配制，甲组分是含有异氰酸基的预聚体，乙组分含有多羟基的固化剂与增塑剂、填充料、稀释剂等。使用时，将甲乙两组分按比例混合，经固化反应成弹性体。

聚氨酯密封膏的弹性、粘结性及耐气候老化性能特别好，与混凝土的粘结性也很好，同时不需要打底。所以聚氨酯密封材料可以作屋面、墙面的水平或垂直接缝，尤其适用于游泳池工程。它还是公路及机场跑道的补缝、接缝的好材料，也可用于玻璃、金属材料的嵌缝。

硅酮密封膏是以聚硅氧烷为主要成分的单组分和双组分室温固化的建筑密封材料。目前大多数为单组分系统，它以硅氧烷聚合物为主体，加入硫化剂、硫化促进剂以及增强填料组成。硅酮密封膏具有优异的耐热、耐寒性和良好的耐候性；与各种材料都有较好的粘结性能；耐拉伸—压缩疲劳性强，耐水性好。

根据《硅酮建筑密封胶》(GB/T 14683—2003) 的规定，硅酮建筑密封膏分为 F 类和 G 类两种类别。其中，F 类为建筑接缝用密封膏，适用于预制混凝土墙板、水泥板、大理石板的外墙接缝，混凝土和金属框架的粘结，卫生间和公路接缝的防水密封等；G 类为镶装玻璃用密封膏，主要用于镶嵌玻璃和建筑门、窗的密封。

单组分硅酮密封膏是在隔绝空气的条件下将各组分混合均匀后装于密闭包装筒中；施工后，密封膏借助空气中的水分进行交联作用，形成橡胶弹性体。

3）防水粉

防水粉是一种粉状的防水材料。它是利用矿物粉或其他粉料与有机憎水剂、抗老剂和其他助剂等采用机械力化学原理，使基料中的有效成分与添加剂经过表面化学反应和物理吸附作用，生成拒水膜，包裹在粉料的表面，使粉料由亲水材料变成憎水材料，达到防水效果。

防水粉主要有两种类型。一种以轻质碳酸钙为基料，通过与脂肪酸盐作用形成长链憎水膜包裹在粉料表面；另一种是以工业废渣（炉渣、矿渣、粉煤灰等）为基料，利用其中有效成分与添加剂发生反应，生成网状结构拒水膜，包裹其表面。这两种粉末即为防水粉。

防水粉具有松散、应力分散、透气不透水、不燃、抗老化、性能稳定等特点，适用于屋面防水、地面防潮，地铁工程的防潮、抗渗等。它的缺点是：露天风力过大时施工困难，建筑节点处理稍难，立面防水不好解决。

7. 公路沥青

公路沥青是指以沥青材料为主要成分，胶结集料、矿粉等为辅料，从而形成具有一定整体力学性能及稳定性的混合料，用于公路结构性路面的胶结材料。

在公路工程中，最常用的主要是石油沥青和煤沥青，其次是天然沥青。其中，性能更加优越，尤其耐久性得以明显改善的各种改性沥青，近些年在公路工程中得到广泛的应用。

（1）沥青材料的要求

1）沥青材料应附有炼油厂的沥青质量检验单。运至现场的各种材料必须按要求进行试验，经评定合格方可使用。

道路石油沥青是沥青路面建设最主要的材料，在选购沥青时应查明其原油种类及炼油工艺，并征得主管部门的同意，这是因为沥青质量基本上受制于原油品种，且与炼油工艺关系很大。为防止因沥青质量发生纠纷，沥青出厂均应附有质量检验单，使用单位在购货后进行试验确认。如有疑问或达不到检验单呈示数据的要求，应请有关质检部门或质量监督部门仲裁，以明确责任。

2）沥青路面骨料的粒径选择和筛分应以方孔筛为准。当受条件限制时，可按表 6-70 的规定采用与方孔筛相对应的圆孔筛。

方孔筛与圆孔筛的对应关系 表 6-70

方孔筛孔径（mm）	对应的圆孔筛孔径（mm）	方孔筛孔径（mm）	对应的圆孔筛孔径（mm）
106	130	13.2	15
75	90	9.5	10
63	75	4.75	5
53	65	2.36	2.5
37.5	45	1.18	1.2
31.5	40（或 35）	0.6	0.6
26.5	30	0.3	0.3
19.0	25	0.15	0.15
16.0	20	0.075	0.075

注：表中的圆孔筛系列，孔径小于 2.5mm 的筛孔为方孔。

3）沥青路面的沥青材料可采用道路石油沥青、煤沥青、乳化石油沥青、液体石油沥青等。沥青材料的选择应根据交通量、气候条件、施工方法、沥青面层类型、材料来源等情况确定。当采用改性沥青时应进行试验并应进行技术论证。

4）路面材料进入施工场地时，应登记，并签发材料验收单。验收单应包括材料来源、品种、规格、数量、使用目的、购置日期、存放地点及其他应予注明的事项。

（2）道路石油沥青

1）适用范围

道路石油沥青各个等级的适用范围见表 6-71 的规定。

道路石油沥青的适用范围 表 6-71

沥青等级	适用范围
A 级沥青	各个等级的公路，适用于任何场合和层次
B 级沥青	（1）高速公路、一级公路面层及以下的层次，二级及二级以下公路的各个层次； （2）用做改性沥青、乳化沥青、改性乳化沥青、稀释沥青的基质沥青
C 级沥青	三级及三级以下公路的各个层次

2）技术要求

道路石油沥青的质量应符合表 6-56 规定的技术要求。

① 对高速公路、一级公路，夏季温度高、高温持续时间长、重载交通，山区及丘陵上坡路段、服务区、停车场等行车速度慢的路段，尤其是汽车荷载剪应力大的层次，宜采用稠度大、600℃黏度大的沥青，也可提高高温气候分区的温度水平选用沥青等级；对冬季寒冷的地区或交通量小的公路、旅游公路宜选用稠度小、低温延度大的沥青；对温度日温差、年温差大的地区宜注意选用针入度指数大的沥青。当高温要求与低温要求发生矛盾时应优先考虑满足高温性能的要求。

② 当缺乏所需强度等级的沥青时，可采用不同强度等级掺配的调合沥青，其掺配比例由试验决定。掺配后的沥青质量应符合表 6-56 的要求。

（3）乳化沥青

1）适用范围

乳化沥青适用于沥青表面处治路面、沥青贯入式路面、冷拌沥青混合料路面，修补裂缝、喷洒透层、黏层与封层等。乳化沥青的品种和适用范围宜符合表 6-72 的规定。

乳化沥青品种和适用范围 **表 6-72**

分类	品种及代号	适用范围
阳离子乳化沥青	PC—1	表处、贯入式路面及下封层用
	PC—2	透层油及基层养生用
	PC—3	黏层油用
	BC—1	稀浆封层或冷拌沥青混合料用
阴离子乳化沥青	PA—1	表处、贯入式路面及下封层用
	PA—1	透层油及基层养生用
	PA—2	黏层油用
	BA—1	稀浆封层或冷拌沥青混合料用
非离子乳化沥青	PN—2	透层油用
	BN—1	与水泥稳定骨料同时使用（基层路拌或再生）

2）技术要求

乳化沥青的质量应符合表 6-73 的规定。在高温条件下宜采用黏度较大的乳化沥青，寒冷条件下宜使用黏度较小的乳化沥青。

道路用乳化沥青技术要求 **表 6-73**

试验项目		品种及代号									
		阳离子				阴离子				非离子	
		喷洒用			拌合用	喷洒用			拌合用	喷洒用	拌合用
		PC—1	PC—1	PC—1	BC—1	PC—1	PC—1	PC—1	BA—1	PN—1	BN—1
破乳速度		快裂	慢裂	快裂或中裂	慢裂或中裂	快裂	慢裂	快裂或中裂	慢裂或中裂	慢裂	慢裂
粒子电荷		阳离子（+）				阴离子（－）				非离子	
筛上残留物（1.18 筛）（%），不大于		0.1				0.1				0.1	
黏度	恩格拉黏度计 E_{25}	2～10	1～6	1～6	2～30	2～10	1～6	1～6	2～30	1～6	2～30
	道路标准黏度计 $C_{25.3}$/S	10～25	8～20	8～20	10～60	10～25	8～20	8～20	10～60	8～20	10～60
蒸发残留物	残留物含量（%），不小于	50	50	50	55	50	50	50	55	50	55
	溶解度（%），不小于	97.5				97.5				97.5	
	针入度（25℃）（0.1mm）	50～200	50～300	45～160		50～200	50～300	45～160		50～300	60～300
	延度（15℃）（cm），不小于	40				40				40	
与粗骨料的黏附性、裹敷面积，不小于		2/3			—	2/3			—	2/3	—
与粗、细粒式骨料拌合试验		—			均匀	—			均匀	—	
水泥拌合试验的筛上剩余（%），不大于		—				—				—	3
常温贮存稳定性（%） 1d，不大于 5d，不大于		 1 5				 1 5				 1 5	

注：P 为喷洒型，B 为拌合型，C、A、N 分别表示阳离子、阴离子、非离子乳化沥青。

表中黏度可选用恩格拉黏度计或沥青标准黏度计测定。

表中的破乳速度与骨料的黏附性、拌合试验的要求、所使用的石料品种有关，质量检验时应采用工程上实际的石料进行试验，仅进行乳化沥青产品质量评定时可不要求此三项指标。

贮存稳定性根据施工实际情况选用试验时间，通常采用5d，乳液生产后能在当天使用时也可用1d的稳定性。

当乳化沥青需要在低温冰冻条件下贮存或使用时，尚需进行5℃低温贮存稳定性试验，要求没有粗颗粒、不结块。

(4) 液体石油沥青

1) 适用范围

液体石油沥青适用于透层、黏层及拌制常温沥青混合料。根据使用目的场所，可分别选用快凝、中凝、慢凝的液体石油沥青。

2) 技术要求

液体石油沥青使用前应由试验确定掺配比例，其质量应符合表6-74的规定。

道路用液体石油沥青技术要求　　**表6-74**

试验项目		快凝		中凝						慢凝					
		AL(R)-1	AL(R)-2	AL(M)-1	AL(M)-2	AL(M)-3	AL(M)-4	AL(M)-5	AL(M)-6	AL(S)-1	AL(S)-2	AL(S)-3	AL(S)-4	AL(S)-5	AL(S)-6
黏度	$C_{25.5}$/S	<20	—	<20	—	—	—	—	—	<20	—	—	—	—	—
	$C_{60.5}$/S	—	5～15	5～15	5～15	16～25	26～40	41～100	101～200	—	5～15	16～25	26～40	41～100	101～200
蒸馏体积	225℃前（%）	>20	>15	<10	<7	<3	<2	0	0	—	—	—	—	—	—
	315℃前（%）	>35	>30	<35	<25	<17	<14	<8	<5	—	—	—	—	—	—
	360℃前（%）	>45	>35	<50	<35	<30	<25	<20	<15	<40	<35	<25	<20	<15	<5
蒸馏后残留物	针入度（25℃）（0.1mm）	60～200	60～200	100～300	100～300	100～300	100～300	100～300	100～300	—	—	—	—	—	—
	延度（25℃）（cm）	>60	>60	>60	>60	>60	>60	>60	>60	—	—	—	—	—	—
	浮漂度（5℃）（s）	—	—	—	—	—	—	—	—	<20	>20	>30	>40	>45	>50
闪点（TOC法）（℃）		>30	>30	>65	>65	>65	>65	>65	>65	>70	>70	>100	>100	>120	>120
含水量（%），不大于		0.2	0.2	0.2	0.2	0.2	0.2	0.2	0.2	2.0	2.0	2.0	2.0	2.0	2.0

用针入度较大的石油沥青，使用前按先加热沥青后加稀释剂的顺序，掺配煤油或轻柴油，经适当的搅拌、稀释制成。掺配比例根据使用要求由试验确定。

液体石油沥青在制作、贮存、使用的过程中液体石油沥青宜须通风良好，并有专人负责，确保安全。基质沥青的加热温度严禁超过140℃，液体沥青的贮存温度不得高于50℃。

(5) 煤沥青

1) 技术特性

① 温度稳定性差

煤沥青受热易软化，因此加热温度和时间都要严格控制，更不宜反复加热，否则易引起性质急剧恶化。

② 黏附性好

煤沥青与矿质骨料的黏附性较好。

③ 气候稳定性较差

煤沥青在周围介质的作用下，老化进程（黏度增加，塑性降低）较石油沥青快。

④ 有一定毒性

煤沥青含对人体有害的成分较多，臭味较重。

2）技术要求

道路用煤沥青的强度等级根据气候条件、施工温度、使用目的选用，其质量应符合表6-75的规定。

道路用煤沥青技术要求 **表 6-75**

试验项目		T-1	T-2	T-3	T-4	T-5	T-6	T-7	T-8	T-9
黏度（S）	$C_{30.5}$	5～25	26～70							
	$C_{30.10}$			5～25	26～50	51～120	121～200			
	$C_{50.10}$							10～75	76～200	
	$C_{60.10}$									35～65
蒸馏试验，馏出量（%）	170℃前，不大于	3	3	3	2	1.5	1.5	1.0	1.0	1.0
	270℃前，不大于	20	20	20	15	15	15	10	10	10
	300℃前，不大于	15～35	15～35	30	25	25	25	20	20	15
300℃蒸馏残留物软化点（环球法）（℃）		30～45	30～45	35～65	35～65	35～65	35～65	40～70	40～70	40～70
水分（%），不大于		1.0	1.0	1.0	1.0	1.0	0.5	0.5	0.5	0.5
甲苯不溶物（%），不大于		20	20	20	20	20	20	20	20	20
萘含量（%），不大于		5	5	5	4	4	3.5	3	2	2
焦油酸含量（%），不大于		4	4	3	3	2.2	2.5	1.5	1.5	1.5

3）适用及贮存

① 各种等级公路的各种基层上的透层，宜采用T-1或T-2级，其他等级不合喷洒要求时可适当稀释使用。

② 三级及三级以下的公路铺筑表面处治或贯入式沥青路面，宜采用T-5、T-6或T-7级。

③ 与道路石油沥青、乳化沥青混合使用，以改善渗透性。

④ 道路用煤沥青严禁用于热拌热铺的沥青混合料，作其他用途时的贮存温度宜为70～90℃，且不得长时间贮存。

（6）改性沥青

1）制作与存贮

改性沥青可单独或复合采用高分子聚合物、天然沥青及其他改性材料制作。

用做改性剂的SBR胶乳中的固体物含量不宜少于45%，使用中严禁长时间暴晒或遭冰冻。

改性沥青的剂量以改性剂占改性沥青总量的百分数计算，胶乳改性沥青的剂量应以扣除水以后的固体物含量计算。

改性沥青宜在固定式工厂或在现场设厂集中制作，也可在拌合现场边制造边使用，改性沥青的加工温度不宜超过180℃。胶乳类改性剂和制成颗粒的改性剂可直接投入拌合缸中生产改性沥青混合料。

用溶剂法生产改性沥青母体时，挥发性溶剂回收后的残留量不得超过5%。

现场制造的改性沥青宜随配随用，需做短时间保存，或运送到附近的工地时，使用前必须搅拌均匀，在不发生离析的状态下使用。改性沥青制作设备必须设有随机采集样品的取样口，采集的试样宜立即在现场灌模。

工厂制作的成品改性沥青到达施工现场后存贮在改性沥青罐中，改性沥青罐中必须加设搅拌设备并进行搅拌，使用前改性沥青必须搅拌均匀。在施工过程中应定期取样检验产品质量，发现离析等质量不符合要求的改性沥青不得使用。

2）技术要求

各类聚合物改性沥青的质量应符合表6-76的技术要求，当使用表列以外的聚合物及复合改性沥青时，可通过试验研究制定相应的技术要求。

表中135℃运动黏度可采用《公路工程沥青及沥青混合料试验规程》（JTG E 20—2011）中的“沥青布氏旋转黏度试验方法（布洛克菲尔德黏度计法）”进行测定。若在不改变改性沥青物理力学性质并符合安全条件的温度下易于泵送和拌合，或经证明适当提高泵送和拌合温度能保证改性沥青的质量，容易施工，可不要求测定。

贮存稳定性指标适用于工厂生产的成品改性沥青。现场制作的改性沥青对贮存稳定性指标可不作要求，但必须在制作后，保持不间断的搅拌或泵送循环，保证使用前没有明显的离析。

聚合物改性沥青技术要求 **表6-76**

指标	SBS类（Ⅰ类）				SBS类（Ⅱ类）			SBS类（Ⅲ类）			
	Ⅰ-A	Ⅰ-B	Ⅰ-C	Ⅰ-D	Ⅱ-A	Ⅱ-B	Ⅱ-C	Ⅲ-A	Ⅲ-B	Ⅲ-C	Ⅲ-D
针入度（25℃，100g，5S）（0.1mm）	>100	80～100	60～80	40～60	>100	80～100	60～80	>80	60～80	40～60	30～40
针入度指数PI，不小于	−1.2	−0.8	−0.4	0	−1.0	−0.8	−0.6	−1.0	−0.8	−0.6	−0.4
延度（5℃，5cm）（min/cm），不小于	50	40	30	20	60	50	40	—			
软化点$T_{R\&B}$（℃）	45	50	55	60	45	48	50	48	52	56	60
运动黏度135℃（Pa·S），不大于	3										
闪点（℃），不小于	230				230			230			
溶解度（%），不大于	99	99	—								
弹性恢复25℃（%），不小于	55	60	65	75	—			—			
黏韧性（N·m），不小于	—				5			—			
韧性（N·m），不小于	—				2.5			—			
贮存稳定性离析，48h软化点差（℃），不大于	2.5				—			无改性剂明显析出、凝聚			

续表

指标	SBS类（Ⅰ类）				SBS类（Ⅱ类）			SBS类（Ⅲ类）			
	Ⅰ-A	Ⅰ-B	Ⅰ-C	Ⅰ-D	Ⅱ-A	Ⅱ-B	Ⅱ-C	Ⅲ-A	Ⅲ-B	Ⅲ-C	Ⅲ-D
TFOT（或RTFOT）后残留物											
质量变化（%），不大于	±1.0										
针入度比25℃（%），不小于	50	55	60	65	50	55	60	50	55	58	60
延度5℃（cm），不小于	30	25	20	15	30	20	10	—			

（7）改性乳化沥青

1）品种和适用范围

改性乳化沥青的品种和适用范围一般应符合表6-77的规定。

改性乳化沥青的品种和适用范围　　表6-77

品种		代号	适用范围
改性乳化沥青	喷洒型改性乳化沥青	PCR	黏层、封层、桥面防水粘结层用
	拌合用乳化沥青	BCR	改性稀浆封层和微表处用

2）技术要求

改性乳化沥青技术要求应符合表6-78的规定。

表中破乳速度与骨料黏附性、拌合试验、所使用的石料品种有关。工程上施工质量检验时应采用实际的石料试验，仅进行产品质量评定时可不对这些指标提出要求。

当用于填补车辙时，BCR蒸发残留物的软化点宜提高至不低于55℃。

贮存稳定性根据施工实际情况选择试验天数，通常采用5d，乳液生产后能在第二天使用完时也可选用1d。个别情况下改性乳化沥青5d的贮存稳定性难以满足要求，如果经搅拌后能够达到均匀一致并不影响正常使用，此时要求改性乳化沥青至工地后存放在附有搅拌装置的贮存罐内，并不断地进行搅拌，否则不准使用。

当改性乳化沥青或特种改性乳化沥青需要在低温冰冻条件下贮存或使用时，尚需进行−5℃低温贮存稳定性试验，要求没有粗颗粒、不结块。

改性乳化沥青技术要求　　表6-78

试验项目		品种及代号	
		PCR	BCR
破乳速度		快裂或中裂	慢裂
粒子电荷		阳离子（+）	阳离子（+）
筛上剩余量（1.18mm）（%），不大于		0.1	0.1
黏度	恩格拉黏度 E_{25}	1～10	3～30
	沥青标准黏度 $C_{25.63}$/S	8～25	12～60
蒸发残留物	含量（%），不小于	50	60
	针入度（100g，25℃，5s）（0.1mm）	40～120	40～100
	软化点（℃），不小于	50	53
	延度（5℃）（cm）	20	20
	溶解度（三氯6乙烯）（%），不小于	97.5	97.5
与矿料的黏附性，裹覆面积，不小于		2/3	—
贮存稳定性	1d（%），不大于	1	1
	5d（%），不大于	5	5

8. 公路沥青混合料

沥青混合料是沥青混凝土混合料和沥青碎石混合料的总称。沥青混凝土混合料是由沥青和适当比例的粗骨料、细骨料及填料在严格控制条件下拌合均匀所组成的高级筑路材料，压实后剩余空隙率小于10%的沥青混合料称为沥青混凝土；沥青碎石混合料是由沥青和适当比例的粗骨料、细骨料及少量填料（或不加填料）在严格控制条件下拌合而成，压实后剩余空隙率在10%以上的半开式沥青混合料称为沥青碎石。

(1) 分类

沥青混合料按结合料分类，可分为石油沥青混合料和煤沥青混合料。

沥青混合料按矿质骨料最大粒径分类，可分为粗粒式、中粒式、细粒式混合料。粗粒式沥青混合料多用于沥青面层的下层，中粒式沥青混合料可用于面层下层或作单层式沥青面层，细粒式多用于沥青面层的上层。

沥青混合料按施工温度分类，可分为热拌热铺沥青混合料、常温沥青混合料。

沥青混合料按混合料密实度分类，可分为密级配沥青混合料、开级配沥青混合料、半开级配沥青混合料（沥青碎石混合料）。

沥青混合料按矿质骨料级配类型分类，可分为连续级配沥青混合料和间断级配沥青混合料。

(2) 粗骨料

用于沥青面层的粗骨料包括碎石、破碎砾石、筛选砾石、钢渣、矿渣等，但高速公路和一级公路不得使用筛选砾石和矿渣。粗骨料必须由具有生产许可证的采石场生产或施工单位自行加工。

1) 质量技术要求

粗骨料应该洁净、干燥、表面粗糙，质量应符合表6-79的规定。当单一规格骨料的质量指标达不到表6-79中的要求，而按照骨料配合比计算的质量指标符合要求时，工程上允许使用。对受热易变质的骨料，宜采用经拌合机烘干后的骨料进行检验。

沥青混合料用粗骨料质量技术要求（JTG F 40—2004） **表6-79**

指 标	高速公路及一级公路		其他等级公路
	表面层	其他层次	
石料压碎值（%），不大于	26	28	30
洛杉矶磨耗损失（%），不大于	28	30	35
表观相对密度（%），不小于	2.60	2.50	2.45
吸水率（%），不大于	2.0	3.0	3.0
坚固性（%），不大于	12	12	—
针片状颗粒含量（混合量）（%），不大于	15	18	20
其中粒径大于9.5mm（%），不大于	12	15	—
其中粒径小于9.5mm（%），不大于	18	20	—
水洗法<0.0075mm颗粒含量（%），不大于	1	1	1
软石含量（%），不大于	3	5	5

注：1. 坚固性试验可根据需要进行。
2. 用于高速公路、一级公路时，多孔玄武岩的视密度可放宽至2.45t/m³，吸水率可放宽至3%，但必须得到建设单位的批准，且不得用于SMA路面。
3. 对S14即3～5规格的粗骨料，针片状颗粒含量可不予要求，<0.075mm含量可放宽到3%。

2）粒径规格

粗骨料的粒径规格应按照表 6-80 或表 6-81 的规定选用。当生产的粗骨料不符合规格要求，但与其他材料配合后的级配符合各类沥青面层的矿料使用要求时，亦可使用。

沥青面层用粗骨料规格（方孔筛）（JTG F 40—2004） **表 6-80**

规格	公称粒径（mm）	通过下列筛孔（方孔筛，mm）的质量百分率（%）												
		106	75	63	53	37.5	31.5	26.5	19.0	13.2	9.5	4.75	2.36	0.6
S1	40～75	100	90～100	—	—	0～15	—	0～5						
S2	40～60		100	90～100	—	0～15	—	0～5						
S3	30～60		100	90～100	—	—	0～15	—	0～5					
S4	25～50			100	90～100	—	—	0～15	—	0～5				
S5	20～40				100	90～100	—	—	0～15	—	0～5			
S6	15～30					100	90～100	—	—	0～15	—	0～5		
S7	10～30					100	90～100	—	—	—	0～15	0～5		
S8	15～25						100	95～100	—	0～15	—	0～5		
S9	10～20							100	95～100	—	0～15	0～5		
S10	10～15								100	95～100	0～15	0～5		
S11	5～15								100	95～100	40～70	0～15	0～5	
S12	5～10									100	95～100	0～10	0～5	
S13	3～10									100	95～100	40～70	0～15	0～5
S14	3～5										100	85～100	0～25	0～5

沥青面层用粗骨料规格（圆孔筛）（JTG F 40—2004） **表 6-81**

规格	公称粒径（mm）	通过下列筛孔（方孔筛，mm）的质量百分率（%）														
		130	90	75	60	50	40	35	30	25	20	15	10	5	2.5	0.6
S1	40～90	100	90～100	—	—	—	0～15	—	0～5							
S2	40～75		100	90～100	—	—	0～15	—	0～5							
S3	40～60		100	100	90～100	—	0～15	—	0～5							
S4	30～60			100	90～100	—	—	—	0～15	—	—	0～5				

续表

规格	公称粒径（mm）	通过下列筛孔（方孔筛，mm）的质量百分率（%）														
		130	90	75	60	50	40	35	30	25	20	15	10	5	2.5	0.6
S5	25～50				100	90～100	—	—	—	0～15	—	0～5				
S6	20～40					100	90～100	—	—	—	0～15	—	0～5			
S7	10～40					100	90～100	—	—	—	—	—	0～15	0～5		
S8	15～35						100	95～100	—	—	—	0～15	—	0～5		
S9	10～30							100	95～100	—	—	—	0～15	0～5		
S10	10～20									100	95～100	—	0～15	0～5		
S11	5～15										100	95～100	0～15	0～5		
S12	5～10											100	95～100	0～10	0～5	
S13	3～10											100	95～100	40～70	0～15	0～5
S14	3～5												100	85～100	0～25	0～5

3）面层用粗骨料的技术要求

粗骨料应洁净、干燥、无风化、无杂质，并具有足够的强度和耐磨耗性，其质量应符合表6-82的规定。

沥青面层用粗骨料质量要求（JTG F 40—2004） **表 6-82**

指　标	高速公路、一级公路和城市快速路、主干路	其他等级公路与城市道路
石料压碎值（%），不大于	28	30
洛杉矶磨耗损失（%），不大于	30	40
视密度（t/m^3），不小于	2.50	2.45
吸水率（%），不大于	2.0	3.0
对沥青的黏附性，不小于	4级	3级
坚固性（%），不大于	12	—
细长扁平颗粒含量（%），不大于	15	20
水洗法<0.075mm颗粒含量（%），不大于	1	1
软石含量（%），不大于	5	5
石料磨光值（BPN），不小于	42	实测
石料冲击值（%），不大于	28	实测
破碎砾石的破碎面积（%）不小于 拌合的沥青混合料路面表面层	90	40
中小面层	50	40
贯入式路面	—	40

其中坚固性试验可根据需要进行。

当粗骨料用于高速公路、一级公路和城市快速路、主干路时，多孔玄武岩的视密度可放宽至2．45t/m^3，吸水率可放宽至3%，并应得到主管部门的批准。

石料磨光值是为高速公路、一级公路和城市快速路、主干路的表层抗滑需要而试验的指标，石料冲击值可根据需要进行。其他公路与城市道路如需要时，可提出相应的指标值。

钢渣的游离氧化钙的含量不应大于3%，浸水后的膨胀率不应大于2%。

4）杂质和杂物

采石场在生产过程中必须彻底清除覆盖层及泥土夹层。生产碎石用的原石不得含有土块、杂物，骨料成品不得堆放在泥土地上。

5）黏附性、磨光值

高速公路、一级公路沥青路面的表面层（或磨耗层）的粗骨料的磨光值应符合表6-83的要求。除SMA、OGFC路面外，允许在硬质粗骨料中掺加部分较小粒径的磨光值达不到要求的粗骨料，其最大掺加比例由磨光值试验确定。

粗骨料与沥青的黏附性应符合表6-83的要求，当使用不符要求的粗骨料时，宜掺加消石灰、水泥或用饱和石灰水处理后使用，必要时可同时在沥青中掺加耐热、耐水、长期性能好的抗剥落剂，也可采用改性沥青的措施，使沥青混合料的水稳定性检验达到要求。掺加掺合料的剂量由沥青混合料的水稳定性检验确定。

粗骨料与沥青的黏附性、磨光值的技术要求（JTG F 40—2004） **表6-83**

雨量气候区	1（潮湿区）	2（湿润区）	3（半干区）	4（干旱区）
年降雨量（mm）	>1000	1000～500	500～250	<250
粗骨料的磨光值PSV，不小于高速公路、一级公路表面层	42	40	38	36
粗骨料与沥青的黏附性，不小于高速公路、一级公路表面层	5	4	4	3
高速公路、一级公路的其他层次及其他等级公路的各个层次	4	4	3	3

6）破碎面

破碎砾石应采用粒径大于50mm、含泥量不大于1%的砾石轧制，破碎砾石的破碎面应符合表6-84的要求。

粗骨料对破碎面的要求（JTG F 40—2004） **表6-84**

路面部位或混合料类型	具有一定数量破碎面颗粒的含量	
	1个破碎面	2个或2个以上破碎面
沥青路面表面层高速公路、一级公路，不小于	100	90
其他等级公路，不小于	80	60
沥青路面中下面层、基层高速公路、一级公路，不小于	90	80
其他等级公路，不小于	70	50
SMA混合料	100	90
贯入式路面，不小于	80	60

7）其他要求

筛选砾石仅适用于三级及三级以下公路的沥青表面处治路面。

经过破碎且存放期超过6个月以上的钢渣可作为粗骨料使用。除吸水率允许适当放宽外，各项质量指标应符合表6-85的要求。钢渣在使用前应进行活性检验，要求钢渣中的游离氧化钙含量不大于3%，浸水膨胀率不大于2%。

沥青混合料用细骨料质量要求（JTG F 40—2004） **表6-85**

项 目	高速公路、一级公路	其他等级公路
表观相对密度，不小于	2.50	2.45
坚固性（>0.3mm部分）（%），不大于	12	—
含泥量（小于0.075mm的含量）（%），不大于	3	5
砂当量（%），不小于	60	50
亚甲蓝值（g/kg），不大于	25	—
棱角性（流动时间）（s），不小于	30	—

注：坚固性试验可根据需要进行。

（3）细骨料

沥青路面的细骨料包括天然砂、机制砂、石屑。细骨料必须有具有生产许可证的采石场、采砂场生产。

1）质量要求

细骨料应洁净、干燥、无风化、无杂质，并有适当的颗粒级配，其质量应符合表6-85的规定。细骨料的洁净程度，天然砂以小于0.075mm含量的百分数表示，石屑和机制砂以砂当量（适用于0～4.75mm）或亚甲蓝值（适用于0～2.36mm或0～0.15mm）表示。

2）天然砂规格

天然砂可采用河砂或海砂，通常宜采用粗、中砂，其规格应符合表6-86的规定。砂的含泥量超过规定时应水洗后使用，海砂中的贝壳类材料必须筛除。开采天然砂必须取得当地政府主管部门的许可，并符合水利及环境保护的要求。热拌密级配沥青混合料中天然砂的用量通常不宜超过骨料总量的20%，SMA和OGFC混合料不宜使用天然砂。

沥青混合料用天然砂规格（JTG F 40—2004） **表6-86**

筛孔尺寸（mm）	通过各筛孔的质量百分率（%）		
	粗砂	中砂	细砂
9.5	1000	100	100
4.75	90～100	90～100	90～100
2.36	65～95	75～90	85～100
1.18	35～65	50～90	75～100
0.6	15～30	30～60	60～84
0.3	5～20	8～30	15～45
0.15	0～10	0～10	0～10
0.075	0～5	0～5	0～5

3）机制砂和石屑规格

石屑是采石场破碎石料时通过 4.75mm 或 2.36mm 的筛下部分，其规格应符合表 6-87 的要求。采石场在生产石屑的过程中应具备抽吸设备，高速公路和一级公路的沥青混合料，宜将 S14 与 S16 组合使用，S15 可在沥青稳定碎石基层或其他等级公路中使用。

沥青混合料用机制砂或石屑规格（JTG F 40—2004） **表 6-87**

规　格	公称粒径（mm）	水洗法通过各筛孔（mm）的质量百分率（%）							
		9.5	4.75	2.36	1.18	0.6	0.3	0.15	0.075
S15	0～5	100	90～100	60～90	40～75	20～55	7～40	2～20	0～10
S16	0～3	—	100	80～100	50～80	25～60	8～45	0～25	0～15

注：当生产石屑采用喷水抑制扬尘工艺时，应特别注意含粉量不得超过表中要求。

机制砂宜采用专用的制砂机制造，并选用优质石料生产，其级配应符合 S16 的要求。

（4）填料

沥青混合料的填料可采用矿粉、拌合机粉尘或粉煤灰，其应符合以下技术性能要求。

1）矿粉

沥青混合料的矿粉必须采用石灰岩或岩浆岩中的强基性岩石等憎水性石料经磨细得到的矿粉，原石料中的泥土杂质应除净。矿粉应干燥、洁净，能自由地从矿粉仓流出，其质量应符合表 6-88 的要求。

沥青混合料用矿粉质量要求（JTG F 40—2004） **表 6-88**

项　目		高速公路、一级公路	其他等级公路
表观密度（t/m³），不小于		2.50	2.45
含水量（%），不大于		1	1
粒度范围	<0.6mm（%）	100	100
	<0.15mm（%）	90～100	90～100
	<0.075mm（%）	75～100	70～100
外观		无团粒结块	—
亲水系数		<1	T0353
塑性指数		<4	T0354
加热安定性		实测记录	T0355

2）拌合机粉尘

拌合机的粉尘可作为矿粉的一部分回收使用。但每盘用量不得超过填料总量的 25%，掺有粉尘填料的塑性指数不得大于 4%。

3）粉煤灰

粉煤灰作为填料使用时，不得超过填料总量的 50%，粉煤灰的烧失量应小于 12%，与矿粉混合后的塑性指数应小于 4%，其余质量要求与矿粉相同。高速公路、一级公路的沥青面层不宜采用粉煤灰作填料。

（5）热拌沥青混合料

热拌沥青混合料适用于各种等级道路的沥青面层。高速公路、一级公路和城市快速路、主干路的沥青面层的上面层、中间层及下面层应采用沥青混凝土混合料铺筑，沥青碎石混合料仅适用于过渡层及整平层。其他等级道路的沥青面层上面层宜采用沥青混凝土混合料铺筑。

1）一般规定

① 热拌沥青混合料按其骨料最大粒径可分为粗粒式、中粒式、细粒式等类型，见表6-89所列。其规格应以方孔筛为准，骨料最大粒径不宜超过31.5mm。当采用圆孔筛作为过渡时，骨料最大粒径不宜超过40mm。

热拌沥青混合料种类及最大骨料粒径（JTG F 40—2004） **表6-89**

混合料类别	方孔筛系列			对应的圆孔筛系列		
	沥青混凝土	沥青碎石	最大骨料粒径（mm）	沥青混凝土	沥青碎石	最大骨料粒径（mm）
特粗式	—	AM—40	37.5	—	LS—50	50
粗粒式	AC—30	AM—30	31.5	LH—40或 LH—35	LS—40 LS—50	40 35
	AC—25	AM—25	26.5	LH—30	LS—30	30
中粒式	AC—20	AM—20	19.0	LH—25	LS—25	25
	AC—16	AM—16	16.0	LH—20	LS—20	20
细粒式	AC—13	AM—13	13.2	LH—15	LS—15	15
	AC—10	AM—10	9.5	LH—10	LS—10	10
砂粒式	AC—5	AM—5	4.75	LH—5	LS—5	5
抗滑表层	AK—13	—	13.2	LK—15	—	15
	AK—16	—	16.0	LK—20	—	20

粗粒式沥青混合料适用于下面层；中粒式沥青混合料适用于单层式面层或下面层；砂粒式沥青混合料（沥青砂）适用于面层及人行道面层。沥青混合料面层（含磨耗层）中的骨料最大粒径不宜超过层厚的0.6倍，下面层中骨料最大粒径不宜超过层厚的0.7倍。

② 沥青路面各层的混合料类型

沥青路面各层的混合料类型应根据道路等级及所处的层次，按表6-90确定，并应符合以下要求。

A. 应满足耐久性、抗车辙、抗裂、抗水损害能力、抗滑性能等多方面要求，并应根据施工机械、工程造价等实际情况选择沥青混合料的种类。

B. 沥青混凝土混合料面层宜采用双层或三层式结构，其中应有一层及一层以上是Ⅰ型密级配沥青混凝土混合料。当各层均采用沥青碎石混合料时，沥青面层下必须作下封层。

沥青路面各层的沥青混合料类型（JTG F 40—2004） **表6-90**

筛孔系列	结构层次	高速公路、一级公路和城市快速路、主干路		其他等级公路		一般城市道路及其他道路工程	
		三层式沥青混凝土路面	两层式沥青混凝土路面	沥青混凝土路面	沥青碎石路面	沥青混凝土路面	沥青碎石路面
方孔筛系列	上面层	AC—13	AC—13	AC—13	AM—13	AC—5	AM—5
		AC—16	AC—16	AC—16		AC—10	AM—10
		AC—20				AC—13	

续表

筛孔系列	结构层次	高速公路、一级公路和城市快速路、主干路		其他等级公路		一般城市道路及其他道路工程	
		三层式沥青混凝土路面	两层式沥青混凝土路面	沥青混凝土路面	沥青碎石路面	沥青混凝土路面	沥青碎石路面
方孔筛系列	中间层	AC—20					
		AC—25					
	下面层	AC—25	AC—20	AC—20	AM—25	AC—20	AM—25
		AC—30	AC—25	AC—25	AM—30	AC—25	AM—30
			AC—30	AC—30		AM—25	AM—40
				AM—25		AM—30	
				AM—30			
圆孔筛系列	上面层	LH—15	LH—15	LH—15	LS—15	LH—5	LS—5
		LH—20	LH—20	LH—20		LH—10	LS—10
		LH—25				LH—15	
	中间层	LH—25					
		LH—30					
	下面层	LH—30	LH—30	LH—25	LS—30	LH—25	LS—30
		LH—35	LH—35	LH—30	LS—35	LH—30	LS—35
		LH—40	LH—40	LH—35	LS—40	LS—30	LS—40
				AM—30		LS—35	LS—50
				AM—35		LS—40	

注：当铺筑抗滑表层时，可采用 AC-13 或 AC-16 型热拌沥青混合料，也可在 AC-10（LH-15）型细粒式沥青混凝土上嵌压沥青预拌单粒径碎石 S10 铺筑而成。

C. 多雨潮湿地区的高速公路、一级公路和城市快速路、主干路的上面层宜采用抗滑表层混合料，一般道路及少雨干燥地区的高速公路、一级公路和城市快速路、主干路宜采用Ⅰ型沥青混凝土混合料作表层。

D. 沥青面层骨料的最大粒径宜从上至下逐渐增大。上层宜使用中粒式及细粒式，不应使用粗粒式混合料。砂粒式仅适用于城市一般道路、市镇街道及非机动车道、行人道路等工程。

E. 上面层沥青混合料骨料的最大粒径不宜超过层厚的 1/2，中、下面层及连接层骨料的最大粒径不宜超过层厚的 2/3。

F. 高速公路的硬路肩沥青面层宜采用Ⅰ型沥青混凝土混合料作表层。

③ 热拌热铺沥青混合料路面应采用机械化连续施工。

2）原材料质量要求

① 沥青材料

可采用道路石油沥青、乳化石油沥青、液体石油沥青和煤沥青等。使用沥青应根据交通量、气候条件、施工方法、面层类型及材料来源等情况来确定。当采用改性沥青时，可通过试验进行选用。

沥青面层所用的沥青强度等级，可根据气候分区、沥青路面类型及沥青的种类按沥青路面施工气候分区及材料选用。沥青路面施工气候分区是根据不同地区最低月平均气温

（≤－10℃、－10～0℃、≥0℃）划分为寒区（东北三省、西北三省、新疆、西藏等）、温区（山东、京津、内蒙古以及河北、山西、陕西的部分地区等）和热区（上海、华东、华南以及江苏、河南、陕西的部分地区等）。

A. 道路石油沥青

城市快车路、主干路，采用重交通道路石油沥青做沥青混凝土粘结材料时，宜改性使用，改性后的沥青性能应满足设计及施工时沥青混凝土性能的要求。

重交通道路石油沥青主要技术指标应符合其质量规定，其他等级的道路也可采用中、轻交通道路石油沥青技术要求。

B. 乳化石油沥青

乳化石油沥青可用于沥青表面处治、沥青贯入式路面、常温沥青混合料路面及透层、黏层与封层。

适用乳化沥青要根据使用目的、矿料种类、气候条件来选择。对于酸性石料，在低温条件下，石料表面处于潮湿状态时，宜选用阳离子乳化沥青；对于碱性石料宜选用阴离子乳化沥青。

C. 液体石油沥青

用于透层、黏层及拌制常温下施工的沥青混合料可选用液体石油沥青，液体石油沥青在使用前应通过试验确定掺配比例，配置的液体石油沥青的类型与质量应符合规定。

D. 煤沥青

道路用煤沥青可用于透层、黏层。选用煤沥青的质量应符合其技术要求规定。

② 矿料

沥青混合料采用的矿料包括粗骨料、细骨料、填料。

A. 粗骨料

用于沥青面层的粗骨料包括碎石、破碎砾石、矿渣等，对粗骨料的要求是洁净、无风化、无杂质，具有足够的强度和耐磨性。

粗骨料的质量应符合表6-83的规定。

B. 细骨料

沥青面层用的细骨料可采用短砂、机制砂及石屑。细骨料表面应洁净、无风化、无杂质、质地坚硬，符合级配要求的粗砂、中砂，其最大粒径应小于或等于5mm，含泥量小于或等于5%（快速路、主干路小于或等于3%），砂应与沥青有良好的黏附性。黏附性小于4级的天然砂及花岗石、石英石等机制破碎砂不可用于城市快速路、主干路。

当选用天然砂作为细骨料时，可根据沥青面层按天然砂的规格选用。

当选用石屑作为细骨料时，可根据沥青面层按石屑规定选用，要求石屑应质地坚硬、清洁、有棱角，最大粒径小于或等于95mm，小于0.075mm的颗粒含量小于或等于5%。

细骨料质量应符合沥青面层用细骨料质量技术要求的规定。

C. 填料

沥青混合料的填料宜采用石灰石石料磨细而成的矿粉，矿粉要求干燥、洁净，空隙率应小于或等于45%，颗粒全部通过0.6mm筛，小于0.075mm的颗粒含量应占总量的75%以上，亲水系数小于或等于1，沥青面层用矿粉质量应符合其规定的技术要求。

当用水泥、石灰、粉煤灰作填料时，其用量不超过矿料总量的2%。

(6) 沥青玛琋脂碎石混合料（SMA）面层

SMA是Stone Mastic Asphalt的缩写，是一种间断级配的沥青混合料，是由沥青玛琋脂填充碎石组成的骨架嵌挤型密实沥青混合料。

由于粗骨料（大于4.75mm）的碎石相互接触形成的碎石骨架具有良好的传力功能，故SMA有高抗车辙能力。同时，SMA有较多的沥青砂胶包裹于骨料表面形成相当的厚度，因此SMA有较高的抗疲劳强度、抗老化能力、抗松散性和很好的耐久性，且高温稳定性、耐磨性、抗滑性能好。

SMA寿命较普通沥青混凝土长20%～40%。SMA初期费用约增加20%，长期看却很经济。SMA用于铺筑底面层，也可以用于铺筑表面层，特别可以用于铺筑薄面层，降低造价。特别适合用于需要摩擦力好的位置，如环道、交叉口等。

原材料质量要求如下：

1) 沥青

目前沥青玛琋脂碎石（SMA）结构路面选用的沥青分别有国产或进口AH-70、AH-90道路用重交通沥青、壳牌改性沥青、泰国改性沥青、韩国改性沥青和其他现场生产的改性沥青等。施工期间，沥青质量日常检测应严格按《公路沥青路面施工技术规范》(JTG F 40—2004）要求的检测项目和检测频率进行。施工过程不同改性沥青质量的检测要求见表6-91所列。

施工过程中对不同改性沥青的检测要求（JTGF 40—2004） **表6-91**

检查项目	检查频度	试验规程规定的平行试验次数或一次试验的试样数	检查项目	检查频度	试验规程规定的平行试验次数或一次试验的试样数
针入度	每天1次	3	低温延度	必要时	3
软化点	每天1次	2	弹性恢复	必要时	3
离析试验（对成品改性沥青）	每周1次	2	显微镜观察（对现场改性沥青）	随时	—

2) 骨料

用于SMA的粗骨料必须符合抗滑表层混合料的技术要求，同时，SMA对粗骨料的抗压碎要求高，粗骨料必须使用坚韧的、粗糙的、有棱角的优质石料，必须严格限制骨料的扁平颗粒含量；所使用的碎石不能用颚板式轧石机破碎，要用锤击式或者锥式碎石机破碎。SMA的粗骨料质量技术要求见表6-92所列。

SMA表面层用粗骨料质量技术要求（JTGD 50—2006） **表6-92**

指　标	技术要求	试验方法
石料压碎值（%），不大于	25	T0316
洛杉矶磨耗损失（%），不大于	30	T0317
视密度（每m^3），不小于	2.6	T0304
吸水率（%），不大于	2.0	T0304
与沥青的黏附性（S），不小于	4	T0616

续表

指 标	技术要求	试验方法
坚固性（%），不大于	12	T0314
针片状颗粒含量（%），不大于	15*	T0312
水洗法<0.075mm颗粒含量（%），不大于	1	T0310
软石含量（%），不大于	1	T0320
石料磨光值（*BPN*），不小于	42	T0321
具有一定破碎面积的破碎砾石的含量（%），不小于	一个面：100 两个面：90	T0327

注：*针片状颗粒含量最好小于10%，绝对不得超过15%。

细骨料在SMA中只占有很少的比例，一般要求用人造砂，即机制砂。也可以采用机制砂和天然砂混合使用，但机制砂与天然砂的比例必须大于1：1，即机制砂多于天然砂。SMA路面用细骨料质量技术要求见表6-93所列。

SMA路面用细骨料质量技术要求（JTGD 50—2006） **表6-93**

指 标	技术要求	指 标	技术要求
视密度（t/m^3），不小于	2.50	砂当量不小于（%）	60
坚固性（>0.3mm），不大于	12	棱角性不小于（%）	45

3）填料

SMA的填料一定要尽量采用磨细的石灰石粉。矿粉必须存放在室内干燥的地方，在使用时必须干燥、不成团。SMA路面对矿粉质量的技术要求见表6-94所列。

SMA路面对矿粉质量的技术要求（JTGD 50—2006） **表6-94**

指 标		质量要求
视密度（t/m^3），不大于		2.50
含水量（%），不大于		1
粒度范围	<0.6mm（%）	100
	<0.15mm（%）	90～100
	<0.075mm（%）	75～100
外观		无团块，不结块
亲水系数，不大于		1
回收粉尘的用量，不大于		填料总质量的50%
掺加回收粉以后填料的塑性指数（%），不大于		4

4）改性剂

沥青改性剂分三类，即热塑性橡胶类（如SBS）、橡胶类（如SBR）、热塑性树脂类（如EVA及PE）。目前，SMA采用的沥青改性剂主要为聚乙烯（PE）和苯乙烯—丁二烯—苯乙烯（SBS）两种。

5）纤维稳定剂

纤维稳定剂应符合表6-95、表6-96的要求。

木质素纤维质量标准（JTGD 50—2006） **表 6-95**

试 验	指 标
筛分法	
方法 A：充气筛分析纤维长度	<6mm
通过 0.15mm 筛	(70±10)%
方法 B：普通筛分析纤维长度	<6mm
通过 0.85mm 筛	(85±10)%
通过 0.425mm 筛	(65±10)%
通过 0.106mm 筛	(30±10)%
灰分含量	(18±5)%，无挥发物
pH 值	7.5±1.0
吸油率	纤维质量的（5.0±1.0）倍
含水率	<5%（以质量计）

矿物纤维质量标准（JTGD 50—2006） **表 6-96**

试 验	指 标
筛分法	
纤维长度	<6mm
纤维厚度	<0.005mm
球状颗粒含量：通过 0.25mm 筛	(90±5)%
通过 0.063mm 筛	(70±10)%

⑥ SMA 施工原材料抽样检查内容及频率

施工原材料抽样检查内容及频率见表 6-97 所列

施工原材料抽样检查内容及频率（JTGD 50—2006） **表 6-97**

材料名称	检查项目	频 率
粗骨料	外观（包括针片状、含泥量）	应随时检查
	颗粒组成	1 次/200m^2
细骨料	矿当量检查	1 次/200m^2
	颗粒组成	1 次/200m^2
矿粉	≤0.075mm 含量	1 次/200m^2

9. 公路土工合成材料

土工合成材料是土木工程应用的合成材料的总称。它是一种以人工合成聚合物（如塑料、化纤、合成橡胶等）为原料制成的，置于土体内部、表面及土体之间，发挥加强或保护土体的作用的土木工程材料。

（1）分类

1）土工织物

土工织物是用于岩土工程和土木工程的机织、针织或非织造的可渗透的聚合物材料，主要分为纺织和无纺两类。纺织土工织物通常具有较高的强度和刚度，但过滤、排水性较差；无纺土工织物过滤、排水性能较好且断裂延伸率较高，但强度相对较低。

2）土工膜

土工膜是由聚合物或沥青制成的一种相对不透水的薄膜，主要由聚氯乙烯（PVC）、氯磺化聚乙烯（CSPE）、高密度聚乙烯（HDPE）、低密度聚乙烯（VLDPE）制成。其渗透性低，常用做流体或蒸气的阻拦层。

3）土工格栅

土工格栅是由有规则的网状抗拉条带制成的用于加筋的土工合成材料，主要有聚酯纤维和玻璃纤维两类。其质量轻且具有一定柔性，常用做加筋材料，对土起加固作用。

① 聚酯纤维类土工格栅

聚酯纤维类土工格栅是经拉伸形成的具有方形或矩形的聚合物网材，主要分为单向格栅和双向格栅两类。前者是沿板材长度方向拉伸制成，后者是继续将单向格栅沿其垂直方向拉伸制成。通常在塑料类土工格栅中掺入炭黑等抗老化材料，以提高材料的耐酸、耐碱、耐腐蚀和抗老化性能。

② 玻璃纤维类土工格栅

玻璃纤维类土工格栅是以高强度玻璃纤维为材质制成的土工合成材料，多对其进行自黏感压胶和表面沥青浸渍处理，以加强格栅和沥青路面的结合作用。

4）特种土工材料

① 土工膜袋

土工膜袋是一种由双层聚合化纤织物制成的连续（或单独）袋状材料，根据材质和加工工艺不同，分为机制膜袋和简易膜袋两类，常用于护坡或其他地基处理工程。

② 土工网

土工网是由平行肋条经以不同角度与其上相同肋条粘结为一体的土工合成材料，常用于软基加固垫层、坡面防护、植草以及用做制造组合土工材料的基材。

③ 土工网垫和土工格室

土工网垫多为长丝结合而成的三维透水聚合物网垫。土工格室是由土工织物、土工格栅或土工膜、条带聚合物构成的蜂窝状或网格状三维结构聚合物。两者常用于防冲蚀和保土工程。

④ 聚苯乙烯泡沫塑料（EPS）

聚苯乙烯泡沫塑料（即 EPS）是在聚苯乙烯中添加发泡剂至规定密度，进行预先发泡，将发泡颗粒放在筒仓中干燥，并填充到模具内加热而成。它质轻、耐热、抗压性能好、吸水率低、自立性好，常用做路基填料。

5）土工复合材料

由土工织物、土工膜、土工格栅和某些特种土工合成材料中的两种或两种以上互相组合起来就成为土工复合材料。土工复合材料可将不同材料的性质结合起来，更好地满足工程需要。例如，复合土工膜就是将土工膜和土工织物按一定要求制成的一种土工织物组合物，同时起到防渗和加筋作用；土工复合排水材料是以无纺土工织物和土工网、土工膜或不同形状的土工合成材料芯材组成的排水材料，常用于软基排水周结处理、路基纵横排水、建筑地下排水管道、集水井、支挡建筑物的墙后排水、隧道排水、堤坝排水设施等。

（2）土工合成材料的技术性质

1）物理性能

土工合成材料的物理性能主要包括单位面积质量、厚度、幅度和当量孔径等。

① 单位面积质量

单位面积质量是指单位面积的土工合成材料在标准大气条件下的单位面积的质量。它是反映材料用量、生产均匀性以及质量稳定性的重要物理指标，采用称量法测定。

② 厚度

厚度是指土工合成材料在承受规定的压力下正反两面之间的距离。它反映了材料的力学性能和水力性能，采用千分尺直接测量。

③ 幅度

幅度是指整幅土工合成材料经调湿，除去张力后，与长度方向垂直的整幅宽度。它反映了材料的有效使用面积，采用钢尺直接测量。

④ 当量孔径

土工格栅、土工网等大孔径的土工合成材料，其网孔尺寸是通过换算折合成与其面积相当的圆形孔的孔径来表示的，称为当量孔径。它是检验材料尺寸规格的主要物理指标，采用游标卡尺测量，按下式计算：

$$D_c = 2 \times \sqrt{\frac{A}{\pi}}$$

式中　D_c——当量孔径（mm）；

　　A——网孔面积（mm^2）。

2）力学性能

土工合成材料的力学性能主要包括拉伸性能、撕破强力、顶破强力、刺破强力、穿透强力和摩擦性能等。

① 拉伸性能

拉伸性能是指材料抵抗拉伸断裂的能力。它是评价土工合成材料使用性能及工程设计计算时的最基本技术性能，主要包括宽条拉伸试验、接头/接缝宽条拉伸试验和条带拉伸试验。

A. 宽条拉伸试验

宽条拉伸试验是检测土工织物及其复合材料拉伸性能的主要方法。它是将标准试样两端用夹具夹住，采用拉伸试验仪按规定施加荷载直至试件拉伸破坏，以拉伸强度和最大负荷下伸长率表征。拉伸性能是指材料被拉伸直至断裂时每单位名义宽度的最大抗拉力，单位为 kN/m。

B. 接头/接缝宽条拉伸试验

接头和接缝处是整个土工结构中的薄弱点。接头/接缝的强度就是整个结构物的强度，其直接影响工程的质量和寿命。接头/接缝宽条拉伸试验是用于测定土工合成材料接头/接缝强度和效率，是将标准试件两端用夹具夹住，按规定施加荷载直至接头/接缝或材料本身断裂，以接头/接缝强度和接头/接缝效率表示，其中接头/接缝强度和无接头/接缝材料平均拉伸强度的单位为 kN/m，接头/接缝效率用百分率表示。

C. 条带拉伸试验

条带拉伸试验用于测定土工格栅、土工加筋带及其复合材料的拉伸强度和最大负荷下伸长率。试验原理与宽条拉伸试验相似，只是试件规格、施加荷载略有不同。试验以拉伸强度和最大负荷下伸长率表示，单位分别为 kN/m 和百分率。

② 撕破强力

撕裂强力是指材料受荷载作用直至撕裂破坏时的极限破坏应力。它反映土工合成材料抵抗扩大破损裂口的能力，是评价土工织物和土工膜破损的扩大程度难易的重要力学指标。撕破强力测定试验是将标准试件装入卡具内，采用拉伸试验机按规定施加荷载直至试件撕裂破坏时的极限破坏应力。

③ 顶破强力

顶破强力是指材料受顶压荷载直至破裂时的最大顶压力。它反映了土工合成材料抵抗各种法向静态应力的能力，是评价各种土工织物、复合土工织物、土工膜、复合土工膜及其相关的复合材料力学性能的重要指标之一。顶破强力多采用 CBR 顶破试验测定，是将标准试件固定于环形顶破夹具中，按规定施加荷载直至试件顶破破坏时的最大顶压力。

④ 穿透性能

穿透性能反映了土工合成材料抵杭冲击和穿透的能力，是评价土工织物抵抗锐利物体穿刺破坏的力学指标。穿透性能采用落锥穿透试验测定，是将标准落锥从规定高度自由下落冲击刺破试件。再用量锥测定破口尺寸，以破口直径作为最终评价指标。

⑤ 摩擦性能

摩擦性能是评价土工合成材料工程结构稳定性的重要指标，包括直剪摩擦试验和拉拔摩擦试验，其相应的技术指标分别为摩擦比和拉拔摩擦系数，摩擦比是指在相同的法向应力下，砂土与土工织物间最大剪应力与砂土最大剪应力之比，拉拔摩擦系数是指土与土工合成材料在拉拔试验中测得的剪应力与法向应力的比值。

3）水力性能

土工合成材料的水力性能主要包括垂直渗透性能、防渗性能和有效孔径等。

① 垂直渗透性能

垂直渗透性能试验主要用于土工合成材料的反滤设计，以确定其渗透性能，采用垂直渗透系数和透水率表示。垂直渗透性能采用恒水头法测定，将浸泡后除去气泡的标准试件装入渗透仪，按规定向渗透仪通水，然后根据达到规定的最大水头差时的渗透水量和渗透时间确定垂直渗透系数和透水率。垂直渗透系数是指在单位水力梯度下垂直于土工织物平面流动水的流速（单位 mm/s）；透水率是指垂直于土工织物平面流动的水，在水位差等于 1 时的渗透流速（单位 mm/s）。

② 防渗性能

防渗性能是指土工膜及其复合材料抵抗水流渗入的能力，是其重要的水力性能指标。它对材料使用寿命和工程质量有重要影响，常采用耐静水压试验测定。试验是将试样置于规定的测试装置内，对其两侧施加一定水力压差并保持一定时间，逐级增加水力压差，直至样品出现渗水现象，其能承受的最大水头压差即为材料的耐静水压值也可通过测定要求水力压差下试样是否有渗水现象来判断是否满足要求。

③ 有效孔径

孔径反映了土工织物的过滤性能和透水性能，是评价材料阻止土颗粒通过能力的重要水力学指标，以有效孔径表征。有效孔径是指能有效通过土工织物的近似最大颗粒直径，采用干筛法测定。试验是用土工织物试样作为筛布，将已知粒径的标准颗粒材料置于其上加以振筛，称量通过质量并计算过筛率，根据不同粒径标准颗粒试验，绘出有效孔径分布曲线，以此确定有效孔径，其过筛率即为有效孔径的指标。

4）耐久性能

耐久性能是指土工合成材料抵抗自然因素长期作用而其技术性能不发生大幅度衰退的能力，主要包括抗氧化性能、抗酸碱性能和抗紫外线性能等。

① 抗氧化性能

土工合成材料在工程应用中长时间与氧气接触，因此抗氧化性能是土工合成材料耐久性能的最重要指标之一，适用于以聚丙烯和聚乙烯为原料的各类土工合成材料（除土工膜外），采用抗氧化性试验测定。试验是将标准试件按要求进行老化处理，然后采用拉伸试验机按规定施加荷载直至试件拉伸破坏，以断裂强力保持率和断裂伸长保持率表示，单位为百分率。

② 抗酸碱性能

抗酸碱性能是指土工合成材料抵抗酸、碱溶液侵蚀的能力，采用无机酸（碱）浸泡试验测定。试验时将标准试件按规定在标准无机酸（碱）溶液中浸泡，观察浸泡后的表面性状，测定浸泡后质量与表面尺寸，并对浸泡后试件进行横、纵双向拉伸试验，以质量变化率、尺寸变化强力保持率和断裂伸长保持率表示，单位为百分率。

③ 抗紫外线性能

抗紫外线性能是指土工合成材料抵抗自然光照等老化因素作用而其性能不发生大幅度衰退的能力，常用“炭黑含量”来评价和控制材料的该项性能。炭黑是聚烯烃塑料制土工合成材料中的重要添加物，有助于屏蔽紫外线，对防止材料老化起着关键性作用。因此，检验炭黑含量可以间接反映材料的抗紫外线老化性能。炭黑试验是将试样研磨粉碎并称量，按规定对试样进行裂解和煅烧，冷却后称取残留物质量，以炭黑含量和灰分含量表示，单位分别为百分率。

土工合成材料种类繁多，在道路工程中有着广泛的应用。在选用时必须明确材料使用的目的，充分考虑工程特性，比较材料的特点，统筹分析工程、材料、环境、造价之间的关系，最终确定最佳的材料选择。

土工合成材料的主要作用有：

A. 过滤作用，又称反滤或倒滤，是指土中渗流流入滤层时，流体可以通过但土中固体颗粒被截流下来的作用。宜采用的土工合成材料有无纺织物。

B. 排水作用，是指其在土体中形成排水通道，把土中的水分汇集起来，沿着材料的平面排出体外。宜采用的土工合成材料有无纺织物、塑料排水板、带有钢圈和滤布及加强合成纤维组成的加劲软式透水管等。

C. 反滤作用，是指在土工建筑物中设置反滤层以防止管涌破坏的现象，保护土料中的颗粒（特别小的除外）不从土工织物中的孔隙中流失同时要保证水流畅通，保护土料的细颗粒不得停留在织物内产生淤堵。土工织物逐渐取代常规的砂石料反滤层，成为反滤层设置的主要材料。

D. 加筋作用，是指其在土体中，可有效地分布土体的应力，增加土体的模量，传递拉应力，限制土体侧向位移，还可增加土体和其他材料之间的摩擦阻力，提高土体及有关构筑物的稳定性。宜采用的土工合成材料有土工织物、土工格栅、土工网等。

E. 防护作用，是指利用土工合成材料的渗滤、排水、加筋、隔离等功能控制自然界和土建工程的浸蚀现象。土质边坡可采用拉伸草皮、固定草种布或网格固定撒种，岩石边坡防护可采用土工网或土工格栅。裸露式防护应采用强度较高的土工格栅，埋藏式防护可采用土工网或土工格栅。

F. 路面裂缝的防治作用，是指铺设于旧沥青路面、旧水泥混凝土路面的沥青加铺层底部或新建道路沥青面层底部，可减少或延缓旧路面对沥青加铺层的反射裂缝，或半刚性基层对沥青面层的反射裂缝。宜采用的土工合成材料有玻纤网、土工织物。

（3）土工合成材料的技术要求

1）土工网

① 分类

土工网的代号为N，按结构形式可分为四类。

A. 塑料平面土工网（NSP）

以高密度聚乙烯（HDPE）或其他高分子聚合物为原料，加入一定的抗紫外线助剂等辅料，经挤出成型的平面网状结构制品。

B. 塑料三维土工网（NSS）

底面为一层或多层双向拉伸或挤出的平面网，表面为一层或多层非拉伸的挤出网，经点焊形成表面呈凹凸泡状的多层网状结构制品。

C. 经编平面土工网（NJP）

以无碱玻璃纤维或高强聚酯长丝经经编机织并经表面涂覆而成的平面网状结构制品。

D. 经编三维土工网（NJS）

塑料长丝或可降解的纤维为原料经经编织造而成的三维土工网。

② 原材料的名称代号见表6-98所列。

原材料名称代号 **表6-98**

名　称	代　号	名　称	代　号
聚乙烯	PE	聚丙烯	PP
高密度聚乙烯	HDPE	聚酯	PES
无碱玻璃纤维	GE	聚酰胺	PA

注：未列原材料，其名称应特殊说明；未列塑料及树脂基础聚合物的名称缩写代号按《塑料 符号和缩略语 第1部分：基础聚合物及其特征性能》（GB/T 1844.1—2008）规定表示。

示例：

拉伸强度为10kN/m，由一层平面网组成的塑料平面土工网，原材料为聚丙烯。表示为：NSP10（I）/PP。

拉伸强度为 4kN/m，由二层平面网和一层非平面网组成的塑料三维土工网，原材料为聚乙烯。表示为：NSS4（2-1）/PE-PE。

纵向拉伸强度为 15kN/m，由一层平面网组成的经编平面土工网，原材料为聚乙烯。表示为：NJP15（1）/PE。

纵向拉伸强度为 4kN/m，由一层经编平面网与另一层经编平面网中间用长丝连接组成的经编三维土工网，原材料为聚乙烯。表示为：NJS4（1-1）/PE-PE。

③ 产品规格和尺寸偏差

A. 产品规格

产品规格见表 6-99 所列。

土工网产品规格（JT/T 513—2004）　　**表 6-99**

土工网类型	型号规格						
塑料平面工程网	NSP2	NSP3	NSP5	NSP6	NSP8	NSP10	NSP15
塑料三维土工网	NSS0.8	NSS1.5	NSS2	NSS3	NSS4	NSS5	NSS6
精编平面土工网	NJP2	NJP3	NJP5	NJP6	NJP8	NJP10	NJP15
精编三维土工网	NJS0.8	NJS1.5	NJS2	NJS3	NJS4	NJS5	NJS6

B. 产品尺寸偏差

土工网尺寸偏差应符合表 6-100 的规定。

土工网单位面积质量、尺寸偏差（JT/T 513—2004）　　**表 6-100**

项目		指标
土工网单位面积质量相对偏差（%）	平面土工网	±8
	三维土工网	±10
土工网网孔中心最小净空尺寸（mm）	平面土工网	≥4
	三维土工网	≥4
土工网厚度（mm）	塑料三维土工网	≥10
	经编三维土工网	≥8
土工网宽度（mm）		≥1
土工网宽度偏差（mm）		+60

④ 技术要求

A. 理化性能

土工网的物理机械性能参数应符合表 6-101～表 6-104 的规定。

***n* 层平面网组成的塑料平面土工网物理性能参数**（JT/T 513—2004）　　**表 6-101**

项　目	型号						
	NSP2（*n*）	NSP3（*n*）	NSP5（*n*）	NSP6（*n*）	NSP8（*n*）	NSP10（*n*）	NSP15（*n*）
纵、横向拉伸强度（kN/m）	≥2	≥3	≥5	≥6	≥8	≥10	≥15
纵、横向 10%伸长率下的拉伸力（kN/m）	≥1.2	≥2	≥4	≥5	≥7	≥9	≥13
多层平网之间焊点抗拉力（N）	≥0.8	≥1.4	≥2	≥3	≥4	≥5	≥8

n层平面网组成的经编平面土工网物理性能参数（JT/T 513—2004） **表6-102**

项目	型号						
	NJP2（n）	NJP3（n）	NJP5（n）	NJP6（n）	NJP8（n）	NJP10（n）	NJP15（n）
纵、横向拉伸强度（kN/m）	≥2	≥3	≥5	≥6	≥8	≥10	≥15
经编无碱玻璃纤维平面土工网断裂伸长率（%）	≤4						

n层平面网k层非平面网组成的塑料三维土工网物理性能参数（JT/T 513—2004）

表6-103

项目	型号						
	NSS0.8（n—k）	NSS1.5（n—k）	NSS2（n—k）	NSS3（n—k）	NSS4（n—k）	NSS5（n—k）	NSS6（n—k）
纵、横向拉伸强度（kN/m）	≥0.8	≥1.5	≥2	≥3	≥4	≥5	≥6
平网与非平网之间焊点抗拉力（N）	≥0.6	≥0.9	≥4		≥8		

n层平面网k层非平面网组成的经编三维土工网物理性能参数（JT/T 513—2004）

表6-104

项目	型号						
	NJS0.8（n—k）	NJS1.5（n—k）	NJS2（n—k）	NJS3（n—k）	NJS4（n—k）	NJS5（n—k）	NJS6（n—k）
纵、横向拉伸强度（kN/m）	≥0.8	≥1.5	≥2	≥3	≥4	≥5	≥6
横、横向拉伸强度（kN/m）	≥0.6	≥0.8	≥1	≥1.8	≥2.5	≥4	≥6

塑料土工网抗光老化等级应符合表6-105的规定。

塑料土工网抗光老化等级（JT/T 513—2004） **表6-105**

光老化等级	Ⅰ	Ⅱ	Ⅲ	Ⅳ
辐射强度为550W/m² 照射150h标称拉伸强度保持率（%）	<50	50～80	80～95	>95
炭黑含量（%）	—	2±0.5		
炭黑在土工网材料中的分布要求	均匀、无明显聚块或条状物			

注：对采用非炭黑做抗光老化助剂的土工网，按光老化等级参照执行。

B. 外观质量

a. 产品颜色应色泽均匀，无明显油污。

b. 产品无损伤、无破裂。

C. 成品尺寸

土工网每卷的纵向基本长度应不小于30m，卷中不得有拼段。

2）有纺土工织物

① 分类

有纺土工织物按编织类型可分为两类：机织有纺土工织物和针织有纺土工织物。

A. 机织有纺土工织物

由两组或两组以上纱线、条带或其他线条状物体，通过垂直相交编织成的土工织物。

B. 针织有纺土工织物

由一根或多根纱线或其他成分弯曲成圈，并互相穿套成的土工织物。

② 产品型号

产品型号表示方式示例：

拉伸强度为 35kN 的聚丙烯机织有纺土工织物，型号表示为：WJ35/PP。

拉伸强度为 50kN 的聚乙烯针织有纺土工织物，型号表示为：W250/PE。

③ 规格与尺寸偏差

A. 规格

有纺土工织物规格系列符合表 6-106 的规定。

有纺土工织物产品规格系列（JT/T 514—2004） **表 6-106**

有纺土工织物类型	型号规格								
机织有纺土工织物	WJ20	WJ35	WJ50	WJ65	WJ80	WJ100	WJ120	WJ150	WJ180
针织有纺土工织物	WZ20	WZ35	WZ50	WZ65	WZ80	WZ100	WZ120	WZ150	WZ180
标称纵、横向拉伸强度（kN/m）	≥20	≥35	≥50	≥65	≥80	≥100	≥120	≥150	≥180

B. 尺寸偏差

有纺土工织物尺寸偏差应符合表 6-107 的规定。

有纺土工织物尺寸偏差（JT/T 514—2004） **表 6-107**

项目	要求
单位面积质量相对偏差（%）	±7
幅宽（m）	≥2
幅宽偏差（%）	+3

④ 技术要求

A. 理化性能

物理机械性能参数应符合表 6-108 的规定。

有纺土工织物物理性能参数（JT/T 514—2004） **表 6-108**

项　目	型号规格								
	WJ20	WJ35	WJ50	WJ65	WJ80	WJ100	WJ120	WJ150	WJ180
	WZ20	WZ35	WZ50	WZ65	WZ80	WZ100	WZ120	WZ150	WZ180
标称纵、横向拉伸强度（kN/m）	≥20	≥35	≥50	≥65	≥80	≥100	≥120	≥150	≥180
纵、横向拉伸断裂伸长率（%）	≤30								
CBR 顶破强度（kN）	≥1.6	≥2	≥4	≥6	≥8	≥11	≥13	≥17	≥21
纵、横向梯形撕破强度（kN/m）	≥0.3	≥0.5	≥0.8	≥1.1	≥1.3	≥1.5	≥1.7	≥2.0	≥2.3
垂直渗透系数（cm/s）	$5\times10^{-1}\sim5\times10^{-4}$								
等效孔径 O_{95}（mm）	0.07～0.5								

抗光老化等级应符合表 6-109 的规定。

有纺土工织物抗光老化等级（JT/T 514—2004） 表 6-109

抗光老化等级	Ⅰ	Ⅱ	Ⅲ	Ⅳ
光照辐射强度为 550W/m² 照射 150h，拉伸强度保持率（%）	<50	50～80	80～95	>95
炭黑含量（%）	—	2±0.5		
炭黑在有纺土工织物材料中的分布要求均匀、无明显聚块或条状物				

注：对不含炭黑或不采用炭黑作抗光老化助剂的土工有纺布，其抗光老化等级的确定参照执行。

B. 外观质量

产品颜色应色泽均匀，无明显油污。产品无损伤、无破裂。外观质量还应符合表6-110的规定。

有纺土工织物外观质量（JT/T 514—2004） 表 6-110

项　目	要　求
经、纬度偏差	在 100mm 内与公称直径密度相比不允许两根以上
断丝	在同一处不允许有两根以上的断丝。同一断丝两根以内（包括两根），100m² 内不超过六处
蛛丝	不允许有大于 50mm² 的蛛网，100mm² 内不超过三个
布边不良	整卷不允许连续出现长度大于 2000mm 的毛边、散边

C. 成品尺寸

有纺土工织物每卷的纵向基本长度不允许小于 30m，卷中不得有拼段。

（4）运输与贮存

1）运输

产品在装卸运输过程中，不得抛摔，避免与尖锐物品混装运输，避免剧烈冲击。运输应有遮篷等防雨、防日晒措施。

2）贮存

产品不得露天存放，应避免日光长期照射，并远离热源，距离应大于 15m。产品自生产日期起，保存期为 12 个月。玻纤有纺土工织物应贮存在无腐蚀气体、无粉尘和通风良好干燥的室内。

3）土工模袋

① 产品分类及型号

A. 分类

按土工模袋编织的类型可分为两类：

a. 机织布土工模袋，代号为 FJ；

b. 针织布土工模袋，代号为 FZ。

B. 产品型号

示例：

机织土工模袋布拉伸强度为 60kN/m 的聚丙烯土工模袋，表示为：FJ60/PP。

针织土工模袋布拉伸强度为 50kN/m 的聚乙烯土工模袋，表示为：F250/PE。

② 产品规格与尺寸偏差

A. 规格

土工模袋规格系列符合表 6-111 的规定。

土工模袋产品规格系列（JT/T 515—2004） **表 6-111**

项 目	型号规格								
	FJ40	FJ50	FJ60	FJ70	FJ80	FJ100	FJ120	FJ150	FJ180
	FZ40	FZ50	FZ60	FZ70	FZ80	FZ100	FZ120	FZ150	FZ180
模袋布拉伸强度（kN/m）	≥40	≥50	≥60	≥70	≥80	≥100	≥120	≥150	≥180

B. 尺寸偏差

土工模袋尺寸偏差应符合表 6-112 的规定。

土工模袋尺寸偏差（JT/T 515—2004） **表 6-112**

单位面积质量相对偏差（%）	±2.5
宽度（m）	≥5
宽度偏差（%）	+3

③ 土工模袋的几何形状、最大填充厚度及填充物

A. 土工模袋的几何形状有矩形、铰链形、哑铃形、梅花形、框格形等。

B. 土工模袋的最大填充厚度有 100mm、150mm、200mm、250mm、300mm、350mm、400mm、500mm。

C. 土工模袋的填充物有混凝土、砂浆、黏土、膨胀土等。

④ 技术要求

土工模袋的物理机械性能参数应符合表 6-113 的规定。

土工模袋的物理性能参数（JT/T 515-2004） **表 6-113**

项 目	型号规格								
	FJ40	FJ50	FJ60	FJ70	FJ80	FJ100	FJ120	FJ150	FJ180
	FZ40	FZ50	FZ60	FZ70	FZ80	FZ100	FZ120	FZ150	FZ180
标称纵、横向拉伸强度（kN/m）	≥40	≥50	≥60	≥70	≥80	≥100	≥120	≥150	≥180
纵、横向拉伸断裂伸长率（%）	≤30								
CBR 顶破强度（kN）	≥5								
纵、横向梯形撕破强度（kN）	≥0.9			≥1			≥1.1		
垂直渗透系数（cm/S）	$5\times10^{-4}\sim5\times10^{-2}$								
落锥穿透直径（mm）	≤6								
等效孔径 O_{95}（mm）	0.07～0.25								

土工模袋抗光老化等级应符合表 6-114 的规定。

土工模袋抗光老化等级（JT/T 515—2004） **表 6-114**

抗光老化等级	Ⅰ	Ⅱ	Ⅲ	Ⅳ
光照辐射强度为 550W/m² 照射 150h，拉伸强度保持率（%）	<50	50～80	80～95	>95
炭黑含量	—	2±0.5		
炭黑在土工模袋材料中的分布要求	均匀、无明显聚块或条状物			

注：对不含炭黑或不采用炭黑作抗光老化助剂的土工模袋，其抗光老化等级的确定参照执行。

⑤ 外观质量

产品颜色应色泽均匀，无明显油污。产品无损伤、无破裂。外观质量还应符合表6-115的规定。

模袋布外观质量（JT/T 515—2004） **表 6-115**

项 目	要 求
经、纬度偏差	在 100mm 内与公称密度相比不允许缺两根以上
断丝	在同一处不允许有两根以上的断丝。同一断丝两根以内（包括两根），100m² 内不超过六处
蛛丝	不允许有大于 50mm² 的蛛网，100m² 内不超过三个
模袋边不良	整卷模袋不允许连续出现长度大于 2000mm 的毛边、散边
接口缝制	不允许有断口和开口。若有断线必须重合缝制，重合缝制搭接长度不小于 200mm
布边抽缩和边缘不良	允许距土工模袋边缘 20mm 内有布边抽缩和边缘不良现象

4）土工格室

① 产品的分类、结构

A. 分类

土工格室可分为塑料土工格室和增强土工格室两种类型。

B. 结构

塑料土工格室。由长条形的塑料片材，通过超声波焊接等方法连接而成，展开后是蜂窝状的立体网格。长条片材的宽度即为格室的高度。格室未展开时，在同一条片材的同一侧，相邻两条焊缝之间的距离为焊接距离。

增强土工格室。是在塑料片材中加入低伸长率的钢丝、玻璃纤维、碳纤维等筋材所组成的复合片材，通过插件或扣件等形式连接而成，展开后是蜂窝状的立体网格。格室未展开时，在同一条片材的同一侧，相邻两连接处之间的距离为连接距离。

② 型号

示例：

聚乙烯为主要材料，其格室高度为 100mm，焊接距离为 340mm，格室片厚度为 1.2mm；塑料土工格室型号：GC-100-PE-340-I. 2。

钢丝为受力材料（裹覆聚乙烯），其格室高度为 150mm，焊接距离为 400mm，格室片厚度为 1.5mm；增强土工格室型号：GC-150-GSA-400-I. 5。

③ 产品规格与尺寸偏差

A. 规格

土工格室的高度一般为 50～300mm。单组格室的展开面积应不小于 4m×5m。格室片边缘接近焊接处的距离不大于 100mm。

B. 尺寸偏差

塑料土工格室的尺寸偏差见表 6-116 所列。

塑料土工格室的尺寸偏差（JT/T 516—2004）（mm） **表 6-116**

格式高度 H		格式片厚度 T		焊接距离 A	
标称值	偏差	标称值	偏差	标称值	偏差
$H \leqslant 100$	±1	1.1	+0.3	340～800	±30
$100 < H \leqslant 200$	±2				
$200 < H \leqslant 300$	±2.5				

增强土工格室的尺寸偏差见表 6-117 所列。

增强土工格室的尺寸偏差（JT/T 516—2004）（mm） **表 6-117**

格式高度 H		格式片厚度 T		焊接距离 A	
标称值	偏差	标称值	偏差	标称值	偏差
100	±2	1.5	+0.3	400～800	±2
150					
200					
300					

④ 技术要求

A. 力学性能

塑料土工格室的力学性能应符合表 6-118 的规定。

塑料土工格室的力学性能（JT/T 516—2004） **表 6-118**

测试项目		材质为 PP 的土工格室	材质为 PE 的土工格室
格式片单位宽度的断裂拉力（N/cm）		≥275	≥220
格式片的断裂伸长率（%）		≤10	≤10
焊接处抗拉强度（N/cm）		≥100	≥100
格式组间连续处抗拉强度（N/cm）	格式片边缘	≥120	≥120
	格式片中间	≥120	≥120

增强土工格室的格室片力学性能见表 6-119 所列。

增加土工格室的力学性能（JT/T 516—2004） **表 6-119**

型　号	格式片单位宽度的断裂拉力（N/cm）	格式片的断裂伸长率（%）	格式片间连续处连接件的抗剪切力（N）
GC100	≥300	≤3	≥3000
GC150			≥4500
GC200			≥6000
GC300			≥9000

B. 光老化等级

塑料土工格室的光老化等级应符合表 6-120 的规定。

塑料土工格室的光老化等级（JT/T 516—2004）　　**表 6-120**

光老化等级	Ⅰ	Ⅱ	Ⅲ	Ⅳ
辐射强度为 550W/m² 照射 150h，格式片的拉伸屈服强度保持率（%）	<50	50～80	80～95	>95
炭黑含量（%）	—		≥2.0±0.5	

注：对于高速公路、一级公路的边坡绿化，需要做紫外线辐射试验。其他情况该指标仅作参考。采用其他抗老化外加剂的土工格室无指标要求。

C. 原材料

塑料材料应使用原始粒状原料，严禁使用粉状和再造粒状颗粒原料，并且聚乙烯应满足《聚乙烯（PE）树脂》（GB/T 11115—2009）的要求，聚丙烯应满足《塑料打包袋》（QB/T 3811—1999）的要求。

钢丝、钢丝绳应符合《冷拉碳素弹簧钢丝》（GB/T 4357—2009）规定的要求。

玻璃纤维应符合《连续玻璃纤维纱》（GB/T 18371—2008）规定的要求。

⑤ 外观质量

A. 塑料土工格室片是用黑色或其他颜色聚乙烯塑料制成的片材，增强土工格室片是用黑色聚乙烯塑料裹覆筋材制成的片材，其外观应色泽均匀。

B. 塑料土工格室的表面应平整、无气泡。

C. 增强土工格室片不应有裂缝、损伤、穿孔、沟痕和露筋等缺陷。

（5）土工加筋带

1）产品分类

① 按加筋带的受力材料分两类：塑料土工加筋带，代号为 SLLD；钢塑土工加筋带，代号为 GSLD。

② 原材料名称及代号见表 6-121 所列。

土工加筋带原材料名称及代号（JT/T 517—2004）　　**表 6-121**

名　称	代　号	名　称	代　号
聚乙烯	PE	聚丙烯	PP
钢丝	GSA	钢丝绳	GSB

2）型号

型号表示示例：

断裂拉力为 10kN 的钢（丝）塑土工加筋带表示为：GSLD10/GSA。

断裂拉力为 10kN 的聚丙烯土工加筋带表示为：SLLD10/PP。

3）产品规格与尺寸偏差

① 规格

土工加筋带规格系列见表 6-122 的规定。

土工加筋带产品规格（JT/T 517—2004）　　**表 6-122**

加筋带种类	每根产品的标称断裂极限拉力（kN）				
塑料土工加筋带（SLLD）	3	7	10	13	—
钢塑土工加筋带（GSLD）	7	9	12	22	30

② 尺寸偏差

土工加筋带尺寸偏差应符合表 6-123 的规定。

土工加筋带尺寸偏差（JT/T 517—2004）　　**表 6-123**

项　目	偏差要求
标称单位长度质量相对偏差（%）	±5.0
标称宽度相对偏差（%）	±5.0
标称厚度相对偏差（%）	±10.0
钢塑土工加筋带中钢丝（钢丝绳）的排列间距均匀	

4）技术要求

① 力学性能

塑料土工加筋带的技术要求应符合表 6-124 的规定。

塑料土工加筋带的技术参数（JT/T 517—2004）　　**表 6-124**

项　目	规格（SLLD）			
	3	7	10	13
每根的断裂拉力（kN）	≥3	≥7	≥10	≥13
断裂伸长率（%）	≤8			
2%伸长率时的拉力	≥1.2	≥3.0	≥3.5	≥4.0
似摩擦系数	≥4.0			
偏斜率（mm/m）	≤5			

钢塑土工加筋带的技术要求应符合表 6-125 的规定。

钢塑土工加筋带的技术参数（JT/T 517—2004）　　**表 6-125**

项　目	规格				
	7	9	12	22	30
每根的断裂拉力（kN）	≥7	≥9	≥12	≥22	≥30
断裂伸长率（%）	≤3				
钢丝（钢丝绳）的握裹力（kN/m）	≥4	≥4	≥4	≥6	≥6
似摩擦系数	≥0.4				
偏斜率	≤5				
钢丝（钢丝绳）排列的均匀性、塑料均匀包裹					

塑料土工加筋带光老化等级应符合表 6-126 的规定。

塑料土工加筋带光老化等级（JT/T 517—2004）　　**表 6-126**

光老化等级	Ⅰ	Ⅱ	Ⅲ	Ⅳ
紫外线辐射强度为 550W/m² 照射 150h，强度保持率（%）	<50	50～80	80～95	>95
炭黑含量（%）	—		≥2.0±0.5	

注：对用其他抗老化助剂参照执行。

塑料土工加筋带的蠕变性能要求：蠕变相对伸长率计算公式按规范规定计算，蠕变试验加荷水平为产品标称断裂拉力的60%，试验温度为20℃，试验的总时间为500h。

② 土工加筋带产品的最小尺寸要求

土工加筋带产品的尺寸要求见表6-127所列。

土工加筋带产品的尺寸要求（JT/T 517—2004） **表6-127**

产品类型和规格	塑料土工加筋带				钢塑土工加筋带				
	3	7	10	13	7	9	12	22	30
最小宽度（mm）	18	25	30	35	30	30	30	50	60
最小厚度（mm）	1.0	1.3	1.5	1.5	2.0	2.0	2.0	2.2	2.2

③ 原材料

塑料材料应使用原始粒状原料，严禁使用粉状和再造粒状颗粒原料；聚丙烯应满足《塑料打包袋》（QB/T 3811—1999）的要求；高密度聚乙烯应满足《聚乙烯（PE）树脂》的要求。钢丝应符合《冷拉碳素弹簧钢丝》（GB/T 4357—2009）的要求；钢丝绳应符合《航空用钢丝绳》（YB/T 5197—2005）的要求。

④ 外观质量

土工加筋带应色泽均匀，无明显油污。

产品无破裂、损伤、穿孔、露筋等缺陷。

产品表面有粗糙却又整齐的花纹。

⑤ 成品长度要求

土工加筋带成品每根的长度不允许小于100m，卷中不得有拼段。也可根据用户需要生产。

（6）土工膜

1）产品代号与型号

① 代号

土工膜代号为M。

② 型号

型号表示方式示例：

厚度为0.5mm的聚丙烯土工膜，型号为：M0.5/PP。

厚度为1.5mm的聚乙烯土工膜，型号为：M1.5/PE。

2）产品规格与尺寸偏差

① 规格

土工膜规格系列见表6-128的规定。

土工膜规格系列（JT/T 518—2004） **表6-128**

型　号	M0.3	M0.4	M0.5	M0.6	M1	M1.5	M2	M2.5	M3
标称厚度（mm）	0.3	0.4	0.5	0.6	1	1.5	2	2.5	3

注：工程单一使用土工膜，则土工膜厚度不得小于0.5mm。

② 尺寸偏差

土工膜尺寸偏差应符合表6-129的规定。

土工膜尺寸偏差（JT/T 518—2004） **表 6-129**

幅度（m）	≥3
幅度偏差（%）	+2.5
厚度偏差（%）	+24

3）技术要求

① 理化性能

土工膜的物理性能参数应符合表 6-130 的规定。

土工膜的物理性能参数（JT/T 518—2004） **表 6-130**

项　目	参　数								
型号	M0.3	M0.4	M0.5	M0.6	M1	M1.5	M2	M2.5	M3
纵、横向拉伸强度（kN/m）	≥3	≥5	≥6	≥8	≥12	≥17	≥18	≥19	≥20
纵、横向拉伸断裂伸长率（%）	≥100		≥300			≥500			
纵、横向直角撕裂强度（N/mm）	≥10	≥15	≥20	≥30	≥40	≥80	≥100	≥120	≥150
CBR 顶破强度（kN）	≥1	≥1.5	≥2.5	≥3	≥4	≥5	≥6	≥7	≥8
低温弯折性（−20℃）	无裂缝								
纵、横向尺寸变化率（%）	≤5								

土工膜抗光老化等级应符合表 6-131 的规定。

土工膜抗光老化等级（JT/T 518—2004） **表 6-131**

抗老化等级	Ⅰ	Ⅱ	Ⅲ	Ⅳ
光照辐射强度为 550W/m² 照射 150h，拉伸强度保持率（%）	<50	50～80	80～95	>95
炭黑含量（%）	—	2±0.5		
炭黑在土工模袋材料中的分布要求	均匀、无明显聚块或条状物			

注：对不含炭黑或不采用炭黑作抗光老化助剂的土工模袋，其抗光老化等级的确定参照执行。

土工膜耐静水压力和抗渗性应符合表 6-132 的规定。

土工膜耐静水压力和抗渗性（JT/T 518—2004） **表 6-132**

项　目	型号规格								
	M0.3	M0.4	M0.5	M0.6	M1	M1.5	M2	M2.5	M3
耐静水压力（MPa）	≥0.3	≥0.5	≥0.7	≥1.5	≥1.5	≥2.0	≥2.5	≥3	≥3.5
垂直渗透系数（cm/S）	$\leqslant 5\times10^{-11}$								

② 外观质量

产品颜色应色泽均匀，无明显油污。

产品无损伤、无破裂、无气泡、不粘结、无孔洞，不应有接头、断头和永久性皱褶。

外观质量还应符合表 6-133 的规定。

土工膜外观质量（JT/T 518—2004） **表 6-133**

项目	要求
切口	平直，无明显锯齿现象
水云、云雾和机械化痕	不明显
杂志和僵块	直径 0.6～2.0mm 的杂质和僵块，允许每平方米 20 个以内；直径 20mm 以上的，不允许出现
卷端面错位	≤50mm

③ 成品尺寸

土工膜每卷的纵向基本长度不小于 30m，卷中不得有拼段。

(7) 长丝纺黏针刺非织造土工布

1) 产品分类与型号

① 分类

按纤维品种分为聚酯、聚丙烯、聚酰胺、聚乙烯长丝纺黏针刺非织造土工布。

按用途分为沥青铺面用和路基用。

② 型号

型号表示方式示例：

聚丙烯长丝纺黏针刺非织造土工布，单位面积质量 450g/m^2，幅度 4.5m，其型号为：FNG-PP-450-4.5。

2) 产品规格与尺寸偏差

长丝纺黏针刺非织造土工布规格与尺寸偏差见表 6-134 的规定。

长丝纺黏针刺非织造土工布产品规格与尺寸偏差（JT/T 519—2004） **表 6-134**

项目	规格							
	150	200	250	300	350	400	450	500
单位面积质量（g/m^2）	150	200	250	300	350	400	450	500
单位面积质量偏差（%）	−10	−6	−5	−5	−5	−5	−5	−4
厚度（mm）≥	1.7	2.0	2.2	2.4	2.5	3.1	3.5	3.8
厚度偏差（%）	15							
宽度（m）	≥3.0							
标称宽度偏差（%）	−0.5							

注：1. 规格按单位面积质量，实际规格介于表中相邻规格之间时，按内插法计算相应考核指标。
2. 采用聚酯材料制造的 150g/m^2 长丝纺黏针刺非织造土工布用于沥青铺面。

3) 技术要求

① 性能要求

性能要求分为基本项和选择项。

基本项的性能指标见表 6-135 所列。

选择项包括动态穿孔（mm）、刺破强度（N）、纵横向强度比、平面内水流量（m^2/s）、湿筛孔径（mm）、摩擦系数、抗紫外线性能、抗酸碱性能、抗氧化性能、抗磨损性能、蠕变性能、拼接强度等。

用于沥青铺面的长丝纺黏针刺非织造土工布，耐高温性应在 210℃以上，并须经单面烧毛工艺处理。可采用聚酯材料制造的 150g/m^2 长丝纺黏针刺非织造土工布。

用于路基用的长丝纺黏针刺非织造土工布，其耐腐蚀、抗老化、导排性能应满足设计要求。

长丝纺黏针刺非织造土工布性能指标（JT/T 519—2004） **表 6-135**

性能		规格（g/m²）							
		150	200	250	300	350	400	450	500
纵、横向	断裂强度（kN/m）≥	7.5	10.0	12.5	15.0	17.5	20.5	22.5	25.0
	断裂伸长率（%）	30～80							
CBR 顶破强度（kN）≥		1.4	1.8	2.2	2.6	3.0	3.5	4.0	4.7
等效孔径 O_{90}（O_{95}）（mm）		0.08～0.20							
垂直渗透系数（cm/S）		$5\times10^{-2}\sim5\times10^{-1}$							
纵、横向	撕破强度（kN）≥	0.21	0.28	0.35	0.42	0.49	0.56	0.63	0.70

② 外观

外观疵点分为轻缺陷和重缺陷，见表 6-136 所列。

长丝纺黏针刺非织造土工布外观疵点的评定（JT/T 519—2004） **表 6-136**

疵点名称	轻缺陷	重缺陷	要 求
布面不匀、折痕	轻微	严重	
杂物、僵丝	软质，粗不大于 5mm	硬质，软质，粗大于 5mm	
边不良	≤300cm 时，每 50cm 计一处	>300cm	
破损	≤0.5cm	>0.5cm；破洞	以疵点最大长度计
其他	按相似疵点评定		

(8) 短纤针刺非织造土工布

1) 产品分类与型号

① 分类

按纤维品种分为聚酯、聚丙烯、聚酰胺、聚乙烯短纤针刺非织造土工布。

② 型号

型号表示方式示例：

聚酯针刺非织造土工布，单位面积质量 250g/m²，幅度 6m，其型号为：SNG-250-6。

2) 产品规格与尺寸偏差

短纤针刺非织造土工布的规格与尺寸偏差见表 6-137 所列。

短纤针刺非织造土工布产品规格与尺寸偏差（JT/T 520—2004） **表 6-137**

项 目	规格						
	200	250	300	350	400	450	500
单位面积质量（g/m²）	200	250	300	350	400	450	500
单位面积质量偏差（g/m²）	−8	−8	−7	−7	−7	−7	−6
厚度（mm）≥	2.0	2.2	2.4	2.7	3.1	3.5	3.8
厚度偏差（%）	15						
宽度（m）≥	3.0						
标称宽度偏差（%）	−0.5						

3）技术要求

① 性能要求

性能要求分为基本项和选择项。

基本项的性能指标见表 6-138 所列。

短纤针刺非织造土工布性能指标（JT/T 520—2004） **表 6-138**

性能		规格（g/m²）						
		200	250	300	350	400	450	500
纵、横向	断裂强度（kN/m）	8.0	9.5	11.0	12.5	14.0	16.0	—
	断裂伸长率（%）	30～80						
CBR 顶破强度（kN）≥		0.9	1.2	1.5	1.8	2.1	2.4	2.7
等效孔径 $O_{90}(O_{95})$（mm）		0.08～0.20						
垂直渗透系数（cm/S）		$5\times10^{-2}\sim5\times10^{-1}$						
纵、横向	撕破强度（kN）≥	0.16	0.20	0.24	0.28	0.33	0.38	0.42

选择项包括：动态穿孔（mm）、刺破强度（N）、纵横向强度比、平面内水流量（m²/s）、湿筛孔径（mm）、摩擦系数、抗紫外线性能、抗酸碱性能、抗氧化性能、抗磨损性能、蠕变性能和拼接强度等。

作反滤层的无纺土工织物，应耐腐蚀、抗老化，具有较好的透水性能，等效孔径应满足保土、透水、防淤堵设计准则要求。

② 外观

外观分为轻缺陷和重缺陷，见表 6-139 所列。

短纤针刺非织造土工布外观疵点的评定（JT/T 520—2004） **表 6-139**

疵点名称	轻缺陷	重缺陷	要　求
布面不匀、折痕	轻微	严重	
杂物	软质，粗小于或等于 5mm	硬质；软质，粗大于 5mm	
边不良	≤300cm 时，每 50cm 计一处	>300cm	
破损	≤0.5cm	>0.5cm；破洞	以疵点最大长度计
其他	按相似疵点评定		

（9）塑料排水板（带）

1）产品结构与分类

① 结构

以薄型土工织物包裹不同材料制成的不同形状的芯材，组合成一种具有一定宽度的复合型排水产品。一般将宽度为 10cm 的称为排水带，而将宽度不小于 100cm 的称为排水板。

② 分类

塑料排水板（带）按打设软土地基深度可分为五类，见表 6-140 所列。

塑料排水板（带）打设地基深度分类（JT/T 521—2004） **表 6-140**

类　型	适用打设深度（m）	类　型	适用打设深度（m）
A	10	B_0	25
A_0	15	C	35
B	20	—	—

按功能分为四类：

双面反滤排水板（带），代号为 FF；单面反滤排水板（带），代号为 F；一面反滤排水，另一面隔离防渗排水板（带），代号为 FL；加筋兼反滤排水板（带），代号为 FI。

③ 塑料排水板（带）型号的表示方式示例

打设深度小于 25m 的软土地基，幅宽为 1000mm、厚度为 10mm 的单面反滤排水板（带）表示为：SPB-B-F-1000-10。

2）产品规格与尺寸偏差

塑料排水板（带）的规格与尺寸偏差见表 6-141 所列。

塑料排水板（带）的规格与尺寸偏差（JT/T 521—2004） **表 6-141**

项　目	型号				
	SPB-A	SPB-A_0	SPB-B	SPB-B_0	SPB-C
厚度（mm）	≥3.5	≥3.5	≥4.0	≥4.0	≥4.5
厚度允许偏差（%）	±0.5				
宽度（mm）	>95				
宽度允许偏差（%）	±2				

3）技术要求

① 基本性能指标

塑料排水板（带）性能指标，包括：纵向通水量、复合体抗拉强度与延伸率、滤膜抗拉强度与延伸率、滤膜渗透系数、滤膜等效孔径等，其各项技术要求见表 6-142 所列。

② 原材料

芯板用聚丙烯为原材料时，严禁使用再生料。

③ 外观质量

槽形塑料排水板（带）板芯槽齿无倒伏现象，钉形排水板（带）板芯乳头圆滑不带刺。

塑料排水板（带）板芯无接头，表面光滑、无空洞和气泡、齿槽应分布均匀。

塑料排水板（带）滤膜应符合下列规定：每卷滤膜接头不多于一个，接头搭接长度大于 20cm，滤膜应包紧板芯，包覆时用热合法或粘合法；当用粘合法时，粘合缝应连续，缝宽为 5mm±1mm。

塑料排水板（带）的基本技术要求（JT/T 521—2004）　　**表 6-142**

<table>
<tr><td colspan="2" rowspan="2">项　目</td><td colspan="5">型号规格</td></tr>
<tr><td>SPB-A</td><td>SPB-A0</td><td>SPB-B</td><td>SPB-B0</td><td>SPB-C</td></tr>
<tr><td rowspan="2">材质</td><td>芯带</td><td colspan="5">高密度聚乙烯，聚丙烯等</td></tr>
<tr><td>滤膜</td><td colspan="5">材料为涤纶、丙纶等无纺织物；单位面积质量宜大于 85g/m²</td></tr>
<tr><td rowspan="2">复合体</td><td>抗拉强度（干态）（kN/10cm）
（延伸率为 10%的强度）</td><td>>1.0</td><td>>1.0</td><td>>1.2</td><td>>1.2</td><td>>1.5</td></tr>
<tr><td>延伸率</td><td colspan="5">>4</td></tr>
<tr><td colspan="2">纵向通水量 q_w（cm/s）（测压力为 350kPa）</td><td>≥25</td><td>≥25</td><td>≥30</td><td>≥30</td><td>≥30</td></tr>
<tr><td rowspan="2">滤膜的拉伸强度（kN/m）</td><td>干拉强度</td><td>1.5</td><td>1.5</td><td>2.5</td><td>2.5</td><td>3.0</td></tr>
<tr><td>湿拉强度</td><td>1.0</td><td>1.0</td><td>2.0</td><td>2.0</td><td>2.5</td></tr>
<tr><td colspan="2">芯板压屈强度（kPa）</td><td colspan="3">>250</td><td colspan="2">>350</td></tr>
<tr><td rowspan="2">滤膜的渗透反滤透性</td><td>渗透系数（cm/S）</td><td colspan="5">$k_g \geqslant 5\times10^{-4}$，$k_g \geqslant 10k_s$</td></tr>
<tr><td>等效孔径 $O_{95(mm)}$</td><td colspan="5"><0.075</td></tr>
</table>

注：1. k_g——滤膜的渗透系数；k_s——地基土的渗透系数。

2. 塑料排水板（带）滤膜干拉强度为延伸率 10%的纵向抗拉强度，湿拉强度为浸泡 24h 后，延伸率 15%的横向抗拉强度。

七、材料的仓储、保管与供应

（一）材料的仓储管理

1. 仓库的分类

（1）按储存材料的种类划分

1）综合性仓库

综合性仓库建有若干库房，储存各种各样的材料，如在同一仓库中储存钢材、电料、木料、五金、配件等。

2）专业性仓库

专业性仓库只储存某一类材料，如钢材库、木料库、电料库等。

（2）按保管条件划分

1）普通仓库

普通仓库是指储存没有特殊要求的一般性材料的仓库。

2）特种仓库

特种仓库是指某些材料对库房的温度、湿度、安全有特殊要求，需按不同要求设置的仓库，如保温库、燃料库、危险品库等。水泥由于粉尘大，防潮要求高，因而水泥库也属于特种仓库。

（3）按建筑结构划分

1）封闭式仓库

封闭式仓库指有屋顶、墙壁和门窗的仓库。

2）半封闭式仓库

半封闭式仓库指有顶无墙的仓库，如料库、料棚等。

3）露天料场

露天料场主要指储存不易受自然条件影响的大宗材料的场地。

（4）按管理权限划分

1）中心仓库

中心仓库指大中型企业（公司）设立的仓库。这类仓库材料吞吐量大，主要材料由公司集中储备，也叫做一级储备。除远离公司独立承担任务的工程处核定储备资金控制储备外，公司下属单位一般不设仓库，避免层层储备，分散资金。

2）总库

总库是指公司所属项目经理部或工程处（队）所设施工备料仓库。

3）分库

分库是指施工队及施工现场所设的施工用料准备库，业务上受项目部或工程队直接管辖，统一调度。

2. 现场材料仓储保管的基本要求

现场材料仓储保管，应根据现场材料的性能和特点，结合仓储条件进行合理的储存与保管。进入施工现场的材料，必须加强库存保管，保证材料完好，便于装卸搬运、发料及盘点。

（1）选择进场材料保管场所

应根据进场材料的性能特点和储存保管要求，合理选择进场材料保管场所。建筑施工现场储存保管材料的场所有仓库（或库房）、库棚（或货棚）和料场。

仓库（或库房）的四周有围墙、顶棚、门窗，可以完全将库内空间与室外隔离开来的封闭式建筑物。由于其具有良好的隔热、防潮、防水作用，因此通常存放不宜风吹日晒、雨淋，对空气中温度、湿度及有害气体反应较敏感的材料，如各类水泥、镀锌钢管、镀锌钢板、混凝土外加剂、五金设备、电线电料等。

库棚（或货棚）的四周有围墙、顶棚、门窗，但一般未完全封闭起来。这种库棚虽然能挡风遮雨、避免暴晒，但库棚内的温度、湿度与外界一致。通常存放不宜雨淋日晒，而对空气中温度、湿度要求不高的材料，如陶瓷、石材等。

料场即为露天仓库，是指地面经过一定处理的露天储存场所。一般要求料场的地势较高，地面经过一定处理（如夯实处理）。主要储存不怕风吹、日晒、雨淋，对空气中温度、湿度及有害气体反应不敏感的材料，如钢筋、型钢、砂石、砖等。

（2）材料的堆码

材料的合理堆码关系到材料保管的质量，材料码放形状和数量必须满足材料性能、特点、形状等要求。材料堆码应遵循“合理、牢固、定量、整齐、节约和便捷”的原则。

1）堆码的原则

① 合理

对不同的品种、规格、质量、等级、出厂批次的材料都应分开，按先后顺序堆码，以便先进先出。特别注意性能互相抵触的材料应分开码放，防止材料之间发生相互作用而降低使用性能。占用面积、垛形、间隔均要合理。

② 牢固

材料码放数量应视存放地点的负荷能力而确定，以垛基不沉陷、材料不受压变形、变质、损坏为原则，垛位必须有最大的稳定性，不偏不倒，苫盖物不怕风雨。

③ 定量

每层、每堆力求成整数，过磅材料分层、分捆计重，作出标记，自下而上累计数量。

④ 整齐

纵横成行，标志朝外，长短不齐、大小不同的材料、配件，靠通道一头齐。

⑤ 节约

一次堆好，减少重复搬运、堆码，堆码紧凑，节约占用面积。爱护苫垫材料及包装，节省费用。

⑥ 便捷

堆放位置要便于装卸搬运、收发保管、清仓盘点、消防安全。

2）定位和堆码的方法

① 四号定位

四号定位是在统一规划、合理布局的基础上，进行定位管理的一种方法。四号定位就是定仓库号、货架号、架层号、货位号（简称库号、架号、层号、位号）。料场则是区号、点号、排号和位号。固定货位、定位存放、“对号入座”。对各种材料的摆放位置作全面、系统、具体的安排，使整个仓库堆放位置有条不紊，便于清点与发料，为科学管理打下基础。

四号定位编号方法：材料定位存放，将存放位置的四号联起来编号。例如普通合页规格 50mm，放在 2 号库房、11 号货架、2 层、6 号位。材料定位编号为 2—11—2—06，由于这种编号一般仓库不超过个位数、货架不超过 5 层，为简化书写，所以只写一位数。如果写成 02—11—02—06 也可。

② 五五化堆码

五五化堆码是材料保管的堆码方法。它是根据人们计数习惯以五为基数计数的特点，如五、十、二十……五十、一百、一千等进行计数。将这种计数习惯用于材料堆码，使堆码与计数相结合，便于材料收发、盘点计数快速准确，这就是“五五摆放”。如果全部材料都按五五摆放，则仓库就达到了五五化。

五五化是在四号定位的基础上，即在固定货位，“对号入座”的货位上具体摆放的方法。按照材料的不同形状、体积、重量，大的五五成方，高的五五成行，矮的五五成堆，小的五五成包（捆），带眼的五五成串（如库存不多，亦需按定位堆放整齐），堆成各式各样的垛形。要求达到横看成行，竖看成线，左右对齐，方方定量，过目成数，便于清点，整齐美观。

③ 四号定位与五五化堆码的关系

四号定位与五五化堆码是全局与局部的关系。两者互为补充，互相依存，缺一不可。如果只搞四号定位，不搞五五化，对仓库全局来说，有条理、有规律，定位合理，而在具体货位上既不能过目成数，也不整齐美观。反之，如果只搞五五化，不搞四号定位，则在局部货位上能过目成数，达到整齐美观；但从库房全局看，还是堆放紊乱，没有规律。所以两者必须配合使用。

（3）材料的标识

储存保管材料应“统一规划、分区分类、统一分类编号、定位保管”，并要使其标识鲜明、整齐有序，以便于转移记录和具备可追溯性。

1）现场存放的物资标识

进场物资应进行标识，标识包括产品标识和状态标识，状态标识包括：待验，检验合格，检验不合格。

① 钢筋原材、型钢原材要挂牌标识：名称、规格、厂家、质量状态。

② 加工成型的钢筋、铁件要挂扉子标识：名称、规格、数量、使用部位。

③ 水泥、外加剂要挂牌标识：名称、规格、厂家、生产日期、质量状态。

④ 砂子、石子、白灰要挂牌标识：名称、规格、产地（矿场）、质量状态。

⑤ 砖、砌块、隔墙板、保温材料、陶粒，石材、门窗、构件、装饰型材、风道、管材、建材制成品等要挂牌标识：名称、规格、厂家、质量状态。

2）库房存放的物资标识

① 五金、物料、水料、电料，土产、电器、电线、电缆、暖卫品、防水材料、焊接材料、装饰细料、墙面砖、地面砖等要挂卡标识：名称、规格、数量、合格证。

② 化工、油漆、燃料、气体缸瓶等有毒、有害、易燃、易爆物资要分别设立专业危险品库房，悬挂警示牌，各类物资分别挂卡标识：名称、规格、数量、合格证和使用说明书。

③ 入库、出库手续完备，做到账、卡、物相符。

3）标识转移记录和可追溯性

为便于可追溯，器材员填写进场时间、数量、供方名称、质量合格证编号、外观检查结果等。

① 工程物资主要材料进场要将材质单、合格证、复试报告单等质保资料的唯一编号记入材料验收记录。

商品混凝土进场要随车带有完整的质保资料，运输单要写明混凝土的出厂时间、强度等级、品种、数量、坍落度、生产厂家、工程名称和使用部位，逐项记入混凝土验收和使用记录。

② 物资进场的运输单、验收单、入库单、调拨单、耗料单都要进行可追溯性的唯一编号，确保与材料验收记录、耗料账表相吻合。耗料单要写明使用部位、材质单号。

③ 用于隐蔽工程、关键工序、特殊工序，分部分项单位工程的材料要与材料验收记录、耗用记录以及材料质保资料的唯一编号相吻合。

（4）材料的安全消防

每种进场材料的安全消防方式应视进场材料的性能而确定。液体材料燃烧时，可采用干粉灭火器或黄砂灭火，避免液体外溅，扩大火势；固体材料燃烧时，可采用高压水灭火，如果同时伴有有害气体挥发，应用黄砂灭火并覆盖。

（5）材料的维护保养

材料的维护保养，即采取一定的技术措施或手段，保证所储存保管材料的性能或使受到损坏的材料恢复其原有性能。由于材料自身的物理性能、化学成分是不断发生变化的，这种变化在不同程度上影响着材料的质量。其变化原因主要是自然因素的影响，如温度、湿度、日光、空气、雨、雪、露、霜、尘土、虫害等，为了防止或减少损失，应根据材料本身不同的性质，事前采取相应技术措施，控制仓库的温度与湿度，创造合适的条件来保管和保养。反之，如果忽视这些自然因素，就会发生变质，如霉腐、熔化、干裂、挥发、变色、渗漏、老化、虫蛀、鼠伤，甚至会发生爆炸、燃烧、中毒等恶性事故。不仅失去了储存的意义，反而造成损失。

材料维护保养工作，必须坚持“预防为主，防治结合”的原则。具体要求是：

1）安排适当的保管场所

根据材料的不同性能，采取不同的保管条件，如仓库、库棚、料场及特种仓库，尽可能适应储存材料性能的要求。

2）搞好堆码、苫垫及防潮防损

有的材料堆码要稀疏，以利通风；有的要防潮，有的要防晒，有的要立放，有的要平置等；对于防潮、防有害气体等要求高的，还须密封保存，并在搬码过程中，轻拿轻放，特别是仪器、仪表、易碎器材，应防止剧烈震动或撞击，杜绝损坏等事故发生。

3）严格控制温、湿度

对于温、湿度要求高的材料（如焊接材料），要做好温度、湿度的调节控制工作。高温季节要防暑降温，霉雨季节要防潮防霉，寒冷季节要防冻保温。还要做好防洪水、台风等灾害性侵害的工作。

4）强化检查

要经常检查，随时掌握和发现保管材料的变质情况，并积极采取有效的补救措施。对于已经变质或将要变质的材料，如霉腐、受潮、粘结、锈蚀、挥发、渗漏等，应采取干燥、晾晒、除锈涂油、换桶等有效措施，以挽回或减少损失。

5）严格控制材料储存期限

一般说来，材料储存时间越长，对质量影响越大。特别是规定有储存期限过期失效的材料，要特别注意分批堆码，先进先出，避免或减少损失。

6）搞好仓库卫生及库区环境卫生

经常清洁，做到无垃圾、杂草，消灭虫害、鼠害。加强安全工作，搞好消防管理，加强电源管理，搞好保卫工作，确保仓库安全。

3. 仓储盘点及账务处理

（1）仓库盘点的意义

仓库所保管的材料，品种、规格繁多，计量、计算易发生差错，保管中发生的损耗、损坏、变质、丢失等种种因素，可能导致库存材料数量不符，质量下降。只有通过盘点，才能准确地掌握实际库存量，摸清质量状况，掌握材料保管中存在的各种问题，了解储备定额执行情况和呆滞、积压数量，以及利用、代用等挖潜措施的落实情况。

（2）盘点方法

1）定期盘点

定期盘点指季末或年末对仓库保管的材料进行全面、彻底盘点。达到有物有账，账物相符，账账相符，并把材料数量、规格、质量及主要用途搞清楚。由于清点规模大，应先做好组织与准备工作，主要内容有：

① 划区分块，统一安排盘点范围，防止重查或漏查。

② 校正盘点用计量工具，统一印制盘点表，确定盘点截止日期和报表日期。

③ 安排各现场、车间，已领未用的材料办理“假退料”手续，并清理成品、半成品、在线产品。

④ 尚未验收的材料，具备验收条件的，抓紧验收入库。

⑤ 代管材料，应有特殊标志，另列报表，便于查对。

2）永续盘点

永续盘点是指对库房内每日有变动（增加或减少）的材料，当日复查一次，即当天对有收入或发出的材料，核对账、卡、物是否对口。这样连续进行抽查盘点，能及时发现问题，便于清查和及时采取措施，是保证账、卡、物“三对口”的有效方法。永续盘点必须做到当天收发，当天记账和登卡。

（3）盘点中问题的账务处理

盘点时要对实际库存量和账面结存量进行逐项核对，并同时检查材料质量、有效期、安全消防及保管状况，编制盘点报告。

1）数量盈亏

盘点中数量出现盈亏，若盈亏量在企业规定的范围之内时，可在盘点报告中反映，不必编制盈亏报告，经业务主管审批后，据此调整账务；若盈亏量超过规定范围时，除在盘点报告中反映外，还应填写“材料盘点盈亏报告单”，见表 7-1 所列，经领导审批后再行处理。

材料盘点盈亏报告单 **表 7-1**

填报单位： 年 月 日 第 号

材料名称	单 位	账存数量	实存数量	盈（+）亏（-）数量及原因
部门意见				
领导批示				

2）库存材料发生损坏、变质、降等级等问题时，填报“材料报损报废报告单”，见表 7-2 所列，并通过有关部门鉴定损失金额，经领导审批后，根据批示意见处理。

材料报损报废报告单 **表 7-2**

填报单位： 年 月 日 编号

名 称	规格型号	单 位	数 量	单 价	金 额
质量状况					
报损报废原因					
技术鉴定处理意见	负责人签章				
领导批示	签 章				

主管： 审核： 制表：

3）库房被盗或遭破坏，其丢失及损坏材料数量及相应金额，应专项报告，经保卫部门认真查核后，按上级最终批示做账务处理。

4）出现品种规格混串和单价错误，在查实的基础上，经业务主管审批后按表 7-3 的要求进行调整。

材料调整单 **表 7-3**

仓库名称： 第　号

项　目	材料名称	规　格	单　位	数　量	单　价	金　额	差额（+，-）
原列							
应列							
调整原因							
批示							

保管：　　　　记账：　　　　制表：

5）库存材料一年以上没有发出，列为积压材料。

（二）常用材料的保管

1. 水泥的现场保管及受潮水泥的处理

（1）水泥的现场仓储管理

1）进场入库验收

水泥进场入库必须附有水泥出厂合格证或水泥进场质量检测报告。进场时应检查水泥出厂合格证或水泥进场质量检测报告单上水泥品种、强度等级与水泥包装袋上印的标志是否一致，不一致的要另外码放，待进一步查清；检查水泥出厂日期是否超过规定时间，超过的要另行处理；遇有两个单位同时到货的，应详细验收，分别码放，挂牌标明，防止水泥生产厂家、出厂日期、品种、强度等级不同而混杂使用。水泥入库后应按规范要求进行复检。

2）仓储保管

水泥仓储保管时，必须注意防水防潮，应放入仓库保管。仓库地坪要高出室外地面20～30cm，四周墙面要有防潮措施。袋装水泥在存放时，应用木料垫高超出地面30cm，四周离墙30cm，码垛时一般码放10袋，最高不得超过15袋。储存散装水泥时，应将水泥储存于专用的水泥罐中，以保证既能用自卸汽车进料，又能人工出料。

3）临时存放

如遇特殊情况，水泥需在露天临时存放时，必须设有足够的遮垫措施，做到防水、防雨、防潮。

4）空间安排

水泥储存时要合理安排仓库内出入通道和堆垛位置，以使水泥能够实行先进先出的发放原则，避免部分水泥因长期积压在不易运出的角落里，从而造成水泥受潮变质。

5）储存时间

水泥的储存时间不能过长，水泥会吸收空气中的水分缓慢水化而降低强度。袋装水泥储存3个月后强度降低10%～20%；6个月后强度降低15%～30%；1年后强度降低25%～40%。水泥的储存期自出厂日期算起，通用硅酸盐水泥出厂超过3个月、铝酸盐水泥出厂超过2个月、快凝快硬硅酸盐水泥出厂超过1个月，应进行复检，并按复检结果使用。

6）水泥应避免与石灰、石膏以及其他易于飞扬的粒状材料同存，以防混杂，影响质量。包装如有损坏，应及时更换以免散失。

7）库房环境

水泥库房要经常保持清洁，落地灰及时清理、收集、灌装，并应另行收存使用。

（2）受潮水泥的处理

水泥在储存保管过程中很容易吸收空气中的水分产生水化作用，凝结成块，降低水泥强度，影响水泥的正常使用。对于受潮水泥可以根据受潮程度，按表 7-4 的方法做适当处理。

受潮水泥的鉴别与处理方法　　表 7-4

受潮程度	水泥外观	手　感	强度降低	处理方法
轻微受潮	水泥新鲜，有流动性，肉眼观察完全呈细粉	用手捏碾无硬粒	强度降低不超过5%	正常使用
开始受潮	内有小球粒，但易散成粉末	用手捏碾无硬粒	强度降低5%以下	用于要求不严格的工程部位
受潮加重	水泥细度变粗，有大量小球粒和松块	用手捏碾，球粒可成细粉，无硬粒	强度降低 15%～20%	将松块压成粉末，降低强度等级，用于要求不严格的工程部位
受潮较重	水泥结成粒块，有少量硬块，但硬块较松，容易被击碎	用手捏碾，球粒不能变成粉末，有硬粒	强度降低 30%～50%	用筛子筛除硬粒、硬块，降低强度等级，用于要求较低的工程部位
严重受潮	水泥中有许多硬粒、硬块，难以被压碎	用手捏碾不动	强度降低 50%以上	不能用于工程中

2. 钢材的现场保管及代换应用

（1）钢材的现场保管

建筑工程中使用的建筑钢材主要有两大类，一类是钢筋混凝土结构用钢材，如热轧钢筋、钢丝、钢绞线等；另一类则为钢结构用钢材，如各种型钢、钢板、钢管等。

1）建筑钢材应按不同的品种、规格，分别堆放。对于优质钢材、小规格钢材，如镀锌板、镀锌管、薄壁电线管、高强度钢丝等最好放入仓库储存保管。库房内要求保持干燥，地面无积水、无污物。

2）建筑钢材只能露天存放时，料场应选择在地势较高而又平坦的地面，经平整、夯实、预设排水沟、做好垛底、苫垫后方可使用。为避免因潮湿环境而导致钢材表面锈蚀，雨雪季节应用防雨材料进行覆盖。

3）施工现场堆放的建筑钢材应注明钢材生产企业名称、品种、规格、进场日期与数量等内容，并以醒目标识标明建筑钢材合格、不合格、在检、待检等产品质量状态。

4）施工现场应由专人负责建筑钢材的储存保管与发料。

5）成型钢筋

成型钢筋是指由工厂加工成型后运到现场绑扎的钢筋。一般会同生产班组按照加工计划验收规格和数量，并交班组管理使用。钢筋的存放场地要平整，没有积水，分等级、规格码放整齐，用垫木垫起，防止水浸锈蚀。

（2）钢材的代换应用

在施工中，经常会遇到建筑钢材的品种或规格与设计要求不符的情况，此时可进行钢材的代换。

1）代换的原则

① 当构件受承载力控制时，建筑钢材可按强度相等原则进行代换，即等强度代换原则。

② 当构件按最小配筋率配筋时，建筑钢材可按截面面积相等原则进行代换，即等面积代换原则。

③ 当构件受裂缝宽度或挠度控制时，建筑钢材代换后应进行构件裂缝宽度或挠度验算。

2）代换方法

① 采用等面积代换时，使代换前后的钢材截面面积相等即可。

② 采用等强度代换时应满足下式要求：

$$n_2 \geqslant \frac{n_1 d_1^2 f_{y1}}{d_2^2 f_{y2}} \tag{7-1}$$

式中 n_2——代换钢筋根数；

n_1——原设计钢筋根数；

d_2——代换钢筋直径（mm）；

d_1——原设计钢筋直径（mm）；

f_{y2}——代换钢筋抗拉强度设计值（N/mm^2）；

f_{y1}——原设计钢筋抗拉强度设计值（N/mm^2）。

在运用式（7-1）进行钢筋代换时，有以下两种特例：

强度设计值相同、直径不同的钢筋可采用式（7-2）代换。

$$n_2 \geqslant \frac{n_1 d_1^2}{d_2^2} \tag{7-2}$$

直径相同、强度设计值不同的钢筋可采用式（7-3）代换。

$$n_2 \geqslant \frac{n_1 f_{y1}}{f_{y2}} \tag{7-3}$$

3）代换注意事项

① 建筑钢材代换时，必须充分了解结构设计意图和代换材料性能，并严格遵守《混凝土结构设计规范》的各项规定，凡重要结构中的钢筋代换，应征得设计单位同意。

② 对于某些重要构件，如吊车梁、桁架下弦等，不宜用光圆热轧钢筋代替 HRB335 和 HRB400 级带肋钢筋。

③ 钢筋代换后，应满足配筋构造要求，如钢筋的最小直径、间距、根数、锚固长度等。

④ 梁内纵向受力钢筋与弯起钢筋应分别代换，以保证构件正截面和斜截面承载力

要求。

⑤ 偏心受压构件或偏心受拉构件进行钢筋代换时，不按整个截面配筋量计算，应按受力面分别代换。

⑥ 当构件受裂缝宽度控制时，如用细钢筋代换较大直径钢筋、低强度等级钢筋代换高强度等级钢筋时，可不进行构件裂缝宽度验算。

3. 其他材料的仓储保管

（1）木材

木材应按材种、规格、等级不同而分别码放，要便于抽取和保持通风，板、方材的垛顶部要遮盖，以防日晒雨淋。经过烘干处理的木材，应放进仓库储存保管。

木材各表面水分蒸发不一致，常常容易干裂，应避免日光直接照射。采用狭而薄的衬条或用隐头堆积，或在端头设置遮阳板等。木材存料场地要高，通风要好，清除腐木、杂草和污物。必要时用5%的漂白粉溶液喷洒。

（2）砂、石料

砂、石料均为露天存放，存放场地要砌筑围护墙，地面必须硬化；若同时存放砂和石，则砂石之间必须砌筑高度不低于1m的隔墙。

一般集中堆放在混凝土搅拌机和砂浆搅拌机旁，不宜过远。

堆放要成方成堆，避免成片。平时要经常清理，并督促班组清底使用。

（3）烧结砖

烧结砖应按现场平面布置图码放于垂直运输设备附近，便于起吊。

不同品种规格的砖，应分开码放，基础墙、底层墙的砖可沿墙周围码放。

使用中要注意清底，用一垛清一垛，断砖要充分利用。

（4）成品、半成品

成品、半成品包括混凝土构件、门窗、铁件等。除门窗用于装修外，其他都用于工程的承重结构系统。在一般的混合结构项目中，这些成品、半成品占材料费的30%左右，是建筑工程的重要材料，因此，进场的建筑材料成品、半成品必须严加保护，不得损坏。随着建筑业的发展，工厂化、机械化施工水平的提高，成品、半成品的用量会越来越多。

1）混凝土构件

混凝土构件一般在工厂生产，再运到施工现场安装。由于混凝土构件有笨重、量大和规格型号多的特点，码放时一定要对照加工计划，分层分段配套码放，码放在吊车的悬臂回转半径范围以内，以避免场内的二次搬运。要认真核对品种、规格、型号，检验外观质量，及时登记台账，掌握配套情况。构件存放场地要平整，垫木规格一致且位置上下对齐，保持平整和受力均匀。混凝土构件一般按工程进度进场，防止过早进场，阻塞施工场地。

2）铁件

铁件主要包括金属结构、预埋铁件、楼梯栏杆、垃圾斗、水落管等。铁件进场应按加工图纸验收，复杂的要会同技术部门验收。铁件一般在露天存放，精密的放入库内或棚内。露天存放的大件铁件要用垫木垫起，小件可搭设平台，分品种、规格、型号码放整齐，并挂牌标明，做好防雨、防撞、防挤压保护。由于铁件分散堆放，保管困难，要经常清点，防止散失和腐蚀。

3）门窗

门窗有钢质、木质、塑料质和铝合金质的，都是在工厂加工运到现场安装。门窗验收要详细核对加工计划，认真检查规格、型号，进场后要分品种、规格码放整齐。木门窗口及存放时间短的钢门、钢窗可露天存放，用垫木垫起，雨期时要上遮，防止雨淋日晒变形。木门、窗扇及存放时间长的钢门、钢窗要存放在仓库内或棚内，用垫木垫起。门窗验收码放后，要挂牌标明规格、型号、数量，按单位工程建立门窗及附件台账，防止错领错用。

4）装饰材料

装饰材料种类繁多、价值高，易损、易坏、易丢失。对于壁纸、瓷砖、陶瓷锦砖、油漆、五金、灯具等应入库专人保管，防止丢失。量大笨重的装饰材料必须落实保管措施，以防损坏。

4. 各类易损、易燃、易变质材料的保管

（1）易破损物品

易破损物品是指那些在搬运、存放、装卸过程中容易发生损坏的物品，如玻璃制品、陶瓷制品等。易破损物品储存保管的原则是努力降低搬运强度、减少单次装卸量、尽量保持原包装状态。为此，在储存保管过程中应注意：

1）严格执行小心轻放、文明作业制度。

2）尽可能在原包装状态下实施搬运和装卸作业。

3）不使用带有滚轮的贮物架。

4）不与其他物品混放。

5）利用平板车搬运时要对码层做适当捆绑后进行。

6）一般情况下不允许使用吊车作业。

7）严格限制摆放的高度。

8）明显标识其易损的特性。

9）严禁以滑动方式搬运。

（2）易燃易爆物品

凡具有爆炸、易燃、毒害、腐蚀、放射性等危险性质，在运输、装卸、生产、使用、储存、保管过程中，在一定条件下能引起燃烧、爆炸，导致人身伤亡和财产损失等事故的物品，称之为易燃易爆物品，如燃油、有机溶剂等。

易燃易爆物品在储存保管过程中应注意：

1）施工现场内严禁存放大量的易燃易爆物品。

2）易燃易爆物品品种繁多，性能复杂，储存时，必须按照分区、分类、分段、专仓专储的原则，采取必要的防雨、防潮、防爆措施，妥善存放，专人管理。要分类堆放整齐，并挂牌标志。严格执行领退料手续。

3）保管员要详细核对产品名称、规格、牌号、质量、数量，应熟知易燃易爆物品的

火灾危险性和管理贮存方法以及发生事故处理方法。

4）库房内物品堆垛不得过高、过密，堆垛之间、堆垛与墙壁之间，应保持一定的间距。库房保持通风良好，并设置明显“严禁烟火”标志。库房周围无杂草和易燃物。

5）易燃易爆物品在搬运时严防撞击、振动、摩擦、重压和倾斜。严禁用产生火花的设备敲打和启封。

6）库房内应有隔热、降温、防爆型通排风装置，应配备足够的消防器材，并由专人管理和使用，定期检查，确保处于良好状态。

7）储存易燃、易爆物品的库房等场所，严禁动用明火和带入火种，电气设备、开关、灯具、线路必须符合防爆要求。工作人员不准穿外露的钉子鞋和易产生静电的化纤衣服，禁止非工作人员进入。

8）受阳光照射容易燃烧、爆炸或产生有毒气体的化学危险物品和桶装、罐装等易燃液体、气体应当在阴凉、通风地点存放。

9）遇火、遇潮容易燃烧、爆炸或产生有毒气体，怕冻、怕晒的化学危险品，不得在露天、潮湿、露雨、低洼容易积水、低温和高温处存放；对可以露天存放的易燃物品，应设置在天然水源充足的地方，并宜布置在本单位或本地区全年最小频率风向的上风侧。

（3）易变质材料

易变质材料是指在施工现场成批储放过程中，由于仓储条件的缺失和不到位，易受到自然介质（水、盐分、CO_2 等）和其他共存材料的作用，材料的使用性能发生变化，影响其正常使用的材料。对于该类材料，要注意了解其化学性能的特点和对仓储条件的特殊要求，以保证在储放过程中，不发生变质情况。

如玻璃虽然化学性质很稳定，但在储放过程，若保管不慎受到雨水浸湿，同时受到空气中 CO_2 的作用，则极易发生粘片和受潮发霉现象，透光性变差，影响施工使用。故在保管玻璃时应放入仓库保管，并且玻璃木箱底下必须垫高 100mm，注意防止受潮发霉。如必须在露天堆放时，要在下面垫高，离地约 200～300mm，上面用帆布盖好，储存时间不宜过长。

高铝水泥由于化学活性很高，且易受碱性物质侵蚀。故存放时，一定不要和硅酸盐水泥混放，更严禁与硅酸盐水泥混用。又如快硬水泥易受潮变质，在运输和贮存时，必须注意防潮，并应及时使用，不宜久存，出厂一月后，应重新检验强度，合格后方可使用。

5. 常用施工设备的保管

（1）制定施工设备的保管、保养方案，包括施工设备分类、保管要求、保养要求、领用制度，道路、照明、消防设施规划等。

（2）施工设备验收入库后应按品种、质量、规格、新旧残废程度的不同分库、分区、分类保管，做到“材料不混、名称不错、规格不串、账卡物相符”。

（3）对露天存放的施工设备，应根据地理环境、气候条件和施工设备的结构形态、包装状况等，合理堆码。堆码时应定量、整齐，并做好通风防潮措施，应下垫上苫。垫垛应高出地面 200mm，苫盖时垛顶应平整，并适当起脊，苫盖材料不应妨碍垛底通风；同时，料场要具备以下条件：

1）地面平坦、坚实，视存料情况，每平方米承载力应达 3～5t。

2）有固定的道路，便于装卸作业。

3）设有排水沟，不应有积水、杂草污物。

（4）在储存保管过程中，应对施工设备的铭牌采取妥善防护措施，确保其完好。

（5）对损坏的施工设备及时修复，延长施工设备的使用寿命，使之处于随时可投入使用的状态。

（三）材料的使用管理

1. 材料领发的要求、依据、程序及常用方法

（1）现场材料发放的要求、依据和程序

1）现场材料发放的要求

材料发放是材料储存保管与材料使用的界限，是仓储管理的最后一个环节。

材料发放应遵循先进先出、及时、准确、面向生产、为生产服务，保证生产正常进行的原则。

及时是指及时审核发料单据上的各项内容是否符合要求，及时核对库存材料能否满足施工要求；及时备料、安排送料、发放；及时下账改卡，并复查发料后的库存量与下账改卡后的结存数是否相符；剩余材料（包括边角废料、包装物）及时回收利用。

准确是指准确地按发料单据的品种、规格、质量、数量进行备料、复查和点交；准确计量，以免发生差错；准确地下账、改卡，确保账、卡、物相符；准确掌握送料时间，既要防止与施工活动争场地，避免材料二次转运，又要防止因材料供应不及时而使施工中断，出现停工待料现象。

节约是指有保存期限要求的材料，应在规定期限内发放；对回收利用的材料，在保证质量的前提下，先旧后新；坚持能用次料不发好料，能用小料不发大料，凡规定交旧换新的，坚持交旧发新。

2）现场材料发放依据

现场发料的依据是下达给施工班组、专业施工队的班组作业计划（任务书），根据任务书上签发的工程项目和工程量所计算的材料用量，办理材料的领发手续。由于施工班组、专业施工队伍各工种所担负的施工部位和项目有所不同，因此除任务书以外，还需根据不同的情况办理一些其他领发料手续。

① 工程用料的发放

凡属于工程用料，包括大堆材料、主要材料、成品及半成品等，必须以限额领料单作为发料依据。大堆材料如砖、砂石、石灰等；主要材料如水泥、钢材、木材等；成品及半成品如混凝土构件、门窗、金属配件等。在实际生产过程中，因各种原因变化很多，如设计变更、施工不当等造成工程量增加或减少，使用的材料也发生变更，造成限额领料单不能及时下达。此时，应凭由工长填制、项目经理审批的工程暂借用料单（表 7-5），在 3 日内补齐限额领料单，交到材料部门作为正式发料凭证，否则停止发料。

工程暂借用料单　　**表 7-5**

施工班组＿＿＿＿　工程名称＿＿＿＿　工程量＿＿＿＿
施工项目＿＿＿＿　＿＿年＿＿月＿＿日

材料名称	规　格	计量单位	应发数量	实发数量	原　因	领料人

项目经理（主管工长）＿＿＿＿　发料人＿＿＿＿　领料人＿＿＿＿

② 工程暂设用料

在施工组织设计以外的临时零星用料，属于工程暂设用料。凭由工长填制、项目经理审批的工程暂设用料申请单办理领发手续，工程暂设用料申请单见表 7-6 所列。

工程暂设用料申请单　　**表 7-6**

单位＿＿＿＿　施工班组＿＿＿＿　编号＿＿＿＿　＿＿年＿＿月＿＿日

材料名称	规　格	计量单位	请发数量	实发数量	用　途

项目经理（主管工长）＿＿＿＿　发料人＿＿＿＿　领料人＿＿＿＿

③ 调拨用料

对于调出给项目外的其他部门或施工项目的，凭施工项目材料主管人签发或上级主管部门签发、项目材料主管人员批准的调拨单发料，材料调拨单见表 7-7 所列。

材料调拨单　　**表 7-7**

收料单位＿＿＿＿　编号＿＿＿＿　发料单位＿＿＿＿　＿＿年＿＿月＿＿日

材料名称	规　格	单　位	请发数量	实发数量	实际价格		计划价格		备注
					单价	金额	单价	金额	
合计									

主管＿＿＿＿　收料人＿＿＿＿　发料人＿＿＿＿　制表＿＿＿＿

④ 行政及公共事务用料

对于行政及公共事务用料，包括大堆材料、主要材料及剩余材料等，主要凭项目材料主管人员或施工队主管领导批准的用料计划到材料部门领料，并且办理材料调拨手续。

3）现场材料发放程序

① 发放准备。材料发放前，应做好计量工具、装卸倒运设备、人力以及随货发出的有关证件的准备，提高材料发放效率。

② 将施工预算或定额员签发的限额领料单下达到班组。在工长对班组交代生产任务

的同时，做好用料交底。

③ 核对凭证。班组料具员持限额领料单向材料员领料。限额领料单是发放材料的依据，材料员要认真审核，经核实工程量、材料品种、规格、数量等无误后限量发放。可直接记载在限额领料单上，也可开领料单（表 7-8），双方签字认证。若一次开出的领料量较大、且需多次发放时，应在发放记录上逐日记载实领数量，由领料人签认，发放记录见表 7-9 所列。

领料单 **表 7-8**

工程名称＿＿＿＿ 施工班组＿＿＿＿ 工程项目＿＿＿＿

用途＿＿＿＿＿＿ ＿＿年＿＿月＿＿日

材料编号	材料名称	规　格	单　位	数　量	单　价	金　额

材料保管员＿＿＿＿ 领料人＿＿＿＿ 材料员＿＿＿＿

材料发放记录表 **表 7-9**

楼（栋）号＿＿＿＿ 施工班组＿＿＿＿ 计量单位＿＿＿＿ ＿＿年＿＿月＿＿日

任务书编号	日　期	工程项目	发放数量	领料人

主管＿＿＿＿ 材料员＿＿＿＿

④ 当领用数量达到或超过限额数量时，应立即向主管工长和材料部门主管人员说明情况，分析原因，采取措施。若限额领料单不能及时下达，应凭由工长填制并由项目经理审批的工程暂借用料单，办理因超耗及其他原因造成多用材料的领发手续。

⑤ 清理。材料发放出库后，应及时清理拆散的垛、捆、箱、盒，部分材料应恢复原包装要求，整理垛位，登卡记账。

（2）现场材料发放方法

在现场材料管理中，各种材料的发放程序基本上是相同的，而现场材料发放方法却因品种、规格不同而有所不同。

1）大堆材料

大堆材料一般是砖、瓦、灰、砂、石等材料，多为露天存放。按照材料管理要求，大堆材料的进场、出场及现场发放都要进行计量检测。这样既保证施工的质量，也保证了材料进出场及发放数量的准确性。大堆材料的发放除按限额领料单中确定的数量发放外，还应做到在指定的料场清底使用。

对混凝土、砂浆所使用的砂、石，既可以按配合比进行计量控制发放，也可以按混凝土、砂浆不同强度等级的配合比，分盘计算发料的实际数量，并做好分盘记录和办理领发料手续。

2）主要材料

主要材料如水泥、钢材、木材等。主要材料一般是库房发材料或是在指定的露天料场和大棚内保管存放，由专职人员办理领发手续。主要材料的发放要凭限额领料单（任务书）、有关的技术资料和使用方案办理领发料手续。

例如水泥的发放，除应根据限额领料单签发的工程量、材料的规格、型号及定额数量外，还要凭混凝土、砂浆的配合比进行发放。另外应视工程量的大小，需要分期分批发放时要做好领发记录。水泥领发料记录见表 7-10 所列。

水泥领发料记录 **表 7-10**

施工班组________ 楼（栋）号________ ____年___月___日

料单编号	工程项目	领出				回收			
		袋装		散装	领用人	日期	好袋	破袋	退还人
		好袋	破袋						

主管________ 材料员________

3）成品及半成品

成品及半成品如混凝土构件、门窗、铁件及成型钢筋等材料。这些材料一般是在指定的场地和大棚内存放，由专职人员管理和发放。发放时依据限额领料单及工程进度，办理领发手续。

（3）现场材料发放中应注意的问题

针对现场材料管理的薄弱环节，应做好以下几方面工作：

1）提高材料人员的业务素质和管理水平，熟悉工程概况、施工进度计划、材料性能及工艺要求等，便于配合施工生产。

2）根据施工生产需要，按照国家计量法规定，配备足够的计量器具，严格执行材料进场及发放的计量检测制度。

3）在材料发放过程中，认真执行定额用料制度，核实工程量、材料的品种、规格及定额用量，以免影响施工生产。

4）严格执行材料管理制度，大堆材料清底使用，水泥早进早发，装修材料按计划配套发放，以免造成浪费。

5）加强施工过程中材料管理，采取各项技术措施节约材料。

2. 限额领料的方法

（1）限额领料的方式

限额领料是依据材料消耗定额，有限制地供应材料的一种方法。就是指工程项目在建设施工时，必须把材料的消耗量控制在操作项目的消耗定额之内。限额领料主要有以下四种方式。

1）按分项工程限额领料

按分项工程限额领料是按分项工程、分工种对工人班组实行限额领料，如按钢筋绑扎、混凝土浇筑、墙体砌筑、墙地面抹灰。其优点是实施用料限额的范围小，责任明确，利益直接，便于操作和管理。缺点是容易出现班组在操作中考虑自身利益而不顾与下道工序的衔接，以致影响整体工程或承包范围的总体用料效果。

2）按分层分段限额领料

按工程施工段或施工层对混合队或扩大的班组限定材料消耗数量，按段或层进行考核，这种方法是在分项工程限额领料的基础上进行了综合。其优点是对限额使用者直接、形象，较为简便易行，但要注意综合定额的科学性和合理性，该种方式尤其适合于工程按流水作业划分施工段的情况。

3）按工程部位限额领料

以施工部位材料总需用量为控制目标，以分承包方为对象实行限额领料。这种做法实际是扩大了的分项工程限额领料。其特点是分承包方内部易于从整体利益出发，有利于工种之间的配合和工序搭接，各班组互创条件，促进节约使用。但这种方法要求分承包方必须具有较好的内部管理能力。

4）按单位工程限额领料

这种做法是扩大了的部位限额领料方法。其限额对象是以项目经理部或分包单位为对象，以单位工程材料总消耗量为控制目标，从工程开始到完成为考核期限。其优点是工程项目材料消耗整体上得到了控制，但因考核期过长。应与其他几种限额领料方式结合起来，才能取得较好效果。

（2）限额领料的依据和实施程序

限额领料的依据主要有三个，一是材料消耗定额，二是材料使用者承担的工程量或工作量，三是施工中必须采取的技术措施。由于材料消耗定额是在一般条件下确定的，在实际操作中应根据具体的施工方法、技术措施及不同材料的试配翻样资料来确定限额领料的数量。

限额领料的实施操作程序分为以下七个步骤。

1）限额领料单的签发

采用限额领料单或其他形式，根据不同用料者所承担的工程项目和工程量，查阅相应操作项目的材料消耗定额，同时考虑该项目所需采取的技术节约措施，计算限额用料的品种和数量，填写限额领料单或其他限额凭证。

2）限额领料单的下达

将限额领料单下达到材料使用者生产班组并进行限额领料的交底，讲清楚使用部位、完成的工程量及必须采取的技术节约措施，提示相关注意事项。

3）限额领料单的应用

材料使用者凭限额领料单到指定的部门领料，材料管理部门在限额内发放材料，每次领发数量和时间都要做好记录，互相签认。材料成本管理、材料采购管理等环节，也可利用限额领料单开展本业务工作，因此限额领料单可一式多份，同时发放至相关业务环节。

4）限额领料的检查

在材料使用过程中，对影响材料使用的因素要进行检查，帮助材料使用者正确执行定额，合理使用材料。检查的内容一般包括：施工项目与限额领料要求的项目的一致性，完成的工程量与限额领料单中所要求的工程量的一致性，操作工艺是否符合工艺规程，限额领料单中所要求的技术措施是否实施，工程项目操作时和完成后作业面的材料是否余缺。

5）限额领料的验收

限额领料单中所要标明的工程项目和工程量完成后，由施工管理、质量管理等人员，对实际完成的工程量和质量情况进行测定和验收，作为核算用工、用料的依据。

6）限额领料的核算

根据实际完成的工程量，核对和调整应该消耗的材料数量，与实际材料使用量进行对比，计算出材料使用量的节约和超耗。

7）限额领料的分析

针对限额领料的核算结果，分析发生材料节约和超耗的原因，总结经验，汲取教训，制定改进措施。如有约定合同，则可按约定的合同，对用料节超进行奖罚兑现。

3. 材料领用的其他方法

限额领料，是在多年的实践中不断总结出的控制现场使用材料的行之有效的方法。但是在具体工作中，它受操作者的熟练程度、材料本身的质量等因素影响，加之由于施工项目管理的方式在实践中不断改革，尤其在与国际惯例衔接和过渡过程中，许多地方已取消了施工消耗定额，给限额领料的开展带来了一定困难。随着项目法施工的不断完善，许多企业和项目开展了不同形式的控制材料消耗的方法，如：包工包料，将材料消耗控制全部交分包管理控制；与分包签订包保合同；定额供应，包干使用等。这些方法在一定时期、一定程度上也取得了较好效果。如根据不同的施工过程，可采取以下材料的供应和控制消耗的方法：

（1）结构施工阶段

1）钢筋加工。与分包或加工班组签订协议，将钢筋的加工损耗给加工班组或分包单位。加工后，根据损耗情况实行奖罚。这种办法可控制钢筋加工错误，促使操作者合理利用、综合下料，降低消耗。

2）混凝土。按图纸上算出的工程量与混凝土供应单位进行结算，这种办法可控制混凝土在供应过程的亏量。

3）模板及转料具。确定周转次数和损耗量与分包单位或班组签订包保合同。

4）其他材料。在领料时，由工程部门协助控制数量。由工程主管人员签字后，材料部门方可发料。

在施工过程中结合现场文明施工管理，采取跟踪检查。检查施工人员是否按规定的技术规范进行操作，有无大材小用等浪费现象；检查是否按技术部门制定的节约措施执行及执行效果；检查使用者是否做到了工完场清，活完脚下清，各种材料清底使用。

（2）装饰施工阶段

采取“样板间控制法”。由于现场各工程在装饰阶段都制作了样板间或样板墙。在制作样板间或样板墙时，物资管理人员可跟踪全过程，根据所测的材料实际使用数量和合理损耗，可以房间或分项工程为单位，编制装饰工程阶段的材料消耗定额。根据工程部门签发的施工任务书，进行限额领料。

4. 材料使用监督制度

材料使用监督制度，就是保证材料在使用过程中能合理地消耗，充分发挥其最大效用的制度。

（1）材料使用监督的内容

1）监督材料在使用中是否按照材料的使用说明和材料做法的规定操作；

2）监督材料在使用中是否按技术部门制定的施工方案和工艺进行；

3）监督材料在使用中操作人员有无浪费现象；

4）监督材料在使用中操作人员是否做到工完场清、活完脚下清。

（2）材料使用监督的方法

1）采用实践证明有效的供料方式，如限额领料或其他方式，控制现场消耗。

2）采用“跟踪管理”方法，将物资从出库到运输到消耗全过程跟踪管理，保证材料在各个阶段处于受控状态。

3）通过使用过程中的检查，查看操作者在使用过程中的使用效果，及时调整相应的方法和进行奖罚。

材料现场的使用监督要提倡管理监督和自我监督相结合的方式，充分调动监督对象的自我约束、自我控制，在保证质量前提下，充分发挥相关管理、操作人员降低消耗的积极性，才能取得使用监督的实效。

（四）现场机具设备和周转材料管理

1. 现场机具设备的管理

本节所指现场机具设备包括现场施工所需各类设施、仪器、工具，其管理是施工项目资源管理中重要的组成部分。通常将价值较低，操作较简单的称为机具（或称工具，如手电钻、搬子、油刷等），将价值较高，操作较复杂（操作人员需持特殊上岗资格证）的称为设备（如吊车、卷扬机等）。

（1）机具设备管理的意义

机具设备是人们用以改变劳动对象的手段，是生产力中的重要组成要素。机具管理的实质是使用过程中的管理，是在保证适用的基础上延长机具的使用寿命，使之能更长时间地发挥作用。机具管理是施工企业材料管理的组成部分，机具管理的好坏，直接影响施工能否顺利进行，影响着劳动生产率和成本的高低。

机具设备管理的主要任务是：

1）及时、齐备地向施工班组提供优良、适用的施工机具设备，积极推广和采用先进设备，保证施工生产，提高劳动效率。

2）采取有效的管理办法，加快机具设备的周转，延长其使用寿命，最大限度地发挥机具设备效能。

3）做好施工机具设备的收、发、保管和保养维修工作，防止机具设备损坏，节约机具设备费用。

（2）机具设备的分类

施工机具设备不仅品种多，而且用量大。因此，搞好机具管理，对提高企业经济效益也很重要。为了便于管理，将机具设备按不同内容进行分类。

1）按机具设备的价值和使用期划分

按机具设备的价值和使用期划分，施工设备可分为固定资产设备，低值易耗机具和消耗性机具三类。

① 固定资产机具设备

固定资产设备是指使用年限1年以上，单价在规定限额（一般为2000元）以上的机具设备，如塔吊、搅拌机、测量用的水准仪等。

② 低值易耗机具

低值易耗机具是指使用期或价值低于固定资产标准的机具设备，如手电钻、灰槽、苫布、搬子、灰桶等。这类机具量大繁杂，约占企业生产机具总价值的60%以上。

③ 消耗性机具

消耗性设备是指价值较低，使用寿命很短，重复使用次数很少且无回收价值的设备，如扫帚、油刷、锹把、锯片等。

2）按使用范围划分

按使用范围划分，施工机具设备可分为专用机具和通用机具两类。

① 专用机具

专用机具是指为某种特殊需要或完成特定作业项目所使用的机具，如量卡具、根据需要而自制或定购的非标准机具等。

② 通用机具

通用机具是指使用广泛的定型产品，如各类扳手、钳子等。

3）按使用方式和保管范围划分

按使用方式和保管范围划分，施工机具可分为个人随手机具和班组共用机具两类。

① 个人随手机具

个人随手机具是指在施工生产中使用频繁，体积小便于携带而交由个人保管的机具，如瓦刀、抹子等。

② 班组共用机具

班组共用机具是指在一定作业范围内为一个或多个施工班组共同使用的机具。它包括两种情况：一是在班组内共同使用的机具，如胶轮车、水桶等；二是在班组之间或工种之间共同使用的机具，如水管、搅灰盘、磅秤等。前者一般固定给班组使用并由班组负责保管；后者按施工现场或单位工程配备，由现场材料人员保管；计量器具则由计量部门统管。

另外，按机具的性能分类，有电动机具、手动机具两类。按使用方向划分，有木工机具、瓦工机具、油漆机具等。按机具的产权划分有自有机具、借入机具、租赁机具。机具设备分类的目的是满足某一方面管理的需要，便于分析机具设备管理动态，提高机具设备管理水平。

（3）机具设备管理的内容

1）储存管理

机具设备验收入库后应按品种、质量、规格、新旧残废程度分开存放。同样的机具设备不得分存两处，成套的机具设备不得拆开存放，不同的机具设备不得叠压存放。制定机具设备的维护保养技术规程，如防锈、防刃口碰伤、防易燃物品自燃、防雨淋和日晒制度等。对损坏的机具设备及时修复，延长机具设备的使用寿命，使之处于随时可投入使用的状态。

2）发放管理

按机具设备费定额发出的机具设备，要根据品种、规格、数量、金额和发出日期登记入账，以便考核班组执行机具设备费定额的情况。出租或临时借出的机具设备，要做好详细记录并办理有关租赁或借用手续，以便按期、按质、按量归还。坚持“交旧领新”、“交旧换新”和“修旧利废”等行之有效的制度，做好废旧机具设备的回收、修理工作。

3）使用管理

根据不同机具设备的性能和特点制定相应的机具设备使用技术规程、机具设备维修及保养制度。监督、指导班组按照机具设备的用途和性能合理使用。

（4）机具设备管理的方法

由于施工机具设备具有多次使用、在劳动生产中能长时间发挥作用等特点，因此，机具设备管理的实质是使用过程中的管理，是在保证生产使用的基础上延长机具设备使用寿命的管理。机具设备管理的方法主要有租赁管理、定包管理、机具设备津贴管理、临时借用管理等方法。

1）设备租赁管理方法

设备租赁是在一定的期限内，设备的所有者在不改变所有权的条件下，有偿地向使用者提供设备的使用权，双方各自承担一定义务的一种经济关系。设备租赁的管理方法适合于除消耗性设备和实行设备费补贴的个人随手设备以外的所有设备品种，如塔吊、挖掘机等。

企业对生产设备实行租赁的管理方法，需进行以下几步工作：

① 建立正式的设备租赁机构。确定租赁设备的品种范围，制定有关规章制度，并设专人负责办理租赁业务。班组亦应指定专人办理租用、退租及赔偿事宜。

② 测算租赁单价。租赁单价或按照设备的日摊销费确定的日租金额，计算公式如下：

$$\text{某种设备的日租金(元)} = \frac{\text{该种设备的原值} + \text{采购、维修、管理费}}{\text{使用天数}} \tag{7-4}$$

式中　采购、维修、管理费——按设备原值的一定比例计数，一般为原值的1%～2%；

使用天数——可按本企业的历史水平计算。

③ 设备出租者和使用者签订租赁协议或合同。协议的内容及格式，见表7-11所列。

设备租赁协议 表 7-11

根据××××工程施工需要，租方向供方租用如下一批设备。

名 称	规 格	单 位	需用数	实租数	备 注

租用时间：自____年____月____日起至____年____月____日止，租金标准、结算办法、有关责任事项均按租赁管理办法执行。

本合同一式____份（双方管理部门____份，财务部门____份），双方签字盖章生效，退租结算清楚后本租赁协议失效。

租用单位________ 供应单位________

负 责 人________ 负 责 人________

____年____月____日 ____年____月____日

④ 根据租赁协议，租赁部门应将实际出租设备的有关事项登入租金结算台账。租金结算台账见表 7-12 所列。

设备租金结算明细表 表 7-12

施工单位________ 单位工程名称________

设备名称	规 格	单 位	租用数量	计费时间		计费天数	租金计算（元）	
				起	止		每日	合计

租用单位________ 负责人________ 供应单位________ 负责人________

____年____月____日

⑤ 租赁期满后，租赁部门根据租金结算台账填写租金及赔偿结算单。如有发生设备的损坏、丢失，将丢失损坏金额一并填入该单“赔偿栏”内。结算单中合计金额应等于租赁费和赔偿费之和。租金及赔偿结算单见表 7-13 所列。

租金及赔偿结算单 表 7-13

合同编号________ 本单编号________

设备名称	规格	单位	租金			赔偿费						合计金额
			租用天数	日租金	租赁费	原值	损坏量	赔偿比例	丢失量	赔偿比例	金额	

制表________ 材料主管________ 财务主管________

⑥ 班组用于支付租金的费用来源是定包设备费收入和固定资产设备及大型低值设备的平均占用费。公式如下：

班组租赁费收入 = 定包设备费收入 + 固定资产设备和大型低值设备平均占用费 (7-5)

某种固定资产设备和大型低值设备平均占用费 = 该种设备分摊额 × 月利用率(%) (7-6)

班组所付租金，从班组租赁费收入中核减，财务部门查收后，作为班组设备费支出，计入工程成本。

2）设备定包管理办法

设备定包管理是“生产设备定额管理、包干使用”的简称，是指施工企业对班组自有或个人使用的生产设备，按定额数量配给，由使用者包干使用，实行节奖超罚的管理方法。

设备定包管理，一般在瓦工组、抹灰工组、木工组、油漆组、电焊工组、架子工组、水暖工组、电工组实行。实行定包管理的设备品种范围，可包括除固定资产设备及实行个人设备费补贴的随手设备以外的所有设备。

班组设备定包管理是按各工种的设备消耗，对班组集体实行定包。实行班组设备定包管理，需进行以下几步工作：

① 实行定包的设备，所有权属于企业。企业材料部门指定专人为设备定包员，专门负责设备定包的管理工作。

② 测定各工种的设备费定额。定额的测定，由企业材料管理部门负责，分三步进行：

A. 在向有关人员调查的基础上，查阅不少于两年的班组使用设备资料。确定各工种所需设备的品种、规格、数量，并以此作为各工种的标准定包设备。

B. 分别确定各工种设备的使用年限和月摊销费，月摊销费的公式如下：

$$\text{某种设备的月摊销费} = \frac{\text{该种设备的单价}}{\text{该种设备的使用期限(月)}} \tag{7-7}$$

式中　设备的单价——采用企业内部不变价格，以避免因市场价格的经常波动，影响设备费定额；

设备的使用期限——可根据本企业具体情况凭经验确定。

C. 分别测定各工种的日设备费定额，公式如下：

$$\text{某工种人均日设备费定额} = \frac{\text{该工种全部标准定包设备月摊销费总额}}{\text{该工种班组额定人数} \times \text{月工作日}} \tag{7-8}$$

式中　班组额定人数——由企业劳动部门核定的某工种的标准人数；

月工作日——按22天计算。

③ 确定班组月度定包设备费收入，公式如下：

$$\text{某工种班组月度定包设备费收入} = \text{班组月度实际作业工日} \times \text{该工种人均日设备费定额} \tag{7-9}$$

班组设备费收入可按季或按月，以现金或转账的形式向班组发放，用于班组向企业使用定包设备的开支。

④ 企业基层材料部门，根据工种班组标准定包设备的品种、规格、数量，向有关班组发放设备。班组可按标准定包数量足量领取，也可根据实际需要少领。自领用日起，按班组实领设备数量计算摊销，使用期满以旧换新后继续摊销。但使用期满后能延长使用时间的设备，应停止摊销收费。凡因班组责任造成的设备丢失和因非正常使用造成的损坏，由班组承担损失。

⑤ 实行设备定包的班组需设立兼职设备员，负责保管设备，督促组内成员爱护设备和记载保管手册。

零星机具设备可按定额规定使用期限，由班组交给个人保管，丢失赔偿。

班组因生产需要调动工作，小型设备自行搬运，不报销任何费用或增加工时，班组确属无法携带需要运输车辆时，由公司出车运送。

企业应参照有关设备修理价格，结合本单位各工种实际情况，制定设备修理取费标准及班组定包设备修理费收入，这笔收入可记入班组月度定包设备费收入，统一发放。

⑥ 班组定包设备费的支出与结算。此项工作分三步进行：

A. 根据班组设备定包及结算台账，按月计算班组定包设备费支出，公式如下：

$$\text{某工种班组月度定包设备费支出} = \sum_{i=1}^{n}(\text{第} i \text{种设备数} \times \text{该种设备的日摊销费}) \times \text{班组月度实际作业天数} \quad (7\text{-}10)$$

$$\text{某种设备的日摊销费} = \frac{\text{该种设备的月摊销费}}{22\text{天}} \quad (7\text{-}11)$$

B. 按月或按季结算班组定包设备费收支额，公式如下：

某工种班组月度定包设备费收支额

= 该工种班组月度定包设备费收入 − 月度定包设备费支出 − 月度租赁费用 − 月度其他支出 (7-12)

式中 租赁费——若班组已用现金支付，则此项不计；

其他支出——包括应扣减的修理费和丢失损失费。

C. 根据设备费结算结果，填制设备定包结算单。设备定包结算单见表 7-14 所列。

设备定包结算单 **表 7-14**

班组名称________ 工种________

月 份	设备费收入（元）	设备费支出（元）					盈亏金额（元）	奖罚金额（元）
		小计	定包支出	租赁费	赔偿费	其他		

制表________ 班组________ 财务________ 主管________

⑦ 班组机具设备费结算若有盈余，为班组机具设备节约，盈余额可全部或按比例，作为机具设备节约奖，归班组所有；若有亏损，则由班组负担。企业可将各工种班组实际的定包机具设备费收入，作为企业的机具设备费开支，记入工程成本。

企业每年年终应对机具设备定包管理效果进行总结分析，找出影响因素，提出有针对性的处理意见。

⑧ 其他机具设备的定包管理方法

A. 按分部工程的机具设备使用费，实行定额管理、包干使用的管理方法。它是实行栋号工程全面承包或分部、分项承包中机具设备费按定额包干，节约有奖、超支受罚的机具设备管理办法。

承包者的机具设备费收入按机具设备费定额和实际完成的分部工程量计算；机具设备费支出按实际消耗的机具设备摊销额计算。其中各个分部工程机具设备使用费，可根据班组机具设备定包管理方法中的人均日机具设备费定额折算。

B. 按完成百元工作量应耗机具设备费实行定额管理、包干使用的管理方法。这种方法是先由企业分工种制定万元工作量的机具设备费定额，再由工人按定额包干，并实行节奖超罚。

机具设备领发时采取计价“购买”或用“代金成本票”支付的方式，以实际完成产值与万元机具设备定额计算节约和超支。机具设备费万元定额要根据企业的具体条件而定。

3）对外包队使用机具设备的管理方法

① 凡外包队使用企业机具设备者，均不得无偿使用，一律执行购买和租赁的办法。外包队领用机具设备时，必须由企业劳资部门提供有关详细资料，包括：外包队所在地区出具的证明、人数、负责人、工种、合同期限、工程结算方式及其他情况。

② 对外包队一律按进场时申报的工种颁发机具设备费。施工期内变换工种的，必须在新工种连续操作 25 天，方能申请按新工种发放机具设备费。

外包队机具设备费发放的数量，可参照班组机具设备定包管理中某工种班组月度定包机具设备费收入的方法确定。两者的区别是，外包队的人均日机具设备费定额，需按照机具设备的市场价格确定。

外包队的机具设备费随企业应付工程款一起发放。

③ 外包队使用企业设备的支出。采取预扣设备款的方法，并将此项内容列入设备承包合同。预扣设备款的数量，根据所使用设备的品种、数量、单价和使用时间进行预计，公式如下：

$$\text{预扣设备款总额} = \sum_{i=1}^{n}(\text{第 } i \text{ 种设备日摊销费} \times \text{该种设备使用数量} \times \text{预计租用天数}) \tag{7-13}$$

$$\text{某种设备的日摊销费} = \frac{\text{该种设备的市场采购价}}{\text{使用期限(天)}} \tag{7-14}$$

④ 外包队向施工企业租用机具设备的具体程序

A. 外包队进场后由所在施工队工长填写机具设备租用单，经材料员审核后，一式三份（外包队、材料部门、财务部门各一份）。

B. 财务部门根据机具设备租用单签发预扣机具设备款凭证，一式三份（外包队、财务部门、劳资部门各一份）。

C. 劳资部门根据预扣机具设备款凭证按月分期扣款。

D. 工程结束后，外包队需按时归还所租用的机具设备，将材料员签发的实际机具设备租赁费凭证，与劳资部门结算。

E. 外包队领用的小型易耗机具，领用时一次性计价收费。

F. 外包队在使用机具设备期内，所发生的机具设备修理费，按现行标准付修理费，从预扣工程款中扣除。

G. 外包队丢失和损坏所租用的机具设备，一律按机具设备的现行市场价格赔偿，并从工程款中扣除。

H. 外包队退场时，如果料具手续不清，劳资部门不准结算工资，财务部门可不付款。

4）机具津贴管理法

机具津贴管理法是指对于个人使用的随手工具，由个人自备，企业按实际作业的工日发给设备管理费的管理方法。这种管理方法使工人有权自选顺手工具，有利于加强工具设备维护保养，延长工具设备的使用寿命。

① 适用范围

施工企业的瓦工、木工、抹灰工等专业工种。

② 确定设备津贴费标准

根据一定时期的施工方法和工艺要求，确定随手工具的范围和数量，然后测算分析这部分工具的历史消耗水平，在这个基础上，制定分工种的作业工日个人工具津贴费标准。再根据每月实际作业工日，发给个人工具津贴费。

凡实行个人工具津贴费的工具，单位不再发给施工中需用的这类工具，由个人负责购买、维修和保管。丢失、损坏由个人负责。学徒工在学徒期不享受工具津贴，由企业一次性发给需用的生产工具。学徒期满后，将原领工具按质折价卖给个人，再享受工具津贴。

2. 周转材料的管理

（1）周转材料的概念

周转材料是指在施工生产过程中可以反复使用，并能基本保持其原有形态而逐渐转移其价值的材料。就其作用而言，周转材料应属于工具，在使用过程中不构成建筑产品实体，而是在多次反复使用中逐步磨损与消耗。因其在预算取费与财务核算上均被列入材料项目，故称之为周转材料。如浇筑混凝土构件所需的模板和配件、施工中搭设的脚手架及其附件等。

周转材料与一般建筑材料相比，价值周转方式（价值的转移方式和价值的补偿方式）不同。建筑材料的价值是一次性全部转移到建筑产品价格中，并从销售收入中得到补偿；而周转材料却不同，它能在建筑施工过程中多次反复使用，并不改变其本身的实物形态，直至完全丧失其使用价值、损坏报废时为止。它的价值转移是根据其在施工过程中损耗程度，逐步转移到产品价格中，成为建筑产品价值的组成部分，并从建筑产品的销售收入中逐步得到补偿。

在一些特殊情况下，由于受施工条件限制，有些周转材料也是一次性消耗的，其价值也就一次性地转移到工程成本中去，如大体积混凝土浇筑时所使用的钢支架等在浇筑完成后无法取出、钢板桩由于施工条件限制无法拔出、个别模板无法拆除等。也有些因工程的特殊要求而加工制作的非规格化的特殊周转材料，只能使用一次。这些情况虽然核算要求与材料性质相同，实物也做销账处理，但也必须做好残值回收，以减少损耗，降低工程成本。因此，搞好周转材料的管理，对施工企业来讲是一项至关重要的工作。

（2）周转材料的分类

1）按材质属性划分

按材质属性的不同，周转材料可分为钢制品、木制品、竹制品及胶合板四类。

① 钢制品：如定型组合钢模板、钢管脚手架及其配件等。

② 木制品：如木模板、木脚手架及脚手板、木挡土板等。

③ 竹制品：如竹脚手架、竹跳板等。

④ 胶合板：如胶合大模板。

2）按使用对象划分

按使用对象的不同，周转材料可分为混凝土工程用周转材料、结构及装修工程用周转材料和安全防护用周转材料三类。

① 混凝土工程用周转材料：如钢模板、木模板等。

② 结构及装修工程用周转材料：如脚手架、跳板等。

③ 安全防护用周转材料：如安全网、挡土板等。

3）按施工生产过程中的用途划分

按其在施工生产过程中的用途不同，周转材料可分为模板、挡板、架料和其他四类。

① 模板：指浇筑混凝土构件所需的模板，如木模板、钢模板及其配件。

② 挡板：指土方工程中的挡板，如挡土板及其支撑材料。

③ 架料：指搭设脚手架所用材料，如木脚手架、钢管脚手架及其配件等。

④ 其他：指除以上各类之外，作为流动资产管理的其他周转材料，如塔吊使用的轻轨、安全网等。

(3) 周转材料管理的任务

1）根据施工生产需要，及时、配套地提供适量和适用的各种周转材料。

2）根据不同种类周转材料的特点建立相应的管理制度和办法，加速周转，以较少的投入发挥最大的效能。

3）加强维修保养，延长使用寿命，提高使用的经济效果。

(4) 周转材料管理的内容

1）使用管理：是指为了保证施工生产正常进行或有助于建筑产品的形成而对周转材料进行拼装、支搭以及拆除的作业过程管理。

2）养护管理：是指例行养护，包括除去灰垢、涂刷防锈剂或隔离剂，以使周转材料处于随时可投入使用状态的管理。

3）维修管理：是指对损坏的周转材料进行修复，使其恢复或部分恢复原有功能的管理。

4）改制管理：是指对损坏且不可修复的周转材料，按照使用和配套要求改变外形（如大改小、长改短）的管理。

5）核算管理：是指对周转材料的使用状况进行反映与监督，包括会计核算、统计核算和业务核算三种核算方式。会计核算主要反映周转材料投入和使用的经济效果及其摊销状况，它是资金（货币）的核算；统计核算主要反映数量规模、使用状况和使用趋势，它是数量的核算；业务核算是材料部门根据实际需要和业务特点而进行的核算，它既有资金的核算，也有数量的核算。

(5) 周转材料的管理方法

周转材料的管理方法主要有租赁管理、费用承包管理、实物量承包管理等。

1）租赁管理

① 租赁的概念

租赁是指在一定期限内，产权的拥有方向使用方提供材料的使用权，但不改变所有权，双方各自承担一定的义务，履行契约的一种经济关系。

实行租赁制度必须将周转材料的产权集中于企业进行统一管理，这是实行租赁制度的前提条件。

② 租赁管理的内容

A. 周转材料费用测算

应根据周转材料的市场价格变化及摊销额度要求测算租金标准，并使之与工程周转材料费用收入相适应。其测量方法如下式所示：

$$日租金=(月摊销费+管理费+保养费)\div 月度日历天数 \tag{7-15}$$

式中　管理费和保养费——均按周转材料原值的一定比例计取，一般不超过原值的2%。

B. 签订租赁合同

在合同中应明确以下内容：

a. 租赁的品种、规格、数量，附有租用品明细表以便查核；

b. 租用的起止日期、租用费用以及租金结算方式；

c. 规定使用要求、质量验收标准和赔偿办法；

d. 双方的责任和义务；

e. 违约责任的追究和处理。

C. 考核租赁效果

租赁效果应通过考核出租率、损耗率、周转次数等指标进行评定，针对出现的问题，采取措施提高租赁管理水平。

a. 出租率：

$$某种周转材料的出租率=\frac{期内平均出租数量}{期内平均拥有量}\times 100\% \tag{7-16}$$

$$期内平均出租数量=\frac{期内租金收入(元)}{期内单位租金(元)} \tag{7-17}$$

式中　期内平均拥有量——以天数为权数的各阶段拥有量的加权平均值。

b. 损耗率：

$$某种周转材料的损耗率=\frac{期内损耗量总金额(元)}{期内出租数量总金额(元)}\times 100\% \tag{7-18}$$

c. 周转次数（主要考核组合钢模板）：

$$年周转次数(次/年)=\frac{期内钢模支模面积}{期内钢模平均拥有量} \tag{7-19}$$

③ 租赁管理方法

A. 周转材料的租用

项目确定使用周转材料后，应根据使用方案制定需要计划，由专人向租赁部门签订租赁合同，并做好周转材料进入施工现场的各项准备工程中，如整理存放及拼装场地等。租赁部门必须按合同保证配套供应并登记周转材料租赁台账，周转材料租赁台账见表7-15所列。

周转材料租赁台账 **表 7-15**

租用单位＿＿＿＿＿＿＿＿ 工程名称＿＿＿＿＿＿＿＿

租用日期	名 称	规格型号	计量单位	租用数量	合同终止日期	合同编号

B. 周转材料的验收和赔偿

租赁部门应对退库周转材料进行数量及外观质量验收。如有丢失损坏应由租用单位按照租赁合同规定进行赔偿。赔偿标准一般按以下原则进行：对丢失或严重损坏（指不可修复的，如管体有死弯，板面严重扭曲）按原值的50%赔偿；一般性损坏（指可修复的，如板面打孔、开焊等）按原值的30%赔偿；轻微损坏（指不需使用机械，仅用手工即可修复的）按原值的10%赔偿。

租用单位退租前必须清理租赁物品上的灰垢，确保租赁物品干净，为验收创造条件。

C. 结算

租金的结算期限一般自提运的次日起至退租之日止，租金按日历天数考核，逐日计取，按月结算。租用单位实际支付的租赁费用包括租金和赔偿费两项。

$$租赁费用 = \sum(租用数量 \times 相应日租金 \times 租用天数 + 丢失损坏数量 \times 相应原值 \times 相应赔偿率) \quad (7\text{-}20)$$

根据结算结果由租赁部门填制租金及赔偿结算单。

为简化核算工作也可不设周转材料租赁台账，而直接根据租赁合同进行结算。但要加强合同的管理，严防遗失，以免错算和漏算。

2）费用承包管理

① 费用承包管理的概念

周转材料的费用承包管理是指以单位工程为基础，按照预定的期限和一定的方法测定一个适当的费用额度交由承包者使用，实行节奖超罚的管理。它是适应项目管理的一种管理形式，也可以说是项目管理对周转材料管理的要求。

② 周转材料承包费用的确定

A. 周转材料承包费用的收入

承包费用的收入即承包者所接受的承包额。承包额有两种确定方法，一种是扣额法，另一种是加额法。扣额法是指按照单位工程周转材料的预算费用收入，扣除规定的成本降低额后的费用；加额法是指根据施工方案所确定的使用数量，结合额定周转次数和计划工期等因素所限定的实际使用费用，加上一定的系数额作为承包者的最终费用收入。所谓系数额是指一定历史时期的平均耗费系数与施工方案所确定的费用收入的乘积。

承包费用收入的计算公式如下：

$$扣额法费用收入 = 预算费用收入 \times (1 - 成本降低率\ \%) \quad (7\text{-}21)$$

$$加额法费用收入 = 施工方案确定的费用收入 \times (1 + 平均耗费系数) \quad (7\text{-}22)$$

$$平均耗费系数 = \frac{实际耗用量 - 定额耗用量}{实际耗用量} \quad (7\text{-}23)$$

B. 周转材料承包费用的支出

承包费用的支出是在承包期限内所支付的周转材料使用费（租金）、赔偿费、运输费、二次搬运费以及支出的其他费用之和。

③ 费用承包管理的内容

A. 签订承包协议

承包协议是对承、发包双方的责、权、利进行约束的内部法律文件。一般包括工程概况、应完成的工程量、需用周转材料的品种、规格、数量及承包费用、承包期限、双方的责任与权力、不可预见问题的处理以及奖罚等内容。

B. 承包额的分析

a. 分解承包额。承包额确定之后，应进行大概的分解。以施工用量为基础将其还原为各个品种的承包费用。例如将费用分解为钢模板、焊管等品种所占的份额。

b. 分析承包额。在实际工作中，常常是不同品种的周转材料分别进行承包，或只承包某一品种的费用，这就需要对承包效果进行预测，并根据预测结果提出有针对性的管理措施。

c. 周转材料进场前的准备工作

根据承包方案和工程进度认真编制周转材料的需用计划，注意计划的配套性（如周转材料品种、规格、数量及时间的配套），要留有余地，不留缺口。

根据配套数量同企业租赁部门签订租赁合同，积极组织材料进场并做好进场前的各项准备工作，包括选择、平整存放和拼装场地、开通道路等，对现场狭窄的地方应做好分批进场的时间安排，或事先另选存放场地。

④ 费用承包效果的考核

承包期满后要对承包效果进行严肃认真的考核、结算和奖罚。

承包的考核和结算是将承包费用收、支对比，出现盈余为节约，反之为亏损。如实现节约应对参与承包的有关人员进行奖励。可以按节约额进行全额奖励，也可以扣留一定比例后再予奖励。奖励对象应包括承包班组、材料管理人员、技术人员和其他有关人员。按照各自的参与程度和贡献大小分配奖励份额。如出现亏损，则应按与奖励对等的原则对有关人员进行罚款。费用承包管理方法是目前普遍实行的项目经理责任制中较为有效的方法，企业管理人员应不断探索有效的管理措施，提高承包经济效果。

提高承包经济效果的基本途径有两条：

A. 在使用数量既定的条件下努力提高周转次数。

B. 在使用期限既定的条件下努力减少占用量。同时应减少丢失和损坏数量，积极实行和推广组合钢模的整体转移，以减少停滞、加速周转。

3）实物量承包管理

① 实物量承包管理的概念

周转材料实物量承包管理是指项目班子或施工队根据使用方案按定额数量对班组配备周转材料，规定损耗率，由班组承包使用，实行节奖超罚的管理办法。周转材料实物量承包的主体是施工班组，也称班组定包。

实物量承包是费用承包的深入和继续，是保证费用承包目标值的实现和避免费用承包出现断层的管理措施。

② 定包数量的确定

以组合钢模为例，说明定包数量的确定方法。

A. 模板用量的确定

根据费用承包协议规定的混凝土工程量编制模板配模图，据此确定模板计划用量，加上一定的损耗量即为交由班组使用的承包数量。计算公式如下：

$$\text{模板定包数量} = \text{计划用量} \times (1 + \text{定额损耗率}) \tag{7-24}$$

式中 定额损耗率——一般不超过1%。

B. 零配件用量的确定

零配件定包数量根据模板定包数量来确定。每万平方米模板零配件的用量分别为：

U形卡：14万件；插销：30万件；内拉杆：1.2万件；外拉杆：2.4万件；三型扣件：3.6万件；勾头螺栓：1.2万件；紧固螺栓：1.2万件。

$$\text{零配件定包数量} = \text{计划用量} \times (1 + \text{定额损耗率}) \tag{7-25}$$

$$\text{计划用量} = \frac{\text{模板定包量}}{10000} \times \text{相应配件用量} \tag{7-26}$$

③ 定包效果的考核和核算

定包效果的考核主要是损耗率的考核，即用定额损耗量与实际损耗量相比。如有盈余为节约，反之为亏损。如实现节约则全额奖给定包班组，如出现亏损则由班组赔偿全部亏损金额。计算公式如下：

$$\text{奖}(+)\text{罚}(-)\text{金额} = \text{定包数量} \times \text{原值} \times (\text{定额损耗率} - \text{实际损耗率}) \tag{7-27}$$

$$\text{实际损耗率} = \frac{\text{实际损耗数量}}{\text{定包数量}} \times 100\% \tag{7-28}$$

根据定包及考核结果，对定包班组兑现奖罚。

4）周转材料租赁、费用承包和实物量承包三者间的关系

周转材料的租赁、费用承包和实物量承包是三个不同层次的管理，是有机联系的统一整体。实行租赁办法是企业对工区或施工队所进行的费用控制和管理；实行费用承包是工区或施工队对单位工程或承包标段所进行的费用控制和管理；实行实物量承包是单位工程或承包标段对使用班组所进行的数量控制和管理，这样便形成了既有不同层次、不同对象的，又有费用的和数量的综合管理体系。降低企业周转的费用消耗，应该同时搞好三个层次的管理。

限于企业的管理水平和各方面的条件，作为管理初步，可于三者之间任择其一。如果实行费用承包则必须同时实行实物量承包，否则费用承包易出现断层，出现“以包代管”的状况。

（6）几种常用周转材料的管理

1）组合钢模板的管理

① 组合钢模板的组成

组合钢模板是考虑模板各种结构尺寸的使用频率和装拆效率，采用模数制设计的，能与《建筑统一模数制》和《厂房建筑统一化基本规则》的规定相适应，同时还考虑了长度和宽度的配合，能任意横竖拼装，这样既可以预先拼成大型模板，整体吊装，也可以按工程结构物的大小及其几何尺寸就地拼装。组合钢模板的特点是接缝严密，灵活性好，配备标准，通用性强，自重轻，搬运方便，在建筑业得到广泛运用。

组合钢模板主要由钢模板和配套件两部分构成，其中钢模板视其不同使用部位，又分为平面模板、转角模板、梁腋模板、搭接模板等。

平面模板用于基础、墙体、梁、柱和板等各类结构的平面部位。适用范围较广，所占比例最大，是模板中使用数量最多的基本模板。

转角模板用于柱与墙体、梁与墙体、梁与楼板及墙体之间的各个转角部位。依其同混凝土结构物接触的不同部位（内角与外角）及其发挥的不同作用，又分为阴角模板、阳角模板、连接角模三种类型。阴角模板适用于与平面模板组成结构物的直角处的内角部位，即用于墙体与墙体、柱与墙体、梁与墙体等之间的转弯凹角的部位。阳角模板适用于与平面模板组成结构物的直角处的外角部位，即用于柱的四角、梁的侧边与底部、墙体与墙体等之间的凸出部位。无论是阴角模板，还是阳角模板，都具有刚度大、不易变形的特点。连接角模（又称之为角条）能起到转角模板的连接作用，主要与平面模板连接，适用于柱模的四角、墙角和梁的侧边与底部之间的外角部位。

组合钢模的配套件分为支承件（以下简称“围令支撑”）与连接件（以下简称“零配件”）两部分。

围令支撑主要用于钢模板纵横向及底部，起支承拉结作用，用以增强钢模板的整体刚度及调整其平直度，也可将钢模板拼装成大块板，以保证在吊运过程中不致产生变形。按其作用不同，又分为围令、支撑两个系统。围令一般主要用ϕ3.81cm焊接管，能与扣件式钢管脚手架的材料通用，也有采用70mm×50mm×3mm和60mm×40mm×2.5mm的方钢管等。支撑主要起支承作用，应具有足够的强度和稳定性，以保证模板结构的安全可靠性。一般用3.81cm或5cm的焊接管制成，也可采用钢桁架结构。钢桁架拆装方便，自重轻，便于操作，跨度可以灵活调节。在广泛推行钢模使用的过程中，各建筑企业因地制宜地创造了不少灵活、简便、便于拆装的钢模支承件。

钢模的零配件，目前使用的有以下几种：

A. U形卡

U形卡（又称万能销或回形卡）是用12mm圆钢采用冷冲法加工而成，用于钢模之间的连接，具有将相邻两块钢模锁住夹紧、保证不错位、接缝严密的作用，使一块块钢模纵横向自由连接成整体。

B. L形插销

L形插销（又称穿销，穿钉）用于钢模板端头横肋板插销孔内，起加固平直作用，以增加横板纵向拼接刚度，保证接头处的板面平整，并可在拆除水平模板时，防止大块掉落。其制作简单，用途较多。

C. 钩头螺栓（弯钩螺栓）和紧固螺栓

钩头螺栓（弯钩螺栓）和紧固螺栓用于钢模板与围令支撑的连接，其长度应与使用的围令支撑的尺寸相适应。

D. 对拉螺栓

对拉螺栓（又称模板拉杆）用于墙板两侧的连接和内外两组模板的连接，以确保拼装的模板在承受混凝土内侧压力时，不至于引起鼓胀，保证其间距的准确和混凝土表面平整，其规格尺寸应根据设计要求与供应条件适当选用。

E. 扣件

扣件是与其他配件一起将钢模板拼成整体的连接件，用于钢模板与围令支撑之间起连接固定的作用。铸钢扣件有直角扣件、回转扣件和对接扣件三种形式。直角扣件（十字扣件），用于连接扣紧两根互相垂直相交的钢管。回转扣件（转向扣件），用于连接扣紧两根任意角度相交的钢管。对接扣件（一字扣件），用于钢管的对接使之接长。

② 组合钢模板的管理形式

组合钢模板使用时间长、磨损小，在管理和使用中通常采用租赁的方法。租赁时进行如下工作：

A. 签订租赁合同。

B. 确定管理部门：一般集中在分公司一级。

C. 核定租赁标准：按日（也可按月、旬）确定各种规格模板及其配件的租赁费。

D. 确定使用中的责任：由使用者负责清理、整修、涂油、装箱等。

E. 奖惩办法的制定。

2）木模板的管理

木模板主要用于混凝土构件的成型，是建筑企业常用的周转材料。木模板的管理形式主要有“四统一”管理法、“四包”管理法、模板专业队管理法。

①“四统一”管理法

设立模板配制车间，负责模板的“统一管理、统一配料、统一制作、统一回收”。工程使用模板时，应事先向模板车间提出计划需用量，由木工车间统一配料制作，发给使用单位。木模板可以多次使用，施工单位负责模板的安装、拆卸、整理，使用完后，由模板车间统一回收整理，计算工程的实际消耗量，正确核算模板摊销费用。

②“四包”管理法

由施工班组“包制作、包安装、包拆除、包回收”。形成制作、安装、拆除相结合的统一管理形式。各道工序互创条件，做到随拆随修，随修随用。

③ 模板专业队管理法

模板工程由专业承包队进行管理，由其负责统一制作、管理及回收，负责安装和拆除，实行节约有奖、超耗受罚的经济包干责任制。

3）脚手架料的管理

脚手架是建筑施工过程中不可缺少的周转材料。脚手架的种类很多，主要有木脚手架、竹脚手架、钢管脚手架、门式脚手架等。

为了加速周转，减少资金占用，脚手架料通常采取租赁管理方式，集中管理和发放，以提高利用率。

为保证脚手架工程的质量和安全，脚手架的构配件应强化进场验收和使用前的检查。

① 新钢管的检查应符合下列规定：

A. 应有产品质量合格证。

B. 应有质量检验报告，钢管材质检验方法应符合现行国家标准《金属材料 拉伸试验 第1部分：室温试验方法》（GB/T 228.1—2010）的有关规定。脚手架钢管宜采用 $\phi 18.3\times 3.6$ 的 Q235 普通焊接钢管，每根钢管的最大质量不应大于 25.8kg。

C. 钢管表面应平直光滑，不应有裂缝、结疤、分层、错位、硬弯、毛刺、压痕和深的划道。

D. 钢管外径、壁厚、端面等的偏差应分别符合表 7-16 的规定。

E. 钢管应涂有防锈漆。

② 旧钢管的检查应符合下列规定：

A. 表面锈蚀深度应符合表 7-16 序号 3 的规定。锈蚀检查应每年一次。检查时，应在锈蚀严重的钢管中抽取三根，在每根锈蚀严重的部位横向截断取样检查，当锈蚀深度超过规定值时不得使用。

B. 钢管弯曲变形应符合表 7-16 序号 4 的规定。

③ 扣件的验收应符合下列规定：

A. 扣件应采用可锻铸铁或铸钢制作，其应有生产许可证、法定检测单位的测试报告和产品质量合格证。当对扣件质量有怀疑时，需按现行国家标准《钢管脚手架扣件》(GB 15831—2006) 的规定抽样检测。

B. 新、旧扣件均应进行防锈处理。

C. 扣件的技术要求应符合现行国家标准《钢管脚手架扣件》(GB 15831—2006) 的相关规定。

D. 扣件进入施工现场应检查产品合格证，并应进行抽样复试，技术性能应符合现行国家标准《钢管脚手架扣件》(GB 15831—2006) 的规定。扣件在使用前应逐个挑选，有裂缝、变形、螺栓出现滑丝的严禁使用。

脚手架钢管允许偏差 **表 7-16**

序 号	项 目	允许偏差 Δ(mm)	示意图	检查工具
1	焊接钢管尺寸 (mm) 外径 48.3 壁厚 3.6	±0.5 ±0.36		游标卡尺
2	钢管两端面切斜偏差	1.70	2° Δ	塞尺、拐角尺
3	钢管外表面锈蚀深度	≤0.18	Δ	游标卡尺
4	钢管弯曲 各种杆件钢管的 端部弯曲 l≤1.5m	≤5	Δ l	

续表

序 号	项 目	允许偏差 Δ(mm)	示意图	检查工具
5	立杆钢管弯曲 $3\text{m}<l\leqslant 4\text{m}$ $4\text{m}<l\leqslant 6.5\text{m}$	$\leqslant 12$ $\leqslant 20$		钢板尺
	水平杆、斜杆的钢管弯曲 $l\leqslant 6.5\text{m}$	$\leqslant 30$		

现场材料人员加强对使用过程中的脚手架料管理，是保证脚手架料正常使用的先决条件。应严格清点进出场的数量及质量检查、维修和保养。分规格堆放整齐，合理保管。交班组使用时，办清交接手续，设置专用台账进行管理，督促班组合理使用，随用随清，防止丢失损坏，严禁挪作他用。拆架要及时，禁止高空抛甩。拆架后要及时回收清点入库，进行维护保养。凡不需继续使用的，应及时办理退租手续，以加速周转使用。扣件与配件要注意防止在搭架或拆架时散失。使用后均需清理涂油，配件要定量装箱，入库保管，防止丢失、被盗。凡质量不符合使用要求的脚手架料及扣件，必须经检验后报废，不准混堆。

实务、示例与案例

[示例 1]　　施工现场周转材料管理制度

为了保证工程质量和施工现场材料安全，减少材料耗费，充分利用资源，特制定本管理制度。

(1) 周转材料进场后，现场材料保管员要与工程劳务分包单位共同按进料单进行点验。

(2) 周转材料的使用一律实行指标承包管理，项目经理部应与使用单位签订指标承包合同，明确责任，实行节约奖励，丢失按原价赔偿，损失按损失价值赔偿，并负责使用后的清理和现场保养，赔偿费用从劳务费中扣除。

(3) 项目经理部设专人负责现场周转材料的使用和管理，对使用过程进行监督。

(4) 严禁在模板上任意打孔；严禁任意切割架子管；严禁在周转材料上焊接其他材料；严禁从高处向下抛物；严禁将周转材料垫路和挪作他用。

(5) 周转材料停止使用时，立即组织退场，清点数量；对损坏、丢失的周转材料应与租赁公司共同核对确认。

(6) 负责现场管理的材料人员应监督施工人员对施工垃圾的分拣，对外运的施工垃圾应进行检查，避免材料丢失。

(7) 存放堆放要规范，各种周转材料都要分类按规范堆码整齐，符合现场管理要求。

(8) 维护保养要得当，应随拆、随整、随保养，大模板、支撑料具、组合模板及配件要及时清理、整修、刷油。组合钢模板现场只负责板面水泥清理和整平，不得随意焊接。

[示例 2]　　施工现场材料限额发放制度

为更有效地控制材料的领发，节约使用材料，减少材料耗费，及时掌握材料限额领用的执行情况，做到及时、保质保量供应材料，提高项目部物资成本控制水平，特制定本管理制度。

（1）限额发放制度，又称限额领料制度、定额领料制度，是按照材料消耗定额或规定限额领发生产经营所需材料的一种管理制度，也是材料消耗的重要控制形式。主要内容有：对有消耗定额的主要消耗材料，按消耗定额和一定时期的计划产量或工程量领发料；对没有消耗定额的某些辅助材料，按下达的限额指标领发料。

（2）物设部仓库保管员按照各种材料的领用限额进行材料发放。

（3）对于钢筋、水泥、砂石料、粉煤灰、外加剂等主要材料，仓库保管员应按照材料限额表中的领用限额，进行材料发放。对领发次数较多的材料，一般使用"限额领料单"和领料单在限额范围内领用。其中限额领料单作为数量控制和核算凭证，领料单作为记账凭证。对领发次数不多的材料，可将材料限额表和领料单结合使用，只使用领料单，不需要使用限额领料单。对超过限额的材料领用，必须由部位施工员说明原因，经主管领导审批后，方可领用。

（4）对于集中供料，自动计量的拌合站物设部必须派专人统计各个部位或仓位的实际用量和料场出入库数量，与制定的领用限额进行比较。如果超过限额，必须及时查明原因，寻求解决超限额的措施，把物料消耗控制在限额内。

（5）对于集中设库控制发料的钢筋，应按照钢筋配料图纸采取最佳的配料方法进行下料，将下料损耗降至最低，且做好钢筋下料日记。领用出库的成品钢筋，需按照钢筋配料图纸进行发放，不允许超额发放。

（6）用料单位对现场的材料，必须妥善保管。发生意外损耗时，应追究主要负责人责任，并向主管领导汇报，给予处罚。分项部位完工后，用料单位应及时与物设部联系，将多余材料办理退库手续。

（7）对于燃油、润滑油、机械配件、火工材料、周转材料等主要消耗材料，仓库保管员按照消耗材料定额表中的消耗定额和计划工作量进行发放。

1）对于燃油、火工材料等，仓库保管员根据单位消耗定额和当天计划工作量的乘积，计算消耗限额，以此作为依据进行发放。现场施工管理人员每天应及时将各作业队完成的工作量反馈给仓库保管员，由仓库保管员计算出材料实际消耗量，并结合下一个工作日的计划工作量，确定新工作日的材料发放量。仓库保管员必须对单台设备或单位建立消耗台账，并要求使用个人或单位签字确认，便于统计核算。如果使用单位对消耗材料没有保管条件，应每天回收仓库保管，并做好记录。

2）对于润滑油、机械配件等，仓库保管员根据设备保养和维修有关规定制定的消耗定额，定期进行发放。如果需要超额发放的，使用人员需说明原因，并经设备负责人审批后，才能另行发放。

3）对于周转材料，仓库保管员根据周转材料使用次数和损坏百分率制定的损耗定额，定期补充发放。使用单位对损坏材料必须及时回收，上交仓库。仓库根据实际情况，能够维修的，尽量维修利用；不能维修的，报废处理。

（8）对于易损易耗及劳保用品等物资，仓库保管员按照各单位制定的发放标准发放。仓库保管员应做好发放记录，建立个人或部门发放台账，避免重发、漏发。

八、材料的核算

（一）工程费用及成本核算

1. 工程费用的组成

建筑安装工程费用由直接费、间接费、利润和税金组成，如图 8-1 所示。

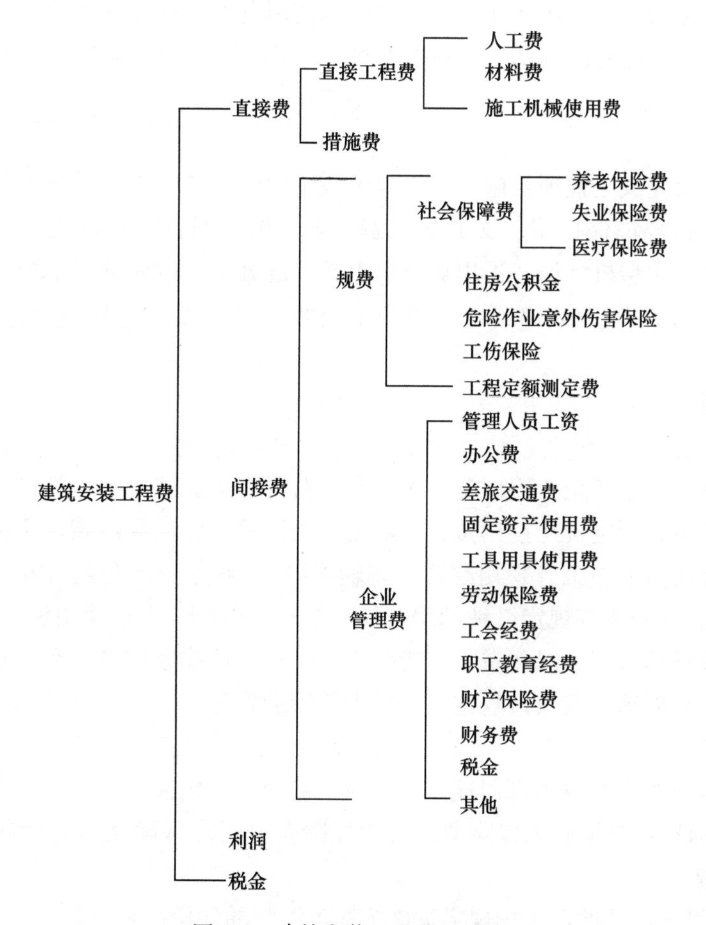

图 8-1　建筑安装工程费用组成

（1）直接费

直接费由直接工程费和措施费组成。

1）直接工程费

直接工程费是指施工过程中耗费的构成工程实体的各项费用，包括人工费、材料费、施工机械使用费。

① 人工费

人工费是指直接从事建筑安装工程施工的生产工人开支的各项费用。包括：基本工资、工资性补贴、生产工人辅助工资、职工福利费、生产工人劳动保护费、徒工服装补贴、防暑降温费、在有碍身体健康环境中施工的保健费用等。

② 材料费

材料费是指施工过程中耗用的构成工程实体的原材料、辅助材料、构配件、半成品的费用，包括以下内容：材料原价、材料运杂费、运输损耗费、采购及保管费、检验试验费。

③ 施工机械使用费

机械使用费是指施工机械作业所发生的机械使用费以及机械安拆费和场外运费。包括折旧费、大修理费、经常修理费、安拆费及场外运费、人工费、燃料动力费、养路费及车船使用税。

2）措施费

措施费是指为完成工程项目施工，发生于该工程施工前和施工过程中非工程实体项目的费用，一般包括环境保护费、文明施工费、安全施工费、临时设施费、夜间施工增加费、二次搬运费、大型机械设备进出场及安拆费、混凝土、钢筋混凝土模板及支架费、脚手架费、已完工程及设备保护费：是指竣工验收前，对已完工程及设备进行保护所需费用。

（2）间接费

1）企业管理费

企业管理费是指施工企业组织施工生产和经营管理所需费用。包括管理人员工资、办公费、差旅交通费、固定资产使用费、工具用具使用费、劳动保险费、工会经费、职工教育经费、财产保险费（施工管理用财产、车辆保险）、财务费（企业为筹集资金而发生的各种费用）、税金（企业按规定缴纳的房产税、车船使用税、土地使用税、印花税）、其他技术开发费、业务招待费、绿化费、广告费、公证费、法律顾问费、审计费、咨询费、防洪工程维护费、合同审查费及按规定支付的上级管理费等。

2）规费

规费是指政府和有关权力部门规定必须缴纳的费用。包括：

① 社会保障费：是指养老保险费、失业保险费、医疗保险费等企业按照规定标准为职工缴纳保险费。

② 住房公积金：是指企业按规定标准为职工缴纳的住房公积金。

③ 危险作业意外伤害保险：是指按照《建筑法》规定，企业为从事危险作业的建筑施工人员支付的意外伤害保险费。

④ 工伤保险：是指按规定由企业缴纳的工伤保险基金。

⑤ 工程定额测定费：是指按规定支付工程造价（定额）管理部门的定额测定费。

（3）利润

利润是指施工企业完成所承包工程获得的盈利。

（4）税金

税金是指国家税法规定的应计入建筑工程造价内的营业税、城市维护建设税及教育费附加。税金以税前总价为基数，纳税地点在市区的乘以3.41%计算，纳税地点不在市区的乘以3.35%计算。

2. 工程成本的核算

（1）工程成本核算的依据

1）会计核算

会计核算主要是价值核算。会计是对一定单位的经济业务进行计量、记录、分析和检查，作出预测，参与决策，实行监督，旨在实现最优经济效益的一种管理活动。它通过设置账户、复式记账、填制和审核凭证、登记账簿、成本计算、财产清查和编制会计报表等一系列有组织有系统的方法，来记录企业的一切生产经营活动，然后据以提出一些用货币来反映的各种有关综合性经济指标的数据。资产、负债、所有者权益、营业收入、成本、利润等会计六要素指标，主要是通过会计来核算。由于会计记录具有连续性、系统性、综合性等特点，所以它是施工成本分析的重要依据。

2）业务核算

业务核算是各业务部门根据业务工作的需要而建立的核算制度，它包括原始记录和计算登记表，如单位工程及分部分项工程进度登记，质量登记，工效、定额计算登记，物资消耗定额记录，测试记录等。业务核算的范围比会计、统计核算要广，不但可以对已经发生的，而且还可以对尚未发生或正在发生的经济活动进行核算，看是否可以做，是否有经济效果。它的特点是，对个别的经济业务进行单项核算。例如各种技术措施、新工艺等项目，可以核算已经完成的项目是否达到原定的目的，取得预期的效果，也可以对准备采取措施的项目进行核算和审查，看是否有效果，值不值得采纳，随时都可以进行。业务核算的目的，在于迅速取得资料，在经济活动中及时采取措施进行调整。

3）统计核算

统计核算是利用会计核算资料和业务核算资料，把企业生产经营活动中客观现状的大量数据，按统计方法加以系统整理，表明其规律性。它的计量尺度比会计宽，可以用货币计算，也可以用实物或劳动量计量。它通过全面调查和抽样调查等特有的方法，不仅能提供绝对数指标，还能提供相对数和平均数指标，可以计算当前的实际水平，确定变动速度，可以预测发展的趋势。

（2）工程成本的核算方法

工程成本核算是指对已完工程的成本水平、执行成本计划的情况进行比较，是一种既全面而又概略的分析。工程成本按其在成本管理中的作用有三种表现形式：

1）预算成本。是根据构成工程成本的各个要素，按编制施工图预算的方法确定的工程成本，是考核企业成本水平的主要标尺，也是结算工程价款、计算工程收入的重要依据。

2）计划成本。企业为了加强成本管理，在施工生产过程中有效地控制生产耗费，所确定的工程成本目标值。计划成本应根据施工图预算，结合单位工程的施工组织设计和技术组织措施计划、管理费用计划确定。它是结合企业实际情况确定的工程成本控制额，是企业降低消耗的奋斗目标，是控制和检查成本计划执行情况的依据。

3）实际成本。即企业完成工程实际应计入工程成本的各项费用之和。它是企业生产耗费在工程上的综合反映，是影响企业经济效益高低的重要因素。

工程成本核算，首先是将工程的实际成本同预算成本比较，检查工程成本是节约还是超支。其次是将工程实际成本同计划成本比较，检查企业执行成本计划的情况，考察实际成本是否控制在计划成本之内。无论是预算成本还是计划成本，都要从工程成本总额和成本项目两个方面进行考核。

在考核成本变动时，要借助成本降低额（预算成本降低额和计划成本降低额）和成本降低率（预算成本降低率、计划成本降低率）两个指标。前者用以反映成本节超的绝对额，后者反映成本节超的幅度。

（3）工程成本核算的分析

工程成本核算的分析，就是根据会计核算、业务核算和统计核算提供的资料，在工程成本核算的基础上进一步对形成过程和影响成本升降的因素进行分析，以及时纠偏和寻求进一步降低成本的途径；另一方面，通过成本分析，可从账簿、报表反映的成本现象看清成本的实质，从而增强工程项目成本的透明度和可控性，为加强成本控制，实现项目成本目标创造条件。

工程成本核算的分析方法一般有比较法、因素分析法、差额计算法、比率法等。其中比较法和因素分析法是常用的两种方法。

比较法，又称“指标对比分析法”，就是通过技术经济指标的对比，检查目标的完成情况，分析产生差异的原因，进而挖掘内部潜力的方法。这种方法，具有通俗易懂、简单易行、便于掌握的特点，因而得到了广泛的应用，但在应用时必须注意各技术经济指标的可比性。比较法的应用，通常有下列形式。

1）将实际指标与目标指标对比

以此检查目标完成情况，分析影响目标完成的积极因素和消极因素，以便及时采取措施，保证成本目标的实现。在进行实际指标与目标指标（一般取计划指标）对比时，还应注意目标本身有无问题。如果目标本身出现问题，则应调整目标，重新正确评价实际工作的成绩。

2）本期实际指标与上期实际指标对比

通过本期实际指标与上期实际指标对比，可以看出各项技术经济指标的变动情况，反映施工管理水平的提高程度。

3）与本行业平均水平、先进水平对比

通过这种对比，可以反映本项目的技术管理和经济管理与行业的平均水平和先进水平的差距，进而采取措施赶超先进水平。

因素分析法又称连环置换法。这种方法可用来分析各种因素对成本的影响程度。在进行分析时，首先要假定众多因素中的一个因素发生了变化，而其他因素则不变，然后逐个替换，分别比较其计算结果，以确定各个因素的变化对成本的影响程度。因素分析法的计算步骤如下：

1）确定分析对象，并计算出实际与目标数的差异。

2）确定该指标是由哪几个因素组成的，并按其相互关系进行排序（排序规则是：先实物量，后价值量；先绝对值，后相对值）。

3）以目标数为基础，将各因素的目标数相乘，作为分析替代的基数。

4）将各个因素的实际数按照上面的排列顺序进行替换计算，并将替换后的实际数保留下来。

5）将每次替换计算所得的结果，与前一次的计算结果相比较，两者的差异即为该因素对成本的影响程度。

6）各个因素的影响程度之和，应与分析对象的总差异相等。

具体的分析示例见本章的实务、示例与案例。

3. 工程材料费的核算

工程材料费的核算，主要依据是建筑安装工程（概）预算定额和地区材料预算价格。因而在工程材料费的核算管理上，也反映在这两个方面：一是建筑安装工程（概）预算定额规定的材料定额消耗量与施工生产过程中材料实际消耗量之间的“量差”；二是地区材料预算价格规定的材料价格与实际采购供应材料价格之间的“价差”。工程材料成本的盈亏主要核算这两个方面。

（1）材料的量差

材料部门应按照定额供料，分单位工程记账，分析节约与超支，促进材料的合理使用，降低材料消耗水平。做到对工程用料、临时设施用料和非生产性其他用料，区别对象划清成本项目。对于属于费用性开支的非生产性用料，要按规定掌握，不得记入工程成本。对供应两个以上工程同时使用的大宗材料，可按定额及完成的工程量进行比例分配，分别记入单位工程成本。

为了抓住重点，简化基层实物量的核算，根据各类工程用料特点，结合班组核算情况，可选定占工程材料费用比重较大的主要材料，如建筑和市政工程中的钢材、木材、水泥、砖瓦、砂、石、石灰等品种核算分析，施工项目应建立实物台账，一般材料则按类核算，掌握队、组用料节超情况，从而找出定额与实耗的量差，为企业和项目进行经济活动分析提供资料。

（2）材料的价差

材料价差的发生，与供料方式有关，供料方式不同，价差的处理方法也不同。由建设单位供料，按地区预算价格向施工单位结算，价格差异则发生在建设单位，由建设单位负责核算。施工单位包料、按施工图预算包干的，价格差异发生在施工单位，由施工单位材料部门进行核算，所发生的材料价格差异，按合同的规定记入工程成本。其他耗用材料，如属机械使用费、施工管理费、其他直接费开支用料，也由材料部门负责采购、供应、管理和核算。

（二）材料核算的内容及方法

1. 材料的采购核算

材料核算是以材料采购预算成本为基础，与实际采购成本相比较，核算其成本，降低或超耗程度。

（1）材料采购实际价格

材料采购实际成本是材料在采购和保管过程中所发生的各项费用的总和。它由材料原价、供销部门手续费、包装费、运杂费、采购保管费构成。

通常市场供应的材料由于产地不同，造成产品成本不一致，运输距离不等，质量也不同。因此，在材料采购或加工订货时，要注意材料实际成本的核算，做到在采购材料时作各种比较，即同样的材料比质量，同样的质量比价格，同样的价格比运距，最后核算材料成本。尤其是地方大宗材料的价格组成，运费占较大比重，尽量做到就地取材，以减少运输费用和管理费。

材料实际价格，是按采购（或委托加工、自制）过程中所发生的实际成本计算的单价。通常按实际成本计算价格可采用以下两种方法：

1）先进先出法

指同一种材料每批进货的实际成本如各不相同时，按各批不同的数量及价格分别记入账册。在发生领用时，以先购人的材料数量及价格先计价核算工程成本，按先后顺序依次类推。

2）加权平均法

指同一种材料在发生不同实际成本时，按加权平均法求得平均单价。当下批进货时，又以余额的数量与价格与新购入材料的数量与价格作新的加权平均计算，得出新的平均价格。

（2）材料预算价格

材料预算价格是由地区建筑主管部门颁布的，以历史水平为基础，并考虑当前和今后的变动因素，预先编制的一种计划价格。

材料预算价格是地区性的，是根据本地区工程分布、投资数额、材料用量、材料来源地、运输方法等因素综合考虑，采用加权平均的计算方法确定的。同时对其使用范围也有明确规定，在地区范围以外的工程，则应按规定增加远距离的运费差价。材料预算价格由五项费用组成：材料原价、供销部门手续费、包装费、运杂费、采购及保管费。

（3）材料采购成本的核算

材料采购成本可以从实物量和价值量两方面进行考核。单项品种的材料在考核材料采购成本时，可以从实物量形态考核其数量上的差异。但企业实际进行采购成本考核时，往往是分类或按品种综合考核“节”与“超”。通常有如下两项考核指标：

1）材料采购成本降低（超耗）额

材料采购成本降低（超耗）额＝材料采购预算成本－材料采购实际成本

式中材料采购预算成本为按预算价格事先计算的计划成本支出；材料采购实际成本是按实际价格事后计算的实际成本支出。

2）材料采购成本降低（超耗）率

$$材料采购成本降低（超耗）率=\frac{材料采购成本降低（超耗）额}{材料采购预算成本}\times 100\%$$

2. 材料供应核算

材料供应计划是组织材料供应的依据。它是根据施工生产进度计划、材料消耗定额等编制的。施工生产进度计划确定了一定时间内应完成的工作量，而材料供应量是根据工程量乘以材料消耗定额，并考虑库存、合理储备、综合利用等因素，经平衡后确定的。因此，按质、按量、按时、配套供应各种材料，是保证施工生产正常进行的基本条件之一。所以，检查考核材料供应计划的执行情况，主要是检查材料的收入执行情况，它反映了材料对生产的保证程度。

（1）检查材料收入量是否充足

这是用于考核材料在某一时期供应计划的完成情况，计算公式如下：

$$材料供应计划完成率=\frac{实际收入量}{计划收入量}\times 100\%$$

检查材料的供应量是保证生产完成和施工顺利进行的重要条件，如果供应量不足，就会在一定程度上造成施工生产的中断，影响施工生产的正常进行。

（2）检查材料供应的及时性

在检查考核材料供应计划执行情况时，还可能出现材料供应数量充足，而因材料供应不及时而影响施工生产正常进行的情况。所以还应检查材料供应的及时性，需要把时间、数量、平均每天需用量和期初库存量等资料联系起来考查。

3. 材料储备核算

为了防止材料积压或不足，保证生产的需要，加速资金周转，企业必须经常检查材料储备定额的执行情况，分析是否超储或不足。

（1）储备实物量的核算

储备实物量的核算是对实物周转速度的核算。核算材料储备对生产的保证天数及在规定期限的周转次数和每周转一次所需天数。计算公式如下：

$$材料储备对生产的保证天数=\frac{期末库存量}{每日平均材料消耗量}$$

$$材料周转次数=\frac{某种材料年度消耗量}{平均库存量}\times 100\%$$

$$材料周转天数（储备天数）=\frac{平均库存量\times 全年日历天数}{材料年度消耗量}$$

（2）储备价值量的核算

价值形态检查的考核，是把实物数量乘以材料单价，用货币单位进行综合计算。其优点是能将不同质量、不同价格的各类材料进行最大限度地综合，它的计算方法除上述的有关周转速度（周转次数、周转天数）均适用外，还可以从百万元产值占用材料储备资金情况及节约使用材料资金方面进行计算考核。计算公式如下：

$$百万元产值占用材料储备资金=\frac{定额流动资金中材料储备资金平均数}{年度建安工作量}\times 100\%$$

$$流动资金中材料资金节约使用额=(计划周转天数-实际周转天数)\times\frac{年度材料耗用总额}{360}$$

4. 材料消耗量核算

检查材料消耗情况，主要用材料的实际消耗量与定额消耗量进行对比，反映材料节约或浪费情况。

（1）核算某项工程某种材料的定额消耗量与实际消耗量，按如下公式计算材料节约（超耗量）：

某种材料节约（超耗量）＝某种材料定额耗用量－该项材料实际耗用量

上式计算结果为正数时，表示节约；反之，计算结果为负数时，则表示超耗。

$$某种材料节约(超耗)率=\frac{某种材料节约(超耗)量}{该种材料定额耗用量}\times 100\%$$

同样，式中正百分数为节约率；负百分数为超耗率。

（2）核算多项工程某种材料节约或超耗的计算式同前。某种材料的定额耗用量的计算式为：

$$某种材料定额耗用量=\sum(材料消耗定额\times实际完成的工程量)$$

核算一项工程使用多种材料的消耗情况时，由于使用价值不同，计量单位各异，不能直接相加进行考核。因此，需要利用材料价格作同步计量，用消耗量乘以材料价格，然后求和对比。公式如下：

$$材料节约(+)或超支(-)额=\sum 材料价格\times(材料定额耗量-材料实耗量)$$

5. 周转材料的核算

由于周转材料可多次反复使用于施工过程，因此其价值的转移方式也不同于材料一次转移，而是分多次转移，通常称摊销。周转材料的核算是以价值量核算为主要内容，核算其周转材料的费用收入与支出的差异。

（1）费用收入

周转材料的费用收入是以施工图为基础，以概（预）算定额为标准，随工程款结算而取得的资金收入。

在概算定额中，周转材料的取费标准是根据不同材质综合编制的，在施工生产中无论实际使用何种材质，取费标准均不予调整（主要指模板）。

（2）费用支出

周转材料的费用支出是根据施工工程的实际投入量计算的。在对周转材料实行租赁的企业，费用支出表现为实际支付的租赁费用；在不实行租赁制度的企业，费用支出表现为按照上级规定的摊销率所提取的摊销额。计算摊销额的基数为全部拥有量。

（3）费用摊销

费用摊销有如下几种方法：

一次摊销法：指一经使用，其价值即全部转入工程成本的摊销方法。它适用于与主件配套使用并独立计价的零配件等。

“五五”摊销法：指投入使用时，先将其价值的一半摊入工程成本，待报废后再将另一半价值摊入工程成本的摊销方法。它适用于价值偏高，不宜一次摊销的周转材料。

期限摊销法：是根据使用期限和单价来确定摊销额度的摊销方法。它适用于价值较高、使用期限较长的材料。计算方法如下：

先计算各种周转材料的月摊销额：

$$某种周转材料月摊销额=\frac{该种周转材料采购原价-预计残余价值}{该种周转材料预计使用年限\times 12}$$

然后计算各种周转材料月摊销率：

$$某种周转材料月摊销率=\frac{该种周转材料月摊销额}{该种周转材料采购价}\times 100\%$$

最后计算月度周转材料总摊销额：

$$周转材料月摊销额=\sum(周转材料采购原价\times 该种周转材料摊销率)$$

6. 工具的核算

在施工生产中，生产工具费用约占工程直接费的2%左右。工具费用摊销常用以下三种方法：

一次性摊销法：指工具一经使用其价值即全部转入工程成本，并通过工程款收入得到一次性补偿的核算方法。它适用于消耗性工具。

“五五”摊销法：与周转材料核算中的“五五”摊销法一样。

期限摊销法：指按工具使用年限和单价确定每次摊销额度，多次摊销的核算方法。在每个核算期内，工具的价值只是部分地进入工程成本并得到部分补偿。它适用于固定资产工具及价值较高的低值易耗工具。

7. 财务部门对材料核算的职责

（1）财务部门对材料采购人员送交的供货方发票、购物清单、材料“材料验收单”、物资采购申请表等原始凭证，经审核无误后，及时记账。如供货方材料为分批发出的，即材料先到，发票后到，则由材料采购负责部门提供材料的清单和市场价（或已有材料的单价），财务部门根据市场价（或已有材料单价）暂估入账，等收到发票时，再进行账务调整。

（2）财务部门对必须发生的材料采购预付款，要根据审批后的订货合同、签订的协议，办理支付业务。

（3）企业内部材料的发出成本，财务部门要依据“材料出库单”按成本项目分配材料费用；施工单位领用材料的发出成本，财务部先挂往来账，待工程竣工决算之后，由施工单位编制工程决算书，报企业责任部门审核，之后财务部进行再次审核，最后根据项目结转固定资产或分配成本费用。

(4) 若施工单位领用材料有剩余的情况，必须先办理退库手续（即用红字填写“材料出库单”进行冲销），财务部门根据其办理退库后的实际使用材料办理材料核销。应严格杜绝其将所剩材料挪用到另一工程，如出现此情况，财务部有权拒绝办理材料核销手续。

实务、示例与案例

[示例 1]

“三材”节约指标的分析（比较法）

某施工项目2010年度节约“三材”[钢材、木材、水泥（商品混凝土）]的目标为120万元。实际节约130万元，而2009年节约100万元。本企业先进水平节约150万元，用比较法编制分析表。

根据所给资料，目标指标分别取2010年计划节约数、2009年实际节约数和本企业先进水平节约数，编制分析表见表8-1所示。

实际指标与目标指标、上期指标、先进水平对比分析表（万元） **表 8-1**

指 标	2010年计划数	2009年实际数	企业先进水平	2010年实际数	差异数		
					2010年与计划比	2010年与2009年比	2010年与先进比
“三材”节约额	120	100	150	130	10	30	−20

[示例 2]

商品混凝土的成本分析（因素分析法）

某钢筋混凝土框剪结构工程施工，采用C40商品混凝土，标准层一层目标成本（取计划成本）为166860元，实际成本为176715元，比目标成本增加了9855元，其他有关资料见表8-2所列。用因素分析法分析其成本增加的原因。

目标成本与实际成本对比表 **表 8-2**

项 目	单 位	计 划	实 际	
产量	m^2	600	630	+30
单位	元/m^2	270	275	+5
损耗率	%	3	2	−1
成本	元	166860	176715	9855

分析过程：

(1) 分析对象是一层结构浇筑商品混凝土的成本，实际成本与目标成本的差额为9855元。

(2) 该指标是由产量、单价、损耗率三个因素组成的，其排序见表8-2所列。

(3) 目标数166860(600×270×1.03)为分析替代的基础。

(4) 替换：

第一次替换：产量因素，以630替代600，得630×270×1.03=175203元。

第二次替换：单价因素，以275替代270，并保留上次替换后的值，得630×275×1.03=178447.5元。

第三次替换：损耗率因素，以 1.02 替代 1.03。并保留上两次替换后的值，得 630×275×1.02=176715 元。

（5）计算差额

第一次替换与目标数的差额=175203−166860=8343 元。

第二次替换与第一次替换的差额=178447.5−175293=3244.5 元。

第三次替换与第二次替换的差额=176715−178447.5=−1732.5 元。

产量增加使成本增加了 8343 元，单价提高使成本增加了 3244.5 元，损耗率下降使成本减少了 1732.5 元。

（6）各因素和影响程度之和：8343+3244.5−1732.5=9855 元，与实际成本和目标成本的总差额相等。

为了使用方便，也可以通过运用因素分析表求出各因素的变动对实际成本的影响度，其具体形式见表 8-3 所列。

商品混凝土成本变动因素分析（元） **表 8-3**

顺 序	循环替换计算	差 异	因素分析
计划数	600×270×1.03=166860		
第一次替换	630× 270×1.03=175203	8343	由于产量增 30m²，成本增加 8343 元
第二次替换	630×275×1.03=178447.5	3244.5	由于单价提高 5 元/m²，成本增加 3244.5 元
第三次替换	630×275×1.02=1756715	−1732.5	由于损耗率下降 1%，成本减少了 1732.5 元
合计	8343+3244.5−1732.5=9855	9855	

九、危险物品及施工余料、废弃物的管理

（一）危险物品的管理

1. 设备材料安全管理的责任制

（1）凡购置的各种机、电设备、脚手架、新型建筑装饰、防水等料具或直接用于安全防护的料具及设备，必须执行国家、市有关规定，必须有产品介绍或说明的资料，严格审查其产品合格证明材料，必要时做抽样试验，回收的必须检修。

（2）采购的劳动保护用品，必须符合国家标准及市有关规定，并向主管部门提供情况，接受对劳动保护用品的质量监督检查。

（3）认真执行《建筑工程施工现场管理基本标准》的规定及施工现场平面布置图要求，做好材料堆放和物品储存，对物品运输应加强管理，保证安全。

（4）对设备的租赁，要建立安全管理制度，确保租赁设备完好、安全可靠。

（5）对新购进的机械、锅炉、压力容器及大修、维修、外租回厂后的设备必须严格检查和把关，新购进的要有出厂合格证及完整的技术资料，使用前制定安全操作规程，组织专业技术培训，向有关人员交底，并进行鉴定验收。

（6）参加施工组织设计、施工方案的会审，提出设备材料涉及安全的具体意见和措施，同时负责督促岗位落实，保证实施。

（7）对涉及设备材料相关特种作业人员定期培训、考核。

（8）参加因工伤亡及重大未遂事故的调查，从事故设备材料方面认真分析事故原因，提出处理意见，制定防范措施。

2. 现场危险源的辨识和控制

（1）危险源及分类

危险源是指可能导致人员伤害或疾病、物质财产损失、工作环境破坏或这些情况组合的根源或状态的因素。虽然危险源的表现形式不同，但从本质上说，能够造成危害后果的（如伤亡事故、人身健康受损害、物体受破坏和环境污染等），均可归结为能量的意外释放或约束、限制能量和危险物质措施失控的结果。

根据危险源在事故发生发展中的作用，把危险源分为两大类，即第一类危险源和第二类危险源。

第一类危险源是指可能发生意外释放的能量（能源或能量载体）或危险物质。其危险性的大小主要取决于能量或危险物质的量、释放的强度或影响范围。如现场易爆材料（如雷管、氧气瓶）属于第一类危险源。

第二类危险源是指造成约束、限制能量和危险物质措施失控的各种不安全因素的危险源。第二类危险源主要体现在设备故障或缺陷（物的不安全状态）、人为失误（人的不安全行为）和管理缺陷等几个方面。这是导致事故的必要条件，决定事故发生的可能性。如现场材料堆放过高或易发生剧烈化学反应的材料混存都属于第二类危险源。

（2）危险源与事故

事故的发生是两类危险源共同作用的结果，第一类危险源是事故发生的前提，第二类危险源的出现是第一类危险源导致事故的必要条件。在事故的发生和发展过程中两类危险源相互依存，相辅相成。第一类危险源是事故的主体，决定事故的严重程度，第二类危险源出现的难易，决定事故发生的可能性大小。

危险源造成的安全事故的主要诱因可分为以下几类：

1）人的因素：主要指人的不安全行为因素，包括身体缺陷、错误行为、违纪违章等。

2）物的因素：包括材料和设备装置的缺陷。

3）环境因素：主要包括现场杂乱无章、视线不畅、交通阻塞、材料工具乱堆乱放、粉尘飞扬、机械无防护装置等。

4）管理因素：主要指各种管理上的缺陷，包括对物的管理、对人的管理、对工作过程（作业程序、操作规程、工艺过程等）的管理以及对采购、安全的监控、事故防范措施的管理失误。

（3）危险源的辨识

危险源识别是安全管理的基础工作，主要目的是要找出每项工作活动有关的所有危险源，并考虑这些危险源可能会对什么人造成什么样的伤害，或导致什么设备设施损坏等。

危险源常用的识别方法有现场调查法、工作任务分析法、专家调查法、安全检查表法、危险与可操作性研究法、事件或故障树分析法等。

其中专家调查法是通过向有经验的专家咨询、调查，识别、分析和评价危险源的一类方法，其优点是简便、易行，其缺点是受专家的知识、经验和占有资料的限制，可能出现遗漏。

安全检查表实际上就是实施安全检查和诊断项目的明细表。运用已编制好的安全检查表，进行系统的安全检查，识别工程项目存在的危险源。检查表的内容一般包括分类项目、检查内容及要求、检查以后处理意见等。可以用“是”、“否”作回答或“√”、“×”符号作标记，同时注明检查日期，并由检查人员和被检单位同时签字。安全检查表法的优点是：简单易做、容易掌握，可以事先组织专家编制检查项目，使安全、检查做到系统化、完整化；缺点是只能作出定性评价。

危险源的辨识方法各有其特点和局限性，往往采用两种或两种以上的方法识别危险源。

（4）危险源风险控制方法

1）第一类危险源控制方法

可以采取消除危险源、限制能量和隔离危险物质、个体防护、应急救援等方法。建设工程可能遇到不可预测的各种自然灾害引发的风险，只能采取预测、预防、应急计划和应急救援等措施，以尽量消除或减少人员伤亡和财产损失。

2）第二类危险源控制方法

提高各类设施的可靠性以消除或减少故障、增加安全系数、设置安全监控系统、改善作业环境等。最重要的是要加强员工的安全意识培养和教育，克服不良的操作习惯，严格按章办事，并帮助其在生产过程中保持良好的生理和心理状态。

3. 危险物品的储存、发放领用和使用监督

施工现场设备材料中若有危险物品，则其储存、发放领用和使用监督应符合现场统一的安全管理规定。易燃易爆物品在储存保管环节的措施见本书第七章“易燃易爆物品”所述，以下是针对几种现场设备材料常见的危险源管理上应采取的措施；

（1）气焊危险源

1）乙炔发生器、乙炔瓶、氧气瓶和焊割具的安全设备应齐全有效。

2）乙炔发生器、乙炔瓶、液化石油气灌和氧气瓶在新建、维修工程内存放，应设置专用房间分别存放、专人管理，并有灭火器材和防火标识。电石应放在电石库内，不准在潮湿场所和露天存放。

3）乙炔发生器和乙炔瓶等与氧气瓶应保持一定距离，在乙炔发生器处严禁一切火源。夜间添加电石时，应使用防爆手电筒照明，禁止用明火照明。

4）乙炔发生器、乙炔瓶和氧气瓶不准放在高低架空线路下方或变压器旁，在高空焊割时，不得放在焊割部位的下方，应保持一定的水平距离。

（2）夏季、雨季的危险源

1）油库、易燃易燃物品库房、塔吊、卷扬机架、脚手架、在施工的高层建筑工程等部位及设施都应安装避雷设施。

2）易燃液体、电石、乙炔气瓶、氧气瓶等，禁止露天存放，防止受雷雨、日晒发生起火事故。

3）生石灰、石灰粉的堆放应远离可燃材料，防止因受潮或雨淋产生高热，引起周围可燃材料起火。

（3）现场火灾易发危险源

1）一般临时设施区，每 $100m^2$ 配备两个 10L 灭火器，大型临时设施总面积超过 $1200m^2$ 的，应备有专供消防用的太平桶、积水桶（池）、黄砂池等器材设施。

2）木工间、油漆间、机具间等每 $25m^2$ 应配置一个合适的灭火器；油库、危险品仓库应配备足够数量、种类的灭火器。

3）仓库或堆料场内，应根据灭火对象的特性，分组布置酸碱、泡沫、清水、二氧化碳等灭火器。每组灭火器不少于 4 个，每组灭火器之间的距离不大于 30m。

（二）施工余料的管理

1. 施工余料产生情况的分析

现场施工余料是指已进入现场，由于某些原因而不再使用的那些材料。这些材料有新有旧，有残有废。由于不再使用，往往容易忽视对它的管理，造成丢失、损坏、变质。

施工余料产生的原因主要有以下几种：

（1）因建设单位设计变更，造成材料的剩余积压。

（2）由于施工单位施工方案的变更，造成材料的多余积压。

（3）由于施工单位备料计划或现场发料控制的原因，造成材料余料的产生。

2. 施工余料的管理与处置

对于施工现场余料的处置，直接影响项目的成本核算，故要加强这方面的管理。

现场余料管理的内容主要包括：

（1）各项目经理部材料人员，在工程接近收尾阶段，要经常检查掌握现场余料情况，预测未完施工用料数量，严格控制现场进料，尽量减少现场余料积压。

（2）现场余料能否调出利用，往往受价格影响。为此企业或工程项目应建立统一的计价方法，合理确定调拨价格及费用核算方法，以利剩余材料的再利用。

（3）余料应由项目材料部门负责，做好回收、整修、退库和处理。

对剩余材料要及时回收入库和整修，以利再使用。对于工程项目不再使用的新品，应及时报上级供应部门，以便调出重新利用，避免长时间积压呆滞或损坏。

（4）对于不再使用且已判定为废料的，按照企业或工程项目相关规定的处理权限处置。处理回收的资金冲减工程项目成本。

（5）为推进剩余材料的修复利用。应采用鼓励措施，对修复利用好的工程项目、队组和个人应给予奖励。

现场剩余材料的主要处置措施：

（1）因建设单位设计变更，造成多余材料的积压，经监理工程师审核签字后，由项目物资部会同合同部与业主商谈，余料退回建设单位，收回料款或向建设单位提出积压材料经济损失索赔。

（2）工程的剩余物资如有后续工程尽可能用到新开的工程项目上，由公司物资部负责调剂，冲减原项目工程成本。为鼓励新开项目在保证工程质量的前提下，积极使用其他项目剩余物资和加工设备，将所使用其他工程的剩余、废旧物资作为积压、账外物资核算，给予所使用项目奖励。

（3）当项目竣工，又无后续工程时，剩余物资由公司物资部与项目部协商处理，处理后的费用冲减原项目工程成本。

（4）项目经理部在本项目竣工期内，或竣工后承接新的工程，剩余材料需列出清单，经审核后，办理转库手续后方可进入新的工程使用。此费用冲减原项目成本。

（5）工程竣工后废旧物资，由公司物资部负责处理。公司物资部有关人员严格按照国家和地方的有关规定进行，处理过程中，须会同项目经理部有关人员进行定价、定量。处理后，将所得费用冲减项目材料成本。

（三）施工废弃物的管理

1. 施工废弃物的界定

建设工程施工现场上常见的施工废弃物有固体和液体两种形态，其中以固体废弃物为主，其主要包括：

（1）建筑渣土：包括砖瓦、碎石、渣土、混凝土碎块、废钢铁、碎玻璃、废屑、废弃装饰材料等；

（2）散装大宗建筑材料的废弃物：包括水泥、石灰、砂石料等；

（3）生活垃圾：包括炊厨废物、丢弃食品、废纸、生活用具、玻璃、陶瓷碎片、废电池、废日用品、废塑料制品、煤灰渣、粪便等；

（4）设备、材料等的包装材料。

施工现场液体废弃物主要指废水、液态有机材料和固体废物随水流可流入水体部分，包括泥浆、水泥、油漆、各种油类、混凝土添加剂、重金属、酸碱盐、非金属无机毒物等。

2. 施工废弃物的处置

固体废物处置的基本思想是：采取资源化、减量化和无害化的处理，对固体废物产生的全过程进行控制。

固体废弃物的主要处置方法如下：

（1）回收利用

回收利用是对固体废物进行资源化的重要手段之一。对于施工项目现场产生的固体废物中，虽自身处理有困难。但对于社会的资源综合利用有价值的固体废物，如钢筋头、木料边角余头等，要积极分类回收，统一交由物资回收部门，其回收款冲抵工程成本。

（2）减量化处理

减量化是对工程产生的固体废物进行分选、破碎、压实浓缩、脱水等减少其最终处置量，减低处理成本，减少对环境的污染。在减量化处理过程中，也包括和其他处理技术相关的工艺方法，如焚烧、热解等。其中焚烧用于不适合再利用且不宜直接予以填埋处置的废物。

（3）稳定和固化

利用水泥、沥青等胶结材料，将松散的废物胶结包裹起来，减少有害物质从废物中向外迁移、扩散，使得废物对环境的污染减少。

（4）填埋

填埋是固体废物经过无害化、减量化处理的废物残渣集中到填埋场进行处置。

（5）现场包装品

现场材料的包装品，如纸袋、麻袋、布袋、木箱、铁桶、瓷缸等，都有利用价值。施工现场必须建立回收制度，保证包装品的成套完整，提高回收率和完好率。对开拆包装的方法要有明确的规章制度，如铁桶不开大口，盖子不离箱，线封的袋子要拆线，黏口的袋子要用刀割等。要健全领用和回收的原始记录，对回收率、完好率进行考核，用量大、易损坏的包装品，如水泥包装袋等，可实行包装品的回收奖励制度。

施工现场固体废弃物在管理和处理中要严格符合现场安全及文明和环境保护制度的相关要求，要注意以下问题：

1）除有符合规定的装置外，不得在施工现场熔化沥青和焚烧油毡、油漆，亦不得焚烧其他可产生有毒有害和恶臭气体的废弃物。垃圾焚烧处理应使用符合环境要求的处理装置，避免对大气的二次污染。

2）要禁止将有毒有害废弃物现场填埋，填埋场应利用天然或人工屏障。尽量使需处置的废物与环境隔离，并注意废物的稳定性和长期安全性。

3）现场材料的包装品，尤其是装饰材料和设备的包装物，量大且材质大多为易燃材料，如包装纸板，隔离泡沫塑料等，极易形成火灾隐患，故应安排专人及时收集、分类处置，不可久存。

液体废弃物污染的防治处置措施如下：

1）禁止将有毒有害废弃物作土方回填。

2）施工现场搅拌站废水、现制水磨石的污水、电石（碳化钙）的污水必须经沉淀池沉淀合格后再排放，最好将沉淀水用于工地洒水降尘或采取措施回收利用。

3）现场存放油料，必须对库房地面进行防渗处理，如采用防渗混凝土地面、铺油毡等措施。使用时，要采取防止油料跑、冒、滴、漏的措施，以免污染水体。

4）施工现场的临时食堂，污水排放时可设置简易有效的隔油池，定期清理，防止污染。

5）工地临时厕所、化粪池应采取防渗漏措施。中心城市施工现场的临时厕所可采用水冲式厕所，并有防蝇灭蛆措施，防止污染水体和环境。

6）化学用品、外加剂等要妥善保管，库内存放，防止流失污染环境。

7）严禁向市政排水管道排放液体废弃物。

实务、示例与案例

［示例］

施工现场固体废弃物管理规程

一、环境因素

固体废弃物。

二、目的

对施工过程中产生的固体废弃物进行有效处理，包括最大限度地回收利用、分类存放和分类处理等，以节约资源，减少对环境的污染和人体的伤害。

三、产生的作业

项目部在施工活动中（施工现场）的所有固体废弃物。

四、采取的措施

根据《中华人民共和国固体废弃物污染环境防治法》，结合公司实际对固体废弃物进行管理，按照“分类回收，集中存放，统一处理”的原则进行。

（1）项目部各施工班组负责自己工作场地的整理和清扫，以及垃圾的收集和分类存放。

（2）项目部指定专门场所和容器分类堆放或存放固体废弃物。

（3）项目部负责处理固体废弃物。

（4）工地现场产生的固体废弃物按表 9-1 进行分类。

固体废弃物的分类　　表 9-1

<table>
<tr><td rowspan="5">固体废弃物</td><td colspan="2">有毒有害类，如：油漆渣、涂料渣、废灯管、废油漆桶等</td></tr>
<tr><td rowspan="2">可回收类</td><td>可重复使用类，如：较大的边角料、折旧的木材和砖、较好的包装和保护料</td></tr>
<tr><td>可再生类，如：废金属、废木料、废油桶、废塑料、碎玻璃、碎布料等</td></tr>
<tr><td colspan="2">不可回收类，如：折旧垃圾、废砂浆渣、边角余料、墙土、碎砖瓦、破布碎棉、旧砂纸和砂轮及施工过程中产生的其他无害物质</td></tr>
<tr><td colspan="2">生活垃圾</td></tr>
</table>

（5）收集和存放

现场各施工班组至少每班清理一次场地，分类收集固体废弃物，并存放至项目部指定的存放区域。生活垃圾由个人收集并存放至指定区域。不得随意乱丢和倾倒垃圾，不能随便存放垃圾。

项目部在工地现场指定专门的垃圾存放点，并分区标识。垃圾分区一般分三类，即有毒有害区、不可回收区和生活垃圾区。对有毒有害的垃圾，只要可行，就用容器存放，或堆放在其他可堆放地面，清理运走时再统一用麻袋打包。

项目部还应在现场指定区域，最好是室内，作为可回收固体废弃物的存放点，其中包括可重复利用类和可再生类，且也要分开存放并适当标识。

（6）处理

项目部应有专门的垃圾处理人员负责垃圾的定期处理，针对不同类别，其处理方式为：

可重复利用的固体废弃物，由项目部及时安排利用，只要不影响产品质量，施工人员不得拒绝使用回收料。

可再生类固体废弃物，由项目部安排转卖至有经营资质的废旧回收公司。

不可回收的固体废弃物，由垃圾处理人员定期送至政府指定的垃圾处理站。

有毒有害的固体废弃物，由垃圾处理人员分类打包，送至政府指定的专业处理点。

五、监督、检查及跟踪

项目部一年两次进行检查，工程部和安质部每年全面抽查一次，在工地巡查和安全检查时，都应将废弃物的管理作为一个检查项目，并记录在安质大检查综合评定表中。发现不符合规定的应通知项目部及施工班组立即进行整改，必要时发出纠正/预防措施要求。

十、现场材料的计算机管理

以下介绍的施工项目材料管理软件在施工项目中使用，可以对材料整个使用过程进行统计和分析，完成从收料到领用过程中的单据管理、材料的库存统计；材料的报表的统计；以及工程预算数据与实际数据的对比等功能。是一套适合于施工项目部使用的、操作简便、减轻材料管理人员工作强度的施工项目材料管理软件。

（一）管理系统的主要功能

材料管理系统分七个功能：系统设置、基础信息管理、材料计划管理、材料收发管理、材料账表管理、单据查询打印、废旧材料管理。

（1）系统设置功能：包括系统维护、数据清空、日志查询、单价设置、备份、数据上传。

（2）基础信息管理：包括人员信息、权限设置、材料编码、用途信息、供货商信息、人员职务信息。

（3）材料计划管理：编制施工现场的材料需用计划。

（4）材料收发管理：先进先出原则。包括收料管理、验收管理、领用管理、调拨管理、退料管理。在软件的材料验收过程中有两种材料验收方式，一种为先收料，填写收料单，然后在验收中选择收料单，统计进行验收；另一种为直接在验收单中填写验收单。收料管理，收料填写收料单；验收管理，验收材料，确定材料价格（计划单价和采购单价）；领用管理，材料使用时填写领用单；调拨管理，材料的调拨使用填写调拨单；退料管理，材料未使用完填写退料单。

（5）材料账表管理：包括台账管理、报表管理、库存盘点、竣工工程节超。台账管理，查询收发材料各个账表；报表管理，材料的月报表处理；库存盘点，对材料的库存进行盘点；竣工工程节超，工程结束时与预算数据的比较。甲方供材工程结算，分析甲供材的材料的用量及使用的情况。

（6）单据查询打印：查询修改软件中各种单据和打印单据。

（7）废旧材料管理：工程竣工后，对现场材料的回收编制成表，方便查询。

其中主要功能为“材料收发管理”和“材料账表管理”两部分，在这两部分中完成了项目材料管理中的收料领料以及每月的报表的统计，用户可以使用这两部分的功能得到所需的报表，查询得到所需要的信息。

（二）配置与基本操作

1. 系统配置

硬件环境：最低配置为 Pentium 200、32M 内存，磁盘剩余空间不小于 40M 的 PC 计算机。

软件环境：Windows 2000、Windows XP 等系列操作系统。

执行光盘上的“材料管理软件****.exe”文件，按照屏幕提示操作，完成安装后桌面出现“材料管理”图标，同时，在“开始”菜单里建立“施工项目材料管理软件”的文件夹。

双击桌面图标或开始菜单的条目，系统开始运行。

加密锁分为 LPT 加密锁和 USB 加密锁。将 LPT 加密锁插在计算机的打印机接口（LPT）上或者 USB 加密锁插在计算机的 USB 口上。在 Windows 2000 及 Windows XP 操作系统下，需安装加密锁的驱动程序。

2. 基本操作

（1）系统程序中的所有表格在修改时均可进行如下操作：

增加：移动光标到最后一行，按下箭头↓键。

删除：按 Ctrl+Delete 键。

修改：移动光标到对应的单元格上，直接输入文字，以回车结束。

（2）系统中所有的弹出式对话框均可以用 Esc 键直接关闭。

（3）大部分窗口均包含右键菜单，便于操作。

3. 注意事项

（1）日期格式首先要设置为 YYYY-MM-DD，win2000 具体做法是在“控制面板”中的“区域选项”中，点击“日期”选项卡，选择日期格式为 YYYY-MM-DD，点击“确定”即可；在 winXP 中，是在“控制面板”中的“区域选项”中，点击“日期”选项卡，点击“用户自定义日期”，设置日期为 YYYY-MM-DD 格式。

（2）打印机格式设置。对于针式打印机，打印固定的压感纸（宽 215mm、高 95mm）。在“控制面板”中的“打印机”中，选择所要用的针式打印机，在“文件”菜单中点“服务器属性”，创建新格式，单位是公制，宽度是 21.5cm，高度是 9.5cm，设置好后保存。在软件中打印单据时选择此纸张格式。

（3）加密锁的使用。在用户安装完软件后，请安装加密锁驱动，完成之后，把加密锁安装在计算机的相应位置上。对于 LPT 锁，请勿在有电时插拔加密锁。

（4）软件中的清空数据功能，在初次使用软件时使用，如果软件已经在使用过程中请勿使用清空数据功能，如果使用并且用户没有备份，则会造成所有数据的丢失，不能恢复。

(5) 在各个单据的填写中，请勿使用组合键（Ctrl+Delete）来删除；如果有材料没有删除，则重新选择一条材料，然后点击删除按钮。

(6) 软件数据的备份。请使用软件中的备份功能定期备份数据。

(7) 在本软件中，材料编码模块中的材料信息，如用户在本软件中已经使用，就不能删除或者修改，也不能删除以后再添加，这样只会造成查询材料信息的数据不一致或者材料不显示；只有当用户确定一条材料没有在本软件中使用时，才能选中材料删除或者修改。

(8) 在软件初次使用时，无密码，用户只要选择用户名即可登陆。

(9) 一旦正式使用软件，就不要再换材料库模板，否则数据可能出错。

(10) 不要随便删除材料库里的条目。由于收发存月报表、台账等账表以及查询时的数据统计是建立在材料库基础上的，若随意删除材料库里的条目，有可能造成统计数据出错。所以，必须能确定某条材料没有发生过任何业务，方可删除该条目。

(11) 慎用单据删除。单据删除的适用情况及删除方法请按后面的说明执行，否则可能造成数据错误以及账、表、单不一致。

(12) 材料验收：在做收料或验收单据的过程中，选择“供货单位名称”或“来源”时，属于上级供应、业主供应、同级调入这三种情况的，必须在可选框里选相应的“上级供应”、“业主供应”、“同级调入”项目，否则软件将按“自购”这个收入类别统计、列入台账和报表。

（三）基础信息管理

选择“开始”菜单中的“施工项目材料管理软件 1.0”或者点击桌面上的“施工项目材料管理软件”就可以运行本软件，弹出登录窗口，如图 10-1 所示。

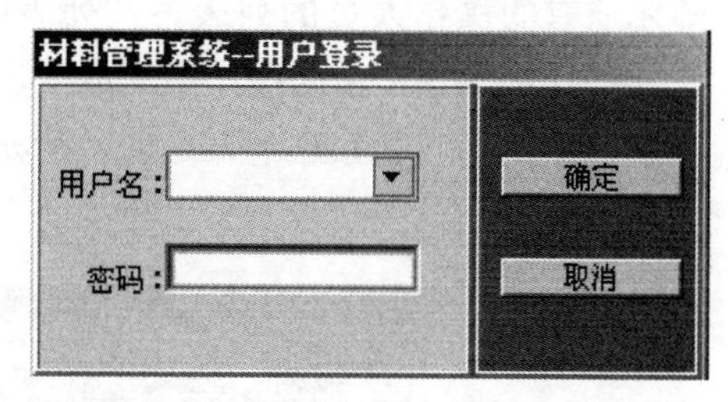

图 10-1 登录窗口

点击向下的箭头选择“用户名”，输入进入的密码，然后点击“确定”，系统自动地检测“用户名”和“密码”是不是匹配，如果匹配就进入软件；不匹配就会提示“用户名用户口令不相符”，然后要你重新输入，否则点击“取消”退出（图 10-2）。

“系统设置”功能菜单中有“系统维护”、“清空数据”、“查看日志”、“设置单价”、“备份”。

第一次用时，系统会提示输入 11 位项目编号的后 4 位和项目名称。11 位项目编号（801-20XX-XXXX）的组成及其含义：“801”为公司代号；“20XX”为年度号；“XXXX”是公司为各项目指定的顺序号。

“基础信息管理”功能如图 10-3 所示。

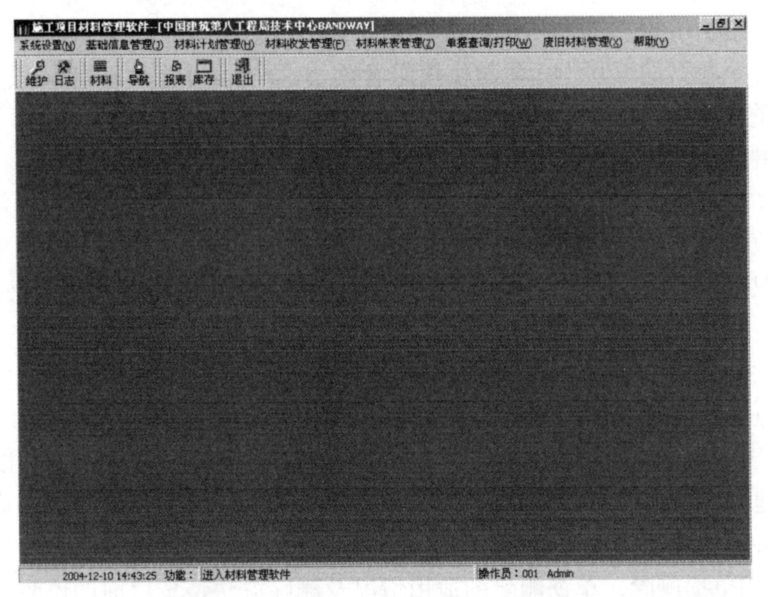

图 10-2　输入“用户名”和“密码”

有人员信息、权限设置、材料编码、用途信息、供货商信息、人员职务信息六个小的模块。

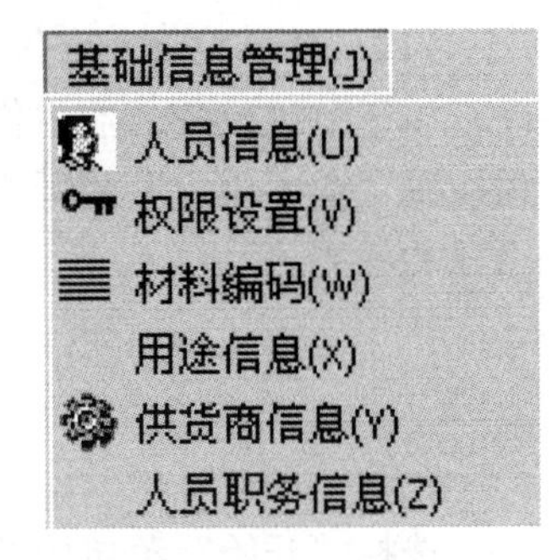

图 10-3　基础信息管理

1. 人员信息

建立进入软件的用户名和密码。“人员信息”的操作，点击“人员信息”菜单，进入“人员信息”操作界面，如图 10-4 所示。

右边的按钮完成对软件操作人员的管理，“汇总”显示所有操作员的信息，“个人信息”查看单个人的信息，在表格中显示所有的操作人员的列表，在列表中选中一个人可以查看个人的详细信息，在此操作中完成人员的添加、删除、修改以及人员登陆的密码设置。注意删除操作，当删除这个人之前，请先删除这个人的操作权限。如果是当前登陆人员，则无法删除。

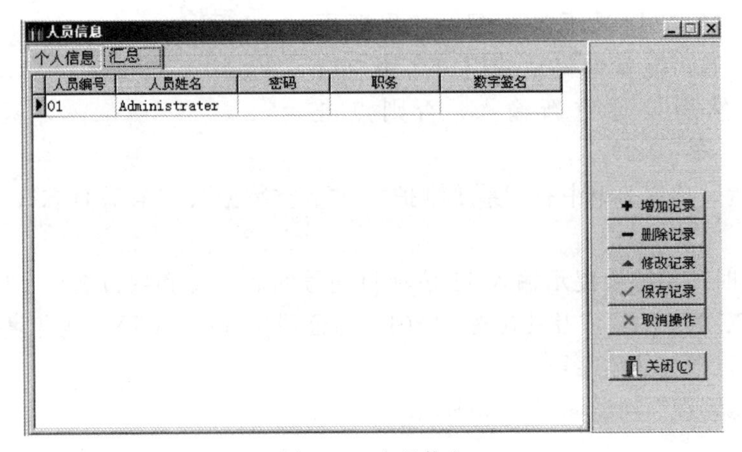

图 10-4　人员信息

2. 权限设置

建立了进入软件的不同用户后，为不同的用户限定权限用。

点击“权限设置”菜单，进入“权限设置”操作界面，如图 10-5 所示。

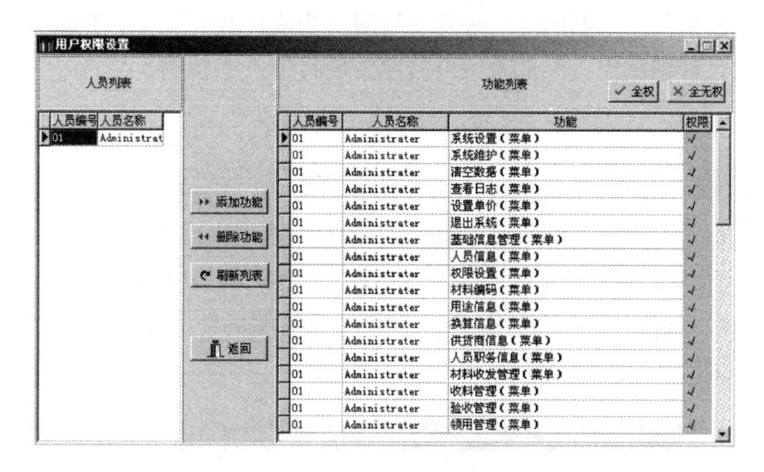

图 10-5 权限设置

图 10-5 中左边为“权限设置”操作员列表，右边为功能列表，中间一部分为操作按钮。在“人员列表”中不能删除人员，不能添加人员，它与“人员信息”对应显示的是人员信息中的操作人员。

“功能列表”是当前在“人员列表”中所选中的操作员的所有使用的软件功能，当前操作员有这项功能时，在“功能列表”中“权限”中显示“√”，如果没有这项功能，用鼠标左键点击“√”，取消此操作员的这项功能。设置此操作员所有的权限点击“全权”按钮，此用户得到本软件的所有的权限；点击“全无权”按钮，取消此操作员软件所有的权限。在此权限设置中，加入了对于打印的设置，可以由系统用户设置其他用户的打印的权限，加以区别。要新添加操作员，点击“添加功能”按钮，添加权限列表，然后设置此操作员所具有的权限。要删除操作员时，首先删除此操作员的所有权限，这时点击“删除功能”按钮，即可。操作完毕，点击“返回”按钮，退出“权限设置”操作界面。

（1）取消权限时请注意：菜单、工具条（即主菜单下面那一行）和导航条（点工具条里的“导航”后出现在屏幕右侧的选项）里的条目，是为了方便操作而设计的三条使用途径。例如，做验收单，你可以从主菜单的“材料收发管理”里进入，也可以从工具条里进入，还可以从导航条里进入。因此，进行权限设置时，若要取消某一权限，请把权限列表中菜单、工具条和导航条里的所有相关条目的权限都取消。否则，只取消菜单、工具条和导航条三项里的一项或者两项的权限，还可以从另外两项或一项里进入使用，相当于没有取消相应权限。

（2）权限设置里“刷新”和“添加”的区别：“刷新”主要是为便于程序开发人员进行版本更新用，用户使用“添加”功能即可。

（3）权限列表里“单据查询/打印”和单个单据的打印权限的关系：单个单据的打印权限优先。取消某单项单据的打印权限后，即使赋予“单据查询/打印”权限也只能进行查询而不能打印某单项单据。

（4）日期设置、软件安装完毕后，若不是一人操作软件，请材料主管在人员信息里建立其他人员的用户名和密码，然后分别设置好权限。

请注意：材料主管的权限要设置成全权的，便于维护软件；最好取消其他人员的“权限设置”、“清空数据”、“单据删除”等重要权限。为确保数据安全，建议一个项目只由一人专门负责使用、管理软件。其他人可以另建安装目录熟悉使用。

3. 材料编码

在“材料编码”中存放项目工程中所使用到的材料，可以方便地添加、删除、修改、复制、粘贴，而且“材料编码”中对于材料的编号对用户是不可见的，用户不必使用材料编号，软件本身自动添加材料编号，用户可以使用“拖动”功能，方便对材料进行排列、移动，减少了用户对材料编号的工作量。点击“材料编码”菜单，进入“材料编码”界面，如图10-6所示。

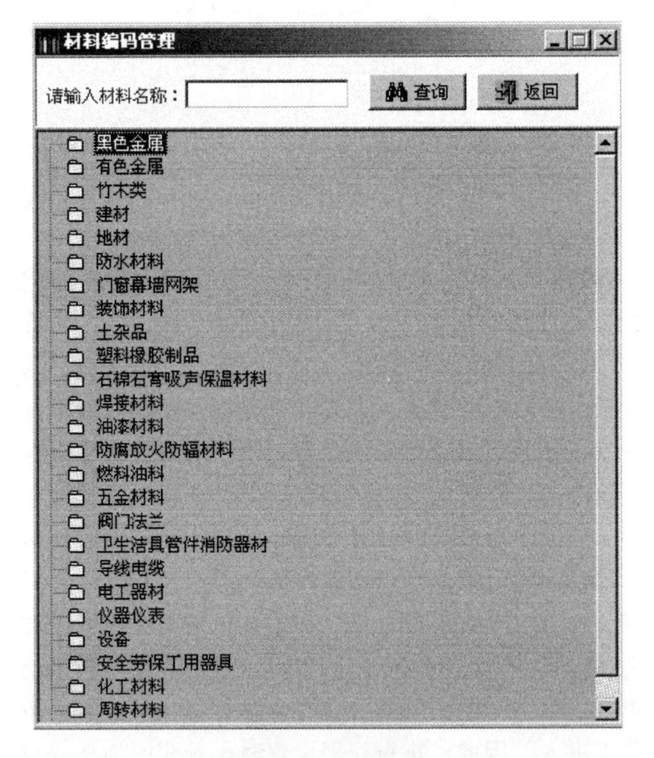

图10-6　材料编码

上部为材料查询，方便快速地查到所需要的材料；下部为材料数据库树形显示，材料库中分为三类：类别、名称、型号规格。“材料编码”中基本功能的操作，如图10-7所示。

“添加”：添加材料，可以添加“同级”、“下级”，用户可以添加类别、名称、型号规格这三项，用户要添加哪一项，用鼠标左键点击相同的类别，然后点击鼠标右键弹出菜单选择“同级”，完成同级项目的添加。当用户点击“同级”后，会出现如图10-8所示的界面。

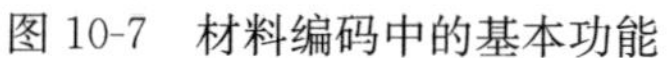
图 10-7 材料编码中的基本功能

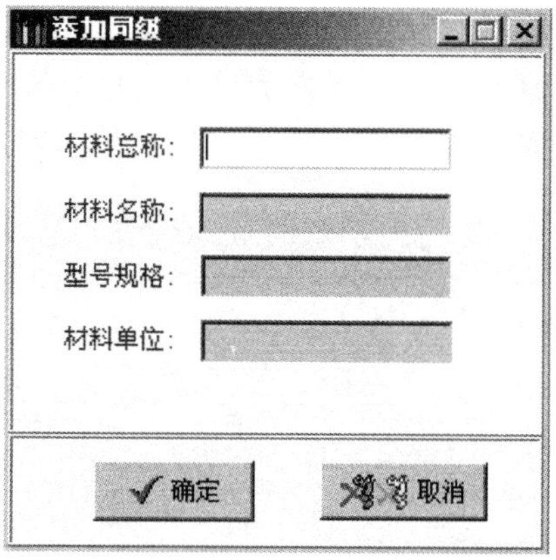

图 10-8 添加同级

这样，将你要添加的项目填入光标处，点击“确定”，则这个项目就保存好了，这是添加的材料类别；不想保存就点击“取消”，就退出了这个界面。同样，添加其他项目和添加“下级”也是如此。

图 10-9 删除对话框

“删除”：即为删除材料项目，材料项目在其他的数据库中没有使用，则可对此材料项目进行删除；否则，将是材料项目出错。在删除时要注意，一定要先用鼠标左键选中，再删除。当用户点击“删除”按钮后，将弹出提示框，如图 10-9 所示，以便让用户不致出现错误的操作。

“修改”：对材料列表树中的材料类别、材料名称、型号规格进行修改，点击“修改”按钮，则出现如图 10-10 所示的界面。

这样就可以修改你要修改的内容，修改完成后，点击“确定”按钮，保存；否则，点击“取消”按钮，不保存。

“复制”、“粘贴”：在一类别中复制材料项目到另一类别中粘贴，不能在不同级别中进行粘贴。

“打印”：打印当前材料库。点击“打印”按钮，出现如图 10-11 所示的界面。在此界

图 10-10 修改对话框

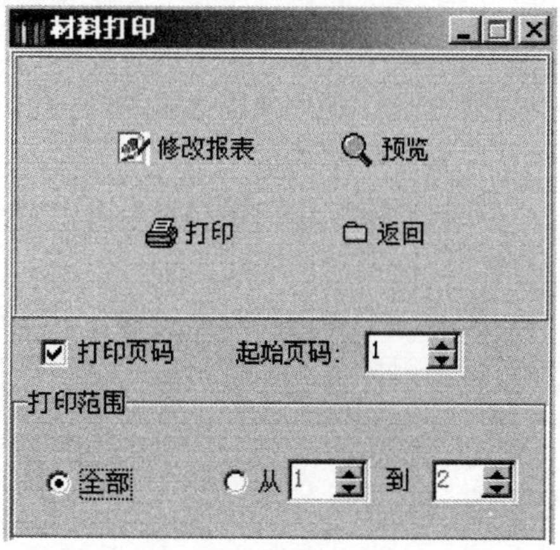

图 10-11 材料打印

面中完成“修改报表”、“预览”、“打印”功能。先看“修改报表”，进入“材料报表”界面，如图 10-12 所示。在此界面中设置“材料报表标题”、“材料字段设置”、“报表页面设置”，当设置完成后点击“保存”；否则，点击“取消”。

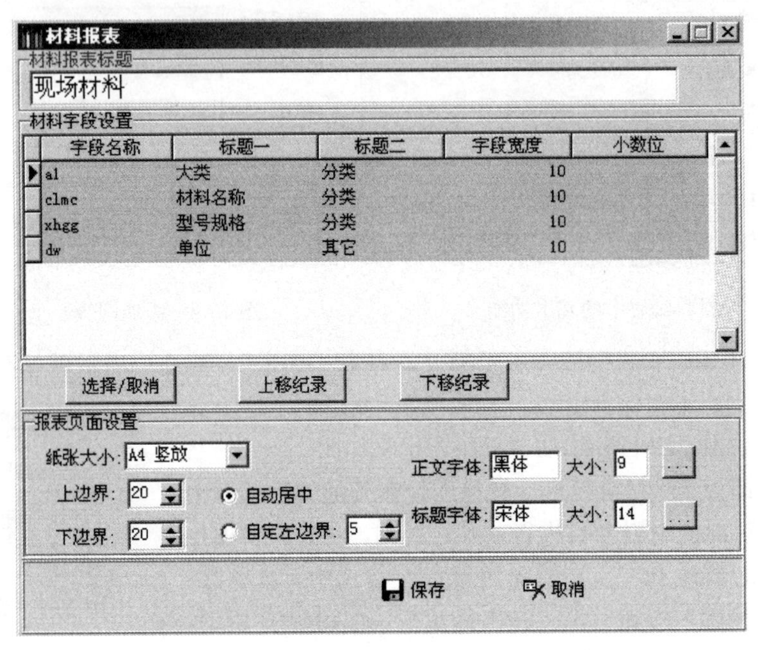

图 10-12　材料报表

“预览”：对打印材料数据库的效果进行浏览。

“打印”：设置图中“页码”和“打印范围”，点击“打印”，打印材料库。

“模板”：允许建立多个材料数据库，并加以管理。点击“模板”在本界面的上方会出现：

在此界面中，通过下拉框选择用户要使用的数据库，可以新建自己的数据库，删除不用的数据库，重命名数据库，来对多个数据库进行管理。

注意：

（1）系统默认的材料库是上一次用户选择的，如果是第一次进入，系统默认材料库为 clbh0。

（2）建立与已有品种规格重复的条目时，将给予该条目已经存在的提示。不同品种间的规格允许重复，不提示。

（3）在材料库中添加材料条目时，部分计量单位、规格所涉及的特殊字符已在程序中做成可选项，请留意、选用。

（4）删除材料库条目时会有提示，确认后方可删除。

（5）在材料库中添加材料时，请注意使用规范的型号规格和标准的、易于换算对比的计量单位，不能用盒、袋、箱等无法识别、换算的计量单位。

4. 用途信息

记录材料的使用和领用单位的情况，界面如图 10-13 所示。

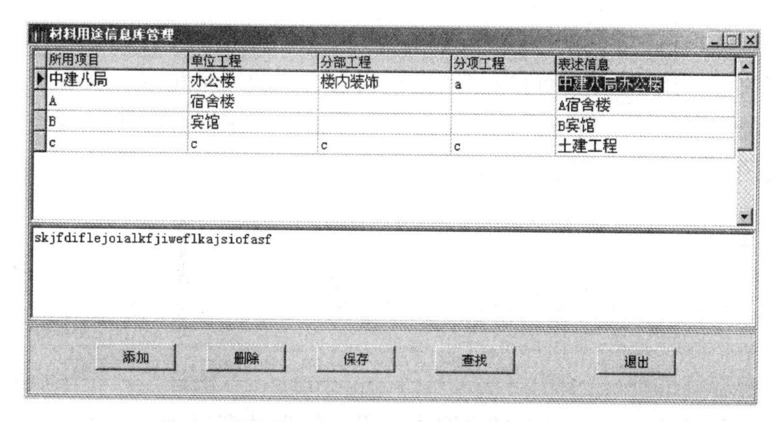

材料用途信息库管理

所用项目	单位工程	分部工程	分项工程	表述信息
中建八局	办公楼	楼内装饰	a	中建八局办公楼
A	宿舍楼			A宿舍楼
B	宾馆			B宾馆
c	c	c	c	土建工程

skjfdiflejoialkfjiweflkajsiofasf

添加 删除 保存 查找 退出

图 10-13　材料用途信息库管理

在此界面中记录所使用材料的各工程项目的情况以及领用单位的情况，表格中“表述信息”则是显示给用户看的。

5. 供货商信息

存放各供货单位的信息，如图 10-14 所示。

供货商信息

单个供货商信息　汇总

编号	名称	地址	联系人
1001	龙口市丛林铝材有限公司	常州高新技术产业开发区创业中心	余超
1002	南大郭村委		
1003	彩石镇顺兴石料厂		
1004	章丘林和砂厂		
1005	遥墙西大郭村委		
1006	十里河小岭第五石料厂		
1007	郭店建材厂		
1008	马矿砂石厂		
1009	西大郭张云祥		
1010	遥墙镇重点办		
1011	林和工程公司		
1012	遥墙兴柱渔场		
1013	宏坤经贸公司		
1014	天津第二预应力公司		
1015	神英金属材料公司		
1016	年昌工贸有限公司		
1017	天津预应力有限公司		
1018	宏达建材公司		

增加记录　删除记录　修改记录　保存记录　取消操作　关闭

图 10-14　供货商信息

在此界面中对材料的供货单位的信息进行管理。在这个模块中用户可以添加供货商的详细信息如：地址、联系人、联系电话、经营范围、信用以及传真等，方便用户对各供货商的查看联系。“单个供应商信息”里的“材料类别”，是让用户根据该供应商的经营范围按照软件材料库的分类方式归类输入的，以后办理收料单、验单时，系统则会根据单据中的材料类别有选择地提示相应供应商，否则将显示所有供应商。下方的“经营范围”，根据营业执照相关内容原样填写即可。

6. 人员职务信息

人员职务信息包括材料收发各岗位的人员管理及在材料收发管理中的数据的支持。增加记录：鼠标点增加记录按钮后，就会在人员名称表中增加一条空记录，输入要增加的姓名即可。删除记录：鼠标点删除记录按钮后，就将光标当前所在的人员记录删除。修改记录：鼠标点修改记录按钮后，就可以修改光标当前所在的人员记录。保存记录：当进行了增加、修改记录的操作后，就应该用鼠标点保存记录。取消操作：不做任何操作时点取消操作按钮。关闭：关闭人员信息表单。

7. 选择项目工程

适用于一个人负责两个以上项目材料软件的情况。

当前工程是指程序正在工作的文件，选择工程是指用户需要更换的文件，点击右方的按钮选择已经保存好的项目工程文件 CLGLK. mmm 后，单击确定，程序会自动装载选定的项目，如果装载成功后，请到人员设置中，设定管理员密码为空，退出后重新进入软件就可以了。同理如果想返回当前的工程，同样的操作选定当前的 CLGLK. mmm。此功能可以让一个用户操作 *N* 个工程。

8. 项目备份

备份数据库，方法有三种：

（1）点软件“系统设置”的“备份”，指定一个安全的路径后点“确定”。数据库就备份到指定路径上了。

为防止因微机故障等意外造成数据丢失、无法恢复，建议一周一次将数据库备份到系统盘之外的其他位置。最好在优盘或移动硬盘上也定期备份。备份资料保留最新的一份即可。

（2）选“我的电脑”，右键打开“资源管理器”，找到名为 c：\ ProgramFiles \ Bandway \ 施工项目材料管理软件 \ data \ clglk. mmm 的文件，将其复制到安全位置。注意：… \ data 下名为 clglk 的文件可能不止一个，而我们要复制的是后缀为 mmm 的那个 clglk 文件。

（3）选中桌面上的软件图标，右键选“属性”，选“查找目标”，打开“Data”文件夹，找到 clglk. mmm 文件，将其复制到安全位置。

备份整个安装目录（含数据库及安装程序，可以在备份位置直接运行程序）：

（1）选“我的电脑”，右键打开“资源管理器”，找到名为 c：\ ProgramFiles \ Bandway \ 施工项目材料管理软件的文件夹，将其复制到安全位置即可。

（2）选中桌面上的软件图标，右键选“属性”，选“查找目标”，找到“施工项目材料管理软件”文件夹，将其复制到安全位置。

（四）材料计划管理

材料计划管理主要功能是在施工现场编制现场的材料需用计划。

在此界面中有两页，一为编制材料计划，二为材料计划汇总与查询。在编制材料计划中输入各项内容，输入数字型的序号，选择制表日期，然后点材料名称项后的按钮，出现材料库，选择材料，之后，材料名称、型号规格、计量单位信息就自动添加进来了，然后输入数量，然后依次把其他项都填上，都填好之后，点击“存盘继续”按钮；如果不保存则点击“全部清空”，重新输入。退出时，点击“不保存退出”即可。当用户填好材料计划信息后，就可以查看汇总的信息，如图 10-15、图 10-16 所示。

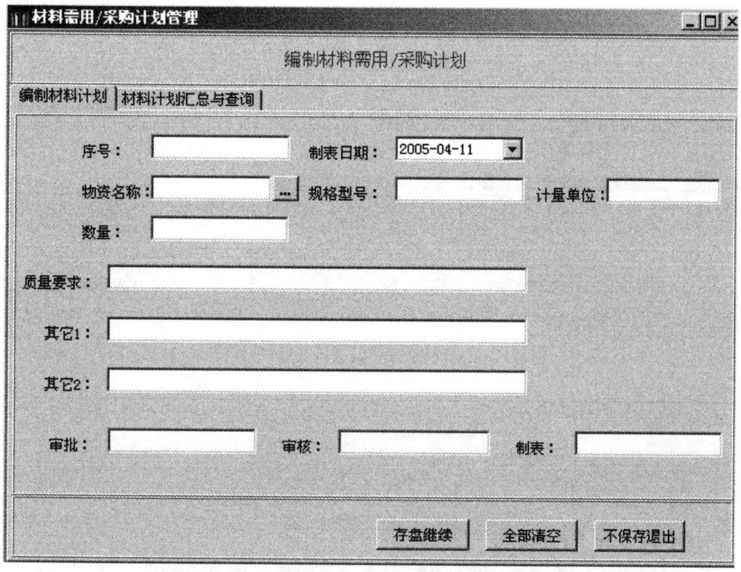

图 10-15　材料需用/采购计划管理第 1 页

图 10-16　材料需用/采购计划管理第 2 页

在此界面中，在上部可以选择日期，查询编制日期所需计划，打印出此时的材料计划，或者打印出全部的材料计划。另外，在表格中点击鼠标右键，弹出“修改打印字段”，可点击进入“修改材料计划报表字段”，修改表头内容，或者取消或显示每个字段。

（五）材料收发管理

材料收发管理主要功能是对日常的材料的出入库进行管理。

菜单中有："材料收发管理"，包括"收料管理"、"验收管理"、"领用管理"、"退料管理"、"调拨管理"五部分。

1. 收料管理

当供货商提供材料后，这时要填写收料单，如图 10-17 所示

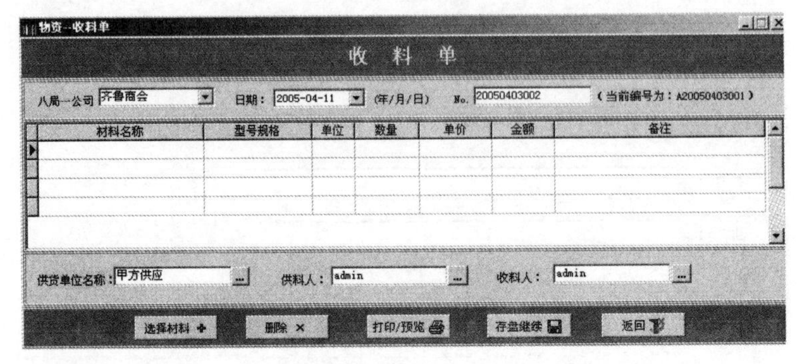

图 10-17 收料单

在"收料单"中首先选择项目部，然后选择日期，再填写编号，在这个编号中，用户只要填入自己定义的一个任意数字编号，当单据保存时，在其后面的括号中就会显示用户输入的上一条编号，系统会自动加上字母"A"，用户不必管，只要根据用户输入的编号，确定下一条编号，注意这里只能输入数字型的内容；当数据库中没有数据时，其后的括号中会显示"当前没有记录"。

选择"供货单位名称"、"供料人"和"收料人"，当选项中没有要选的项目时，可手工输入，当保存表单时，系统会自动添加，再次输入时，可直接选择。

然后是选择收料的材料，点击"选择材料"按钮，就会弹出"材料编号"界面，在"材料编号"中选择你所需要的材料，有两种方式选择材料，一种是在"材料编号"界面中手工查找所需材料，找到后在最后一级双击鼠标左键，则这条材料就可加入"物资收料单"的表格中；另一种是使用查找功能，在上部的空格中填入用户所需要的材料名称，然后点击"查询"按钮，就会将查询的内容放在表格中以供选择，选中所需要的双击鼠标左键，则这条材料就可加入"物资收料单"的表格中，如果查询不到你所需要的材料，可根据"材料编号"中所讲操作，添加材料。这样添加好所需要的材料后，在"收料单"的表格中"数量"一栏填入收料的数量，然后回车填入材料的单价，再回车计算得到金额，在"备注"中填入备注信息，在这里也可以选择备注信息，系统会自动检测辅助数据库中有无这条信息，没有就自动添加。这些都做好以后，这张"收料单"就完成了，这样就可点击"保存继续"按钮，将这张物资收料单保存起来。其中"删除"是删除选中的一条材料，用户如需要打印本单据可点击"打印/预览"按钮，打印和预览"收料单"。材料收料完毕后，点击"退出"按钮，退出此界面进行其他的操作。注意在表格中不能输入材料名称、型号规格、单位；如果输入材料信息则无法保存此信息。

2. 验收管理

验收材料确定材料的单价，填写"物资验收单"（图 10-18）。

物资--验收单

物资验收单

收料单位：齐鲁商会 日期：2005-04-11 (年/月/日) No. 20050403020 (当前编号为：B20050403019)

物资名称	规格型号	计量单位	应收数量	实收数量	采购单价	采购金额	质量证明号

来源：甲方供应 验收时间：2005-04-11

交验说明：送料到现场

材料负责人：游金锋 验收人：田凤岭 经办人：游金锋

选择收料单… 删除 × 选择材料 + 打印/预览 存盘继续 返回

图 10-18 物资验收单

在“物资验收单”中，“收料单位”、“编号”、“日期”、“来源”、“验收时间”、“交验说明”、“材料负责人”、“验收人”、“经办人”以及“选择材料”、“删除”、“打印/预览”、“存盘继续”按钮与“收料管理”中的操作是相同的，在填入编号时，用户只要填入自己定义的一个任意编号，当单据保存时，在其后面的括号中就会显示用户输入的上一条编号，系统会自动加上字母“B”，在这个表格中要输入“数量”，确定“单价”，然后在单价这栏中回车，系统自动计算金额。“选择收料单”按钮的功能是选择已有收料单进行统计、验收。点击“选择收料单”按钮，则出现如图 10-19 所示的界面。

图 10-19 选择收料单

在此界面中用户选择需要的收料单，将左侧的收料单列表前打对号，表示选中了此收料单，右侧是显示收料单的内容，当用户选中收料单后，点击“选定收料单”按钮或者点击“选择全部收料单”按钮，就将用户所选中的收料单中的内容全部统计到“物资验收单”中的表格中了。这是按照“物资收料单”中的操作将“物资验收单”保存起来，再进行其他的操作，用户如需要打印本单据可点击“打印/预览”按钮，打印和预览“物资验收单”。“验收管理”中的日期、编号没有填入时，则本条单据不能保存。注意在表格中不能输入材料名称、型号规格、单位。

（1）验收单是唯一的材料入库手续，是财务核算材料成本收入的依据。无论是项目部自购、上级供应、业主供料还是从其他单位调入的，都必须办理验收单入库，然后方可领用或调出。

（2）从收料单验收时，某条收料单被打钩选进验收单后，验收单一经保存，收料单列表里就不再显示。若需查找，请到程序里“单据查询/打印”版块中查找。

（3）“来源”目前增至四类：即在原来“自购”、“上供”、“业主供料”基础上增加了“同级调入”。字眼变更分别为“项目自购”、“上级供应”、“业主供应”、“同级调入”。

3. 领用管理

材料的使用的统计与记录。出库手续之一，是财务核算材料成本支出的依据。包清工的工程中，分包队伍领用材料时，用领用单出库，如图 10-20 所示。

图 10-20　领用单

如同“物资收料单”中的操作，填入“编号”、“日期”、“领用单位”、“单位工程名称”、“支出类别”、“签发”、“发料”、“领料”。在填入编号时，用户只要填入自己定义的一个任意编号，当单据保存时，在其后面的括号中就会显示用户输入的上一条编号，系统会自动加上字母“C”。在支出类别栏，选择类别如工程耗用、临建耗用、修补耗用、外调，以便在月报表中按类别统计各个材料的耗用情况。在此界面中选择某个单价的材料，然后点“确定”即可。

选择材料进入此表格，点击“选择材料”按钮，这时会出现选择对话框。

是从大材料库中选择材料还是从已验收的材料中选择材料，选择“是”则是从已验收的材料库中选择材料，选择“否”则是从所有的材料中选择材料，从所有的材料库中选择材料如同前面所讲的选择材料的操作；从已验收的材料中选择材料，如图 10-21 所示。

在顶部的空中填入要查找材料的名称，然后点击后面的“查询”按钮可以快速地查到所要的材料，选中所要的材料，然后点击“选择”按钮；或者直接在材料列表中找所要的材料，然后点击“选择”按钮，这样可以把材料选择进来，然后按这种方法选择其他的材料；在这个表中所列的材料默认是按照材料大类的顺序排列的，用户可以点击“按材料名称排序”按钮重新排序，以方便更快地找到所需的材料。在此表中用户只要填入数量，系统会自动根据各个单价的库存情况自动的取各个单价的数量，用户不需要知道这些过程，当把这些信息调整好后，然后用户点击“存盘继续”按钮，继续输入其他的物资领用单，用户如需要打印本单据可点击“打印/预览”按钮，打印和预览“物资领用单”。注意在表

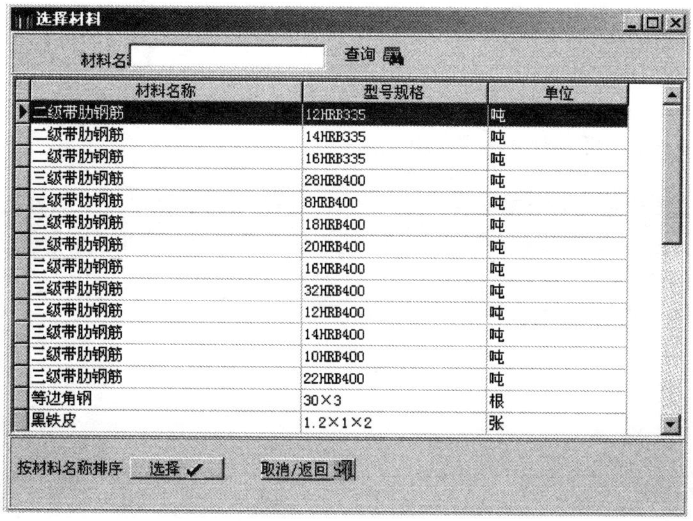

图 10-21　选择材料

格中不能输入材料名称、型号规格、单位。在领用的时候，有一个支出类别的选项，如果用户在支出类别上面点击鼠标右键则出现：

“设置支出类别信息”的菜单，此菜单的功能是，用户可以自定义在收发存月报表中支出的内容，这个信息用户只能在使用本软件前设置好，并且在软件的使用过程中不能再更改。下面是详细的解释，如图 10-22 所示。

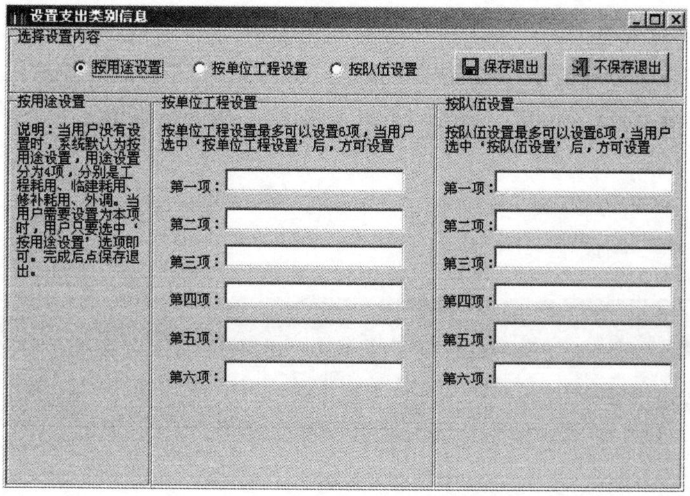

图 10-22　设置支出类别信息

在这一界面中，用户可以按三种不同的类别设置，“按用途设置”、“按单位工程设置”、“按队伍设置”。上面所显示的单选钮是显示当前的用户设置，默认为按用途设置，按用途设置分为 4 项：工程耗用、临建耗用、修补耗用、外调，这些是软件中设置好的。当选择“按单位工程设置”时，用户需要在中间一栏中设置好每一项的内容，最多可以设置 6 项，如果没有则是空白；用户选中的是“按队伍设置”，则如同“按单位工程设置”。当用户设置好后，点击按钮“保存退出”，否则点击“不保存退出”。这样支出类别的信息就设置好了。在报表管理中系统会根据这里设置的信息进行相应的取数。

4. 退料管理

将未用完的材料填写退料单（图 10-23）。

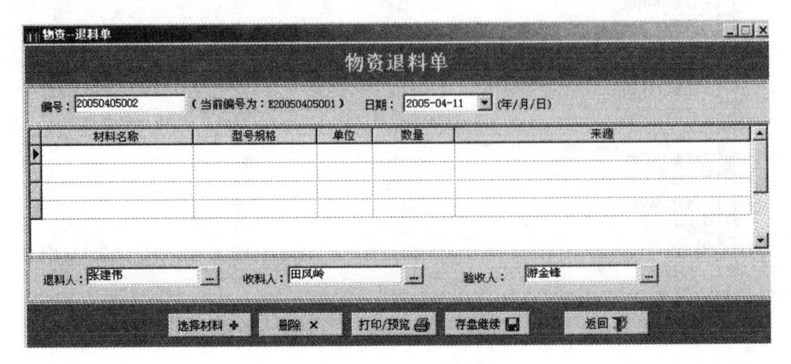

图 10-23 退料单

“退料单”与前面的单据的操作方法是相同的，填上单据的“编号”、“日期”以及“退料人”、“收料人”、“验收人”，在填入编号时，用户只要填入自己定义的一个任意编号，当单据保存时，在其后面的括号中就会显示用户输入的上一条编号，系统会自动加上字母“E”，然后选择材料，点击“选择材料”按钮，这时会出现选择对话框，提示选择从大材料库中选择材料还是从已验收的材料中选择材料，选择“是”则是从已验收的材料库中选择材料，选择“否”则是从所有的材料中选择材料，从所有的材料库中选择材料如同前面所讲的选择材料的操作；从已验收的材料中选择材料如前面领用单中选择材料的操作。设置好以上信息后点击“存盘继续”按钮；继续输入其他的物资退料单，用户如需要打印本单据可点击“打印/预览”按钮，打印和预览“物资验收单”。

5. 调拨管理

调拨材料时填写调拨单（图 10-24）。

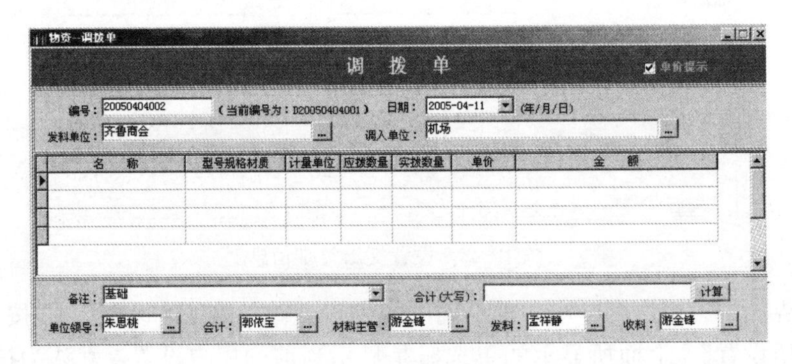

图 10-24 调拨单

“调拨单”与前面的单据的操作方法是相同的，填上单据的“编号”、“日期”、“发料单位”、“调入单位”、“备注”、“合计（大写）”以及“单位领导”、“会计”、“材料主管”、“发料”、“收料”，在填入编号时，用户只要填入自己定义的一个任意编号，当单据保存时，在其后面的括号中就会显示用户输入的上一条编号，系统会自动加上字母“D”，然后选择材料，点击“选择材料”按钮，这时会出现选择对话框，提示选择从所有材料库中选择材料还是从已验收的材料中选择材料，选择“是”则是从已验收的材料库中选择材料，选择“否”则是从所有材料中选择材料，从所有的材料库中选择材料如同前面所讲的选择材料的操作。在本界面的右上角显示“单价提示”，在选择材料的同时，如果是选中了“单价提示”则会有如图 10-25 所示的提示。

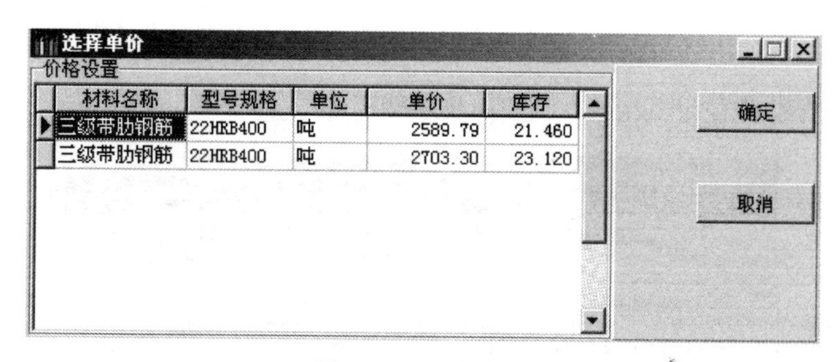

图 10-25 选择单价

在这个表中提示的是本条材料的不同单价的各个库存，方便用户填写调拨的数量和单价，如果从其中选择则用户只要选中，然后点击“确定”即可。在“实拨数量”栏中按回车键则系统会自动计算金额。

这样设置好以上信息后，点击“计算”按钮得到合计金额大写，然后点击“存盘继续”按钮继续输入其他的物资调拨单，用户如需要打印本单据可点击“打印/预览”按钮，打印和预览“物资验收单”。

材料的收料、验收、领用、调拨、退料这几部分构成了材料的收发管理。

6. 进场验证记录

按日期查询打印时，系统将自动以品种为单位逐项提示是否打印。需打印进场验证记录时请执行此操作（图 10-26）。

物资进场验证记录

进场验证记录

2006 年 全部记录

序号	进场时间		物资名称	规格型号	数量	车号	来源	验证状态	质量证明	计量器具及编号
	月	日								
1	10	1	商品砼	C30	8	17	荣昌砼公司	合格	06-09-443	
2	10	1	黄砂	中	17.8	1497	胶南陈增太	合格		06
3	10	1	商品砼	C30	8	30	荣昌砼公司	合格	06-09-443	
4	10	1	商品砼	C30	3	16	荣昌砼公司	合格	06-09-443	
5	9	17	商品砼	C30	8	15	荣昌砼公司	合格	06-09-248	
6	9	17	商品砼	C30	8	30	荣昌砼公司	合格	06-09-248	
7	9	17	商品砼	C30	8	29	荣昌砼公司	合格	06-09-248	
8	9	17	商品砼	C30	8	20	荣昌砼公司	合格	06-09-248	
9	9	17	商品砼	C30	8	52	荣昌砼公司	合格	06-09-248	
10	9	17	商品砼	C30	8	16	荣昌砼公司	合格	06-09-248	
11	9	17	加气砼砌块	600*240*20	9.59	873	胶南水泥制品厂	合格	06-07-14	06
12	9	17	加气砼砌块	600*240*20	10	347	胶南水泥制品厂	合格	06-07-14	06
13	9	17	粉煤灰砖	240*115*53	4000	1460	胶南水泥制品厂	合格	06-07-14	06
14	9	17	加气砼砌块	600*240*20	9.59	557	胶南水泥制品厂	合格	06-07-14	06
15	9	17	粉煤灰砖	240*115*53	3200	3033	胶南水泥制品厂	合格	06-07-14	06

制表：何应兴

材料名称区分 起始日期：2006- 8-23 结束日期：2006- 8-23 日期查询打印 日期名称查询

选择收料单 选择验收单 直接选择 保存 清空 导出到Excel 打印预览 返回

图 10-26 物资进场验证记录

（六）材料账表管理

对材料的所用的单据以及库存的信息进行分类汇总统计。分为四部分：有“台账管理”、“报表管理”、“库存管理”、“竣工工程结算表”，下面详细说明这四部分的功能及详细的使用。

1. 台账管理

保存了材料的所有的出库和入库的信息，如图 10-27 所示。

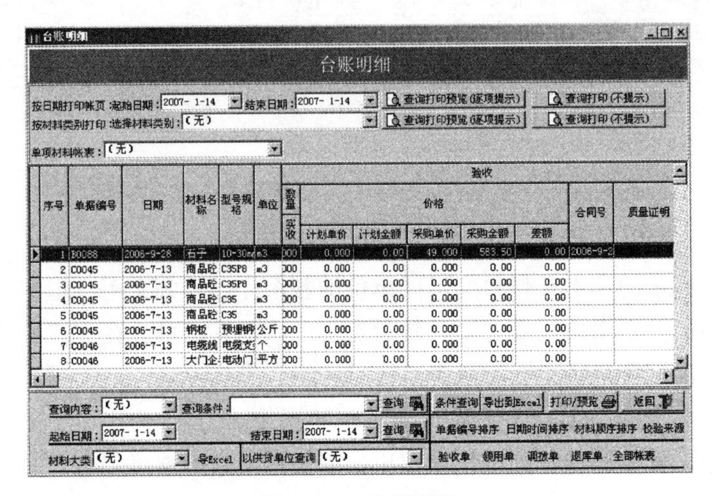

图 10-27　台账明细

台账明细包括材料的验收、材料的领用、材料的调拨、材料的退料这四部分，在表格的表头中都加入了具体的分类名称，在此表格中用户可以自己定义所要显示的项目，在表格中点击鼠标右键，则出现两个菜单“修改报表”和“生成报表” 修改报表(Y) 生成表头(Z) ，点击“修改报表”，则进入如图 10-28 所示的窗口。

修改台账信息标题

选择	表头说明	一层表头	二层表头	三层表头	类型	字段宽度	打印宽度	小数点位数
	单据编号			单据编号		60	12	
	标志			标志		20	4	
	日期			日期		70	12	
√	材料名称			材料名称		80	12	
√	型号规格			型号规格		80	12	
√	单位			单位		30	5	
	验收|数量|应收	验收	数量	应收	数字	50	8	
√	验收|数量|实收	验收	数量	实收	数字	50	8	
	验收|价格|计划单价	验收	价格	计划单价	数字	60	8	
	验收|价格|计划金额	验收	价格	计划金额	数字	60	8	
√	验收|价格|采购单价	验收	价格	采购单价	数字	60	8	
√	验收|价格|采购金额	验收	价格	采购金额	数字	60	8	
	验收|价格|差额	验收	价格	差额	数字	60	8	
	验收|负责人		验收	负责人		40	6	
	验收|验收人		验收	验收人		40	6	
	验收|经办人		验收	经办人		40	6	
	验收|质量证明		验收	质量证明		80	10	

记录上移　记录下移

图 10-28　修改台账信息标题

在这个表中，左边的选择一栏中的“√”表示显示此字段，“空”表示不显示此字段，在这一栏中可以点击鼠标左键来选择“√”，或者是点击鼠标左键取消“√”；同样的其他栏目中内容用户也可自行修改，表头说明是表格标题的总说明，表头总共分三级，每级用“|”分开，第一项为一层表头，第二项为二层表头，第三项为三层表头；只有一层表头则只在三层表头中填写；其后有“类型”，只要在是数字型的字段中填写“数字”即可；其后还有字段宽度、打印宽度、小数点位数可根据用户实际需要来填写；修改完毕后保存，退出此窗口。点击“生成报表”，则生成所设置的表格。在此窗口的底部，设置了台账信息的简单查询和复杂条件查询：

其中 查询内容： 查询条件： 查询 是对“材料名称”、“型号规格”、“材料用途”、“支出类别”、“单据标志”的简单查询，在“查询内容”后的选项中选择“材料名称”或者“型号规格”等内容，然后在“查询条件”后的空格中填入用户要查询的内容，设置好后点击“查询”按钮，可以在查询的表格中看到查询的内容。注意在此查询“材料用途”这项时，它可以查询到验收单中的领用单位的情况，也可以查询到领用单中的领用单位及用途的情况。其中：

起始日期：2004-02-19 结束日期：2004-02-19 查询 是对单据时间的查询，将查询“起始日期”到“结束日期”之间的所有的单据进行查询，首先设置好两个时间，然后点击“查询”按钮，可以在查询的表格中看到查询的内容。

其中： 单据编号排序 日期时间排序 材料顺序排序 这三个按钮是对整个的表格进行的排序，将按照单据编号、日期时间、材料类别的顺序进行排序。

其中： 以供货单位查询 是单独对材料的供货单位进行查询，选择下拉列表中的一项，则可以在查询的表格中看到查询的内容。

其中： 验收单 领用单 调拨单 全部账表 是对本账表分类显示，“验收单”按钮是只显示验收的字段及内容，“领用单”按钮是只显示领用的字段及内容，“调拨单”按钮是只显示调拨的字段及内容，“全部账表”按钮是只显示全部账表的字段及内容，这样设置后用户可以单独打印出验收、领用、调拨、退料的信息。

其中： 界面中，是按照材料分类进行查询，在其后的按钮“导 Excel”可以把查询的内容导入到 Excel 的表格中。

“导出到 Excel”按钮是对本账表的所有项目导出到 Excel 表格中，其后的下拉列表则是对本表按照材料的大类进行分类显示并且导出到 EXCEL 表格中，以方便用户设置、修改。

点击“条件查询” 条件查询 按钮，则会出现条件的复杂查询：

它是用户设置单条或者多条的查询。它的格式是（列条件值）并且/或者（列条件值）……并且为必要条件，或者为非

必要条件。

其中：列：[ ] 条件：[ ] 值：[ ] 是设置条件，其中“列”是用户所要查询的字段，它包括“日期时间”、“材料名称”、“型号规格”、“来源/用途”这四项内容。“条件”是指查询字段与查询内容的关系，它包括“等于”、“大于”、“小于”、“不等于”、“包含字符串”这几种关系；“值”是用户要查询的内容，用户手工输入。

其中：并且 或者 ( ) 表示用户所查询的多个条件的关系，“并且”是表示必要条件，“或者”是表示非必要条件。设置好一个条件后点击 添加条件 按钮，将这个条件添加到“条件预览”框中，设置好多个条件后，点击“查询/确定”按钮，完成查询，显示查询结果并且系统会提示用户是否保存本次查询条件，点击“是”则保存查询语句，这样用户可以用已有的查询语句对本表进行查询。这样的操作就完成了一个复杂条件的查询。

再来看 打印/预览 按钮，用户设置好本表的样式后，可以点击“打印/预览”按钮对本表进行打印（图 10-29）。

施工项目材料台账明细

材料名称	型号规格	单位	验收			领用			调拨			退料
			数量	价格		数量	价格		数量	金额		数量
			实收	采购单价	采购金额	实领	单价	金额	实际	单价	合计	
竹胶合板	12×1220×2440	m2	20	23	460							
竹胶合板	12×1220×2440	m2	30	32	960							

第 1 页

第1页

图 10-29 台账明细打印

以上为所有的台账信息，在此表格中双击其中的一条材料，则会出现“料具保管账”，如图 10-30 所示。

以上为“料具保管账”界面，它统计了单一材料的所有进出库存的情况，默认的表格是对整个工程的这项材料的统计，如果用户想看哪个月的，可以用上部的查询，选择好起始日期和结束日期进行查询。其中“类别”、“名称”、“型号规格”、“计量单位”是根据材料自动添加的，如果用编号，用户手工输入。在表格中的“盈亏”一栏中的“数量”也需要用户自己填入，当填好这些后，用户点击“计算盈亏”和“计算结存”两个按钮，这样这个表格就生成完成了。这时用户可以通过“打印预览”来打印这个表。或者用户可以在表格上面点击右键弹出“修改报表标题”和“生成报表标题”，点击“修改报表标题”，用户可以自行设置显示和打印的表头内容以及字段的宽度。这样方便用户的打印。

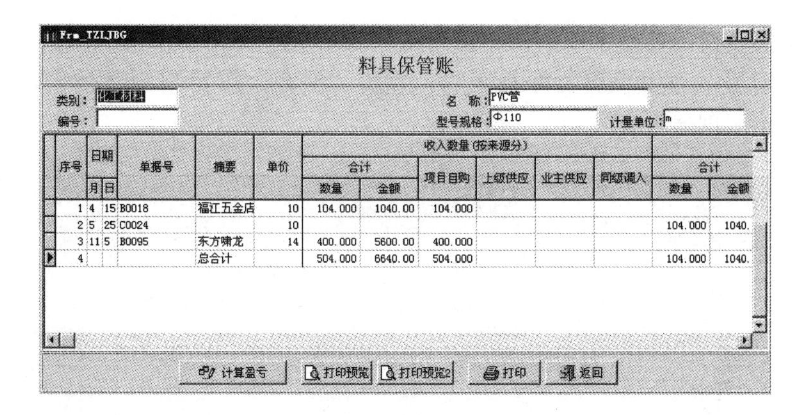

图 10-30　料具保管账

2. 报表管理

报表管理包括报表管理-固定时间和报表管理-任意时间。

任意时间报表操作基本同固定时间，区别在于任意时间报表可以自由选择时间段创建报表，更为灵活，缺点是同时只能创建一个时间段的报表数据。软件可对所有的报表进行管理，可以删除、新建报表，这些可以通过点击鼠标右键的功能 添加(X) 删除(Y) 刷新(Z) 来完成。

设置好日期，当用户第一次建报表时，首先创建报表，则会进入如图 10-31 所示的界面。

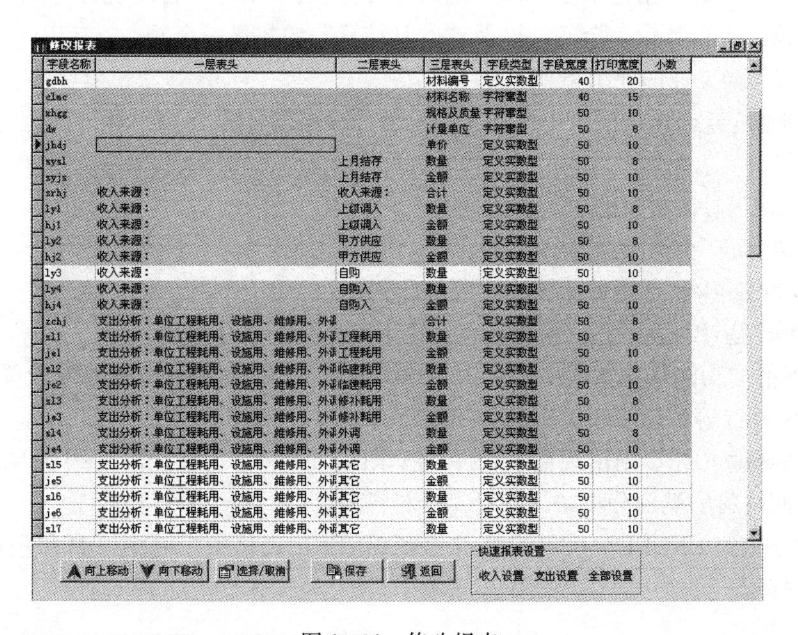

图 10-31　修改报表

“向上移动”、“向下移动”可以将字段的位置进行调整，“选择取消”可以调整字段的显示与取消，深色为选中的内容，浅色为没有选中的内容。“收入设置”可以直接设置好收入字段内容；“支出设置”可以直接设置好支出字段内容；“全部设置”可以直接设置好全部收入与支出字段内容。字段的内容可直接在表格中修改。

报表修改窗口：当用户设置好报表后，点击“保存”按钮则创建报表，当创建完成时，系统会提示“创建报表成功”。

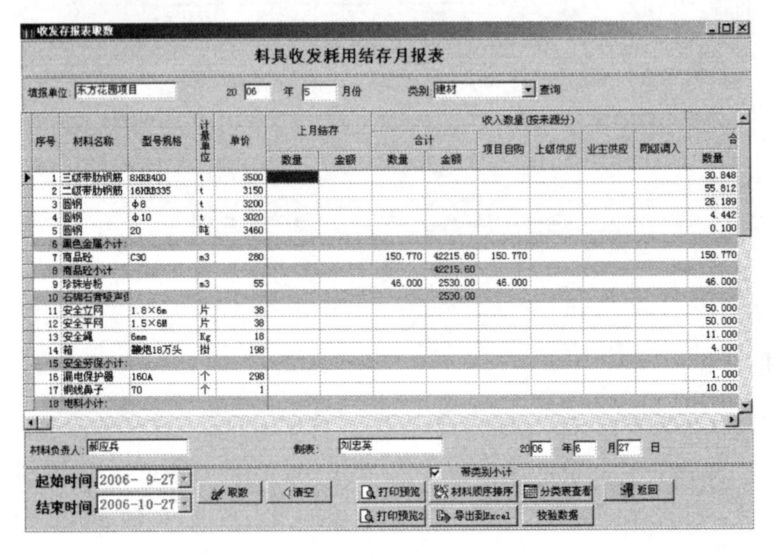

序号	材料名称	型号规格	计量单位	单价	上月结存		收入数量（按来源分）						合（…）
					数量	金额	合计 数量	合计 金额	项目自购	上级供应	业主供应	同级调入	数量
1	三级带肋钢筋	8HRB400	t	3500									30.848
2	二级带肋钢筋	16HRB335	t	3150									55.812
3	圆钢	φ8	t	3200									26.189
4	圆钢	φ10	t	3020									4.442
5	圆钢	20	吨	3460									0.100
6	黑色金属小计：												
7	商品砼	C30	m3	280			150.770	42215.60	150.770				150.770
8	商品砼小计							42215.60					
9	珍珠岩粉		m3	55			46.000	2530.00	46.000				46.000
10	石棉石膏吸声…							2530.00					
11	安全立网	1.8×6m	片	38									50.000
12	安全平网	1.5×6M	片	38									50.000
13	安全绳	6mm	Kg	18									11.000
14	箱	鞭炮18万头	挂	198									4.000
15	安全劳保小计：												
16	漏电保护器	160A	个	298									1.000
17	铜线鼻子	70	个	1									10.000
18	电料小计：												

图 10-32　收发存报表取数

然后系统自动退出，用后再次点击“确定”，则进入所创建的报表（此过程时间长短会依据用户所输入的单据记录多少而不同），则此报表中系统会自动统计“上月结算”，收入数量、金额，支出数量、金额，以及“本月结算”的数量、金额。

修改报表 按钮如上面的介绍操作。

带类别小计 若选择，报表中在各个类别后面会自动计算类别小计（浅蓝色）；若不选择，只有总计。

取数 统计当月的材料的收入和支出。

清空 清空表中所有的数据。

打印预览 和 打印预览2 是两种不同格式的打印方式。

材料顺序排序 是对本表中的材料按照材料库中的类别的顺序排列。

导出到Excel 的功能是将本表格中的内容导入 EXCEL 表格中，方便修改设置。

分类表查看 是查看本表按照类别的分类汇总合计。

点击 分类表查看 按钮，则出现如图 10-33 所示的窗口，它是统计本月中所有材料的消耗情况并且按照材料的类别分类统计并计算合计信息。

其中“导出到 EXCEL”可将表格导出到 EXCEL 表格中。其中“打印预览”按钮是对本表进行打印。

3. 库存管理

对截止到任意时期的库存的统计，如图 10-34 所示。

截止日期：2004-02-19 查询 在“截止日期”栏中设置好日期，然后点击“查询”按钮，则系统自动把在这个日期之前的所有的出入库的情况统计，计算每条材料的库存情况，然

单位工程材料消耗明细

单位工程材料消耗汇总表

序号	类别	上月结存	本月收入	本月支出				
			合计	耗用合计	工程耗用	外调	临建耗用	修补料
		金额	金额	金额	金额	金额	金额	金额
1	黑色金属			381341.44	381341.44			
2	商品砼		42215.60	42215.60	42215.60			
3	石棉石膏吸		2530.00	2530.00	2530.00			
4	安全劳保			4790.00	4790.00			
5	电料			308.00	308.00			
6	地材		13795.50	63795.59	63795.59			

打印预览　导出到Excel　返回

图 10-33　单位工程材料消耗明细

库存盘点

库存盘点

材料名称	型号规格	单位	数量		价格	
			库存	实盘	指定单价	盈亏
散水泥	P042.5	[illegible]	21.3170	0.0000	305.480	0.00
砼加工	C40	方	368.5000	0.0000	110.000	0.00
砼加工	C35	方	580.0000	0.0000	110.000	0.00
传感器		只	18.0000	0.0000	30.000	0.00
侧温专用线		米	70.0000	0.0000	1.000	0.00
氧气		瓶	8.0000	0.0000	18.000	0.00
乙炔气		瓶	7.0000	0.0000	76.000	0.00
三级带肋钢筋	12HRB400	吨	48.5960	0.0000	2620.540	0.00
三级带肋钢筋	22HRB400	吨	44.5760	0.0000	2589.790	0.00
三级带肋钢筋	14HRB400	吨	9.5980	0.0000	2620.540	0.00
三级带肋钢筋	25HRB400	吨	29.8200	0.0000	2589.790	0.00
三级带肋钢筋	18HRB400	吨	23.4400	0.0000	2600.040	0.00

经办人：　制单人：

截止日期：2005-04-11　查询　选择材料　删除材料　计算

按材料编号排序　大类查询　打印/预览　退出

图 10-34　库存盘点

后填入“实盘”的数量与实际的库存作一比较，点击“计算”，则系统会把盈亏的金额计算出来；在本表中允许用户添加临时材料、删除不存在的材料。这里的操作方法如同“物资收料单”中材料的选择。在此界面中还可以按照大类查询，用户在下拉条中选择大类，然后点击“大类查询”，即可查询各大类的库存。

4. 竣工工程结算表

汇总整个工程的材料使用情况。

点击“竣工工程结算表”菜单，则会出现要求用户选择本工程主要材料的窗口，如图10-35所示。

如果是主要材料则在这条材料的前面选择“√”，不是主要材料则去掉“√”，或者是点击“全部选择”按钮或者是点击“全部取消”按钮进行操作，选择完毕后，点击“确定”按钮，则出现了“竣工工程节超表”窗口，如图10-36所示。

竣工工程节超表--选择主要材料

标志	材料名称	型号规格	单位
√	二级带肋钢筋	14HRB335	吨
√	二级带肋钢筋	16HRB335	吨
√	三级带肋钢筋	28HRB400	吨
√	三级带肋钢筋	8HRB400	吨
√	三级带肋钢筋	18HRB400	吨
√	三级带肋钢筋	20HRB400	吨
√	三级带肋钢筋	16HRB400	吨
√	三级带肋钢筋	32HRB400	吨
√	三级带肋钢筋	12HRB400	吨
√	三级带肋钢筋	14HRB400	吨
√	三级带肋钢筋	10HRB400	吨
√	等边角钢	30×3	根
√	黑铁皮	1.2×1×2	张
√	白铁皮	0.3	张
√	白铁皮	0.2	张
√	弯头	40	个

全部选择　全部取消　选择/取消　确定　返回

图 10-35　选择主要材料

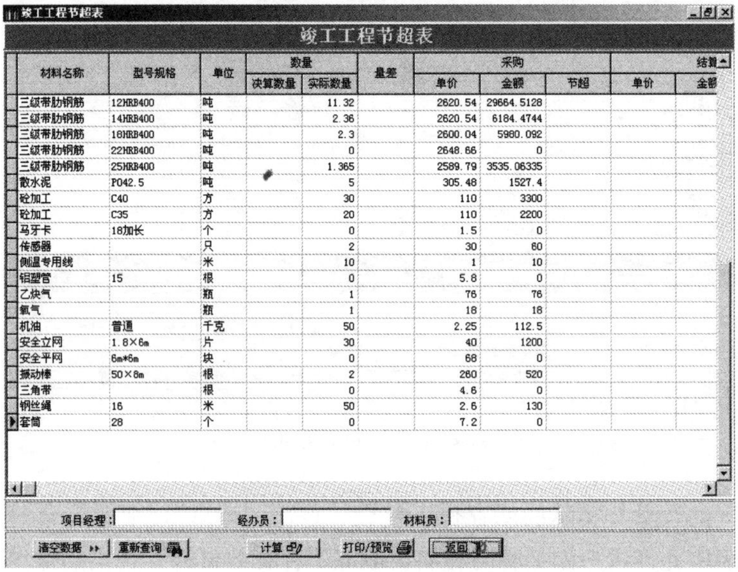

竣工工程节超表

材料名称	型号规格	单位	数量		量差	采购		节超	结算	
			决算数量	实际数量		单价	金额		单价	金部
三级带肋钢筋	12HRB400	吨		11.32		2620.54	29664.5128			
三级带肋钢筋	14HRB400	吨		2.36		2620.54	6184.4744			
三级带肋钢筋	18HRB400	吨		2.3		2600.04	5980.092			
三级带肋钢筋	22HRB400	吨		0		2648.66	0			
三级带肋钢筋	25HRB400	吨		1.365		2589.79	3535.06335			
散水泥	P042.5	吨		5		305.48	1527.4			
砼加工	C40	方		30		110	3300			
砼加工	C35	方		20		110	2200			
马牙卡	18加长	个		0		1.5	0			
传感器		只		2		30	60			
侧温专用线		米		10		1	10			
铝塑管	15	根		0		5.8	0			
乙炔气		瓶		1		76	76			
氧气		瓶		1		18	18			
机油	普通	千克		50		2.25	112.5			
安全立网	1.8×6m	片		30		40	1200			
安全平网	6m*6m	块		0		68	0			
振动棒	50×8m	根		2		260	520			
三角带		根		0		4.6	0			
钢丝绳	16	米		50		2.6	130			
套筒	28	个		0		7.2	0			

项目经理：　经办员：　材料员：

清空数据　重新查询　计算　打印/预览　返回

图 10-36　竣工工程节超表

这个表是工程所用的材料与预算的材料的数量的对比，以及计算节超的金额。在表格中的“决算数据”一栏中输入材料的预算数据，在表格中的“结算单价”一栏中输入材料的结算单价，然后点击“计算”按钮，则系统会自动计算出节超的量差和价差。点击打印/预览按钮则会预览本表，用户可以点击打印本表。当用户在此点击“计算”之前，用户先用组合键“Ctrl＋Delete”来删除最下面的合计。

5. 甲方供材工程结算

点击“甲方供材工程结算”菜单，进入选择主要的甲供材料，选择方式同“竣工工程结算”功能的操作，其界面如图 10-37 所示。

甲方供材工程结算-选择甲方供材

选择甲方供材

材料名称	型号规格	单位	单价	选择
线材	Q235Φ6.5	吨	2500	√
二级带肋钢筋	12HRB335①	吨	3200	
二级带肋钢筋	12HRB335②	吨	3520	
二级带肋钢筋	12HRB335①	吨	3250	
蓝色吸热玻璃	3mm	m2	36	
热水器软管	15　30cm	根	5	√
铝合金烤漆冲孔		m2	12	
氯化聚乙烯防水		m2	25	√
电壶	1500KW	把	3	
纤维素		Kg	6	
无纺布	35g/m2	m2	3.2	√
布手套		付	6	
弯曲机档板		套	230	√
铝合金烤漆冲孔		m2	32	
抗磨液压油	30#	t	52	
棉手套		付	5	√
管钳	600	把	7	√
红蓝绿布	宽0.8	m	20	
电锤		把	3	√
活动板房		栋	500	√
草苫子		个	20	

确定　返回

图 10-37　选择甲方供材

选择好主要材料后，在此界面中点击“确定”就进入了“甲方供材工程结算转账明细表”，如图 10-38 所示。

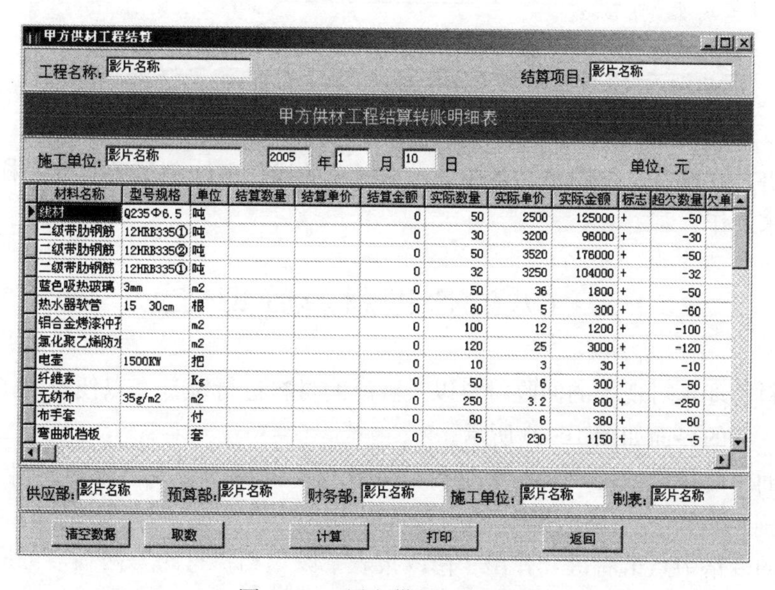

甲方供材工程结算

工程名称：影片名称　结算项目：影片名称

甲方供材工程结算转账明细表

施工单位：影片名称　2005 年 1 月 10 日　单位：元

材料名称	型号规格	单位	结算数量	结算单价	结算金额	实际数量	实际单价	实际金额	标志	超欠数量	欠单
线材	Q235Φ6.5	吨			0	50	2500	125000	+	-50	
二级带肋钢筋	12HRB335①	吨			0	30	3200	96000	+	-30	
二级带肋钢筋	12HRB335②	吨			0	50	3520	176000	+	-50	
二级带肋钢筋	12HRB335①	吨			0	32	3250	104000	+	-32	
蓝色吸热玻璃	3mm	m2			0	50	36	1800	+	-50	
热水器软管	15　30cm	根			0	60	5	300	+	-60	
铝合金烤漆冲孑		m2			0	100	12	1200	+	-100	
氯化聚乙烯防z		m2			0	120	25	3000	+	-120	
电壶	1500KW	把			0	10	3	30	+	-10	
纤维素		Kg			0	50	6	300	+	-50	
无纺布	35g/m2	m2			0	250	3.2	800	+	-250	
布手套		付			0	60	6	360	+	-60	
弯曲机档板		套			0	5	230	1150	+	-5	

供应部：影片名称　预算部：影片名称　财务部：影片名称　施工单位：影片名称　制表：影片名称

清空数据　取数　计算　打印　返回

图 10-38　甲方供材工程结算

其中表里的“结算数量”、“结算单价”需要用户输入，输入完成后，点击“计算”按钮，便完成了计算，这时用户可以选择“打印”按钮，打印出数据。

（七）单据查询打印

单据查询打印的功能是方便用户查询和打印用户所输入的原始的单据。它包括了材料收发管理的收料单、验收单、领用单、调拨单、退料单五部分。每一部分都分为“单一单据”和“所有单据”两部分。

在所有单据中可以打印全部单据，在下面的表格中用户可以对原始单据的内容进行修改，在这里修改后，台账信息中的内容也会随之修改。用户如果想要查看哪一条单据，用户在所有单据表格中双击鼠标左键，这张单据的所有内容就会在单一单据表格中显示。在单一单据中，用户首先要选择“选择单据编号”项，这样这条单据的内容才会出现，“打印本条单据”在这里是打印的一条单据（图 10-39）。

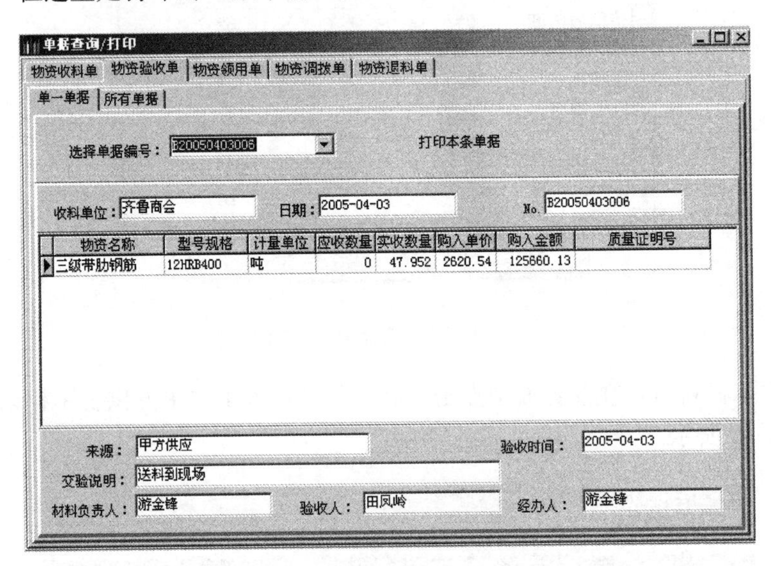

图 10-39　单据查询/打印

如上所讲，收料单、领用单、调拨单、退料单的操作方法都如验收单一样，用户可根据上面所讲来操作。

（八）废旧材料管理

废旧材料管理是对现场的回收材料以及破碎的材料进行统计，以便及时了解现场的材料使用状况。它的界面如图 10-40 所示。

在此界面中的操作请用户看一下材料计划管理中的操作。在“废旧材料查询与打印”中，如图 10-41 所示。

在其中的表格中点击右键，弹出“修改报表字段”和“打印”两项，可以在“修改报表字段”中修改表头字段，其操作如台账管理中的修改报表字段一样，用户请参考前面，

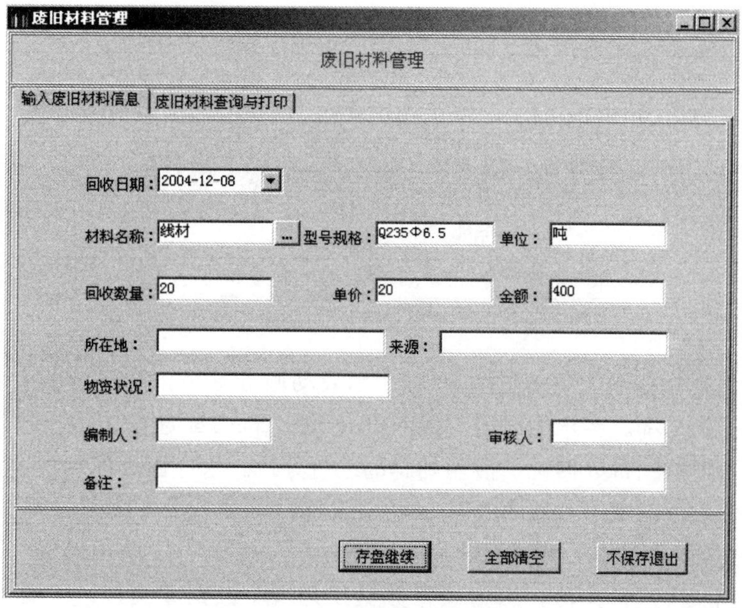

废旧材料管理
废旧材料管理
输入废旧材料信息
废旧材料查询与打印
回收日期：2004-12-08
材料名称：线材
型号规格：Q235Φ6.5
单位：吨
回收数量：20
单价：20
金额：400
所在地：
来源：
物资状况：
编制人：
审核人：
备注：
存盘继续
全部清空
不保存退出

图 10-40　废旧材料管理 1

废旧材料管理
废旧材料管理
输入废旧材料信息
废旧材料查询与打印
回收日期 材料名称 型号规格 单位 回收数量 单价 合价 来源 所在地
2004-12-08 线材 Q235Φ6.5 吨 20 20 400 ddfs dfdf
2004-12-08 墙面胶 Kg 20 32 640 ddfs dfdf
修改报表字段(Y)
打印(Z)

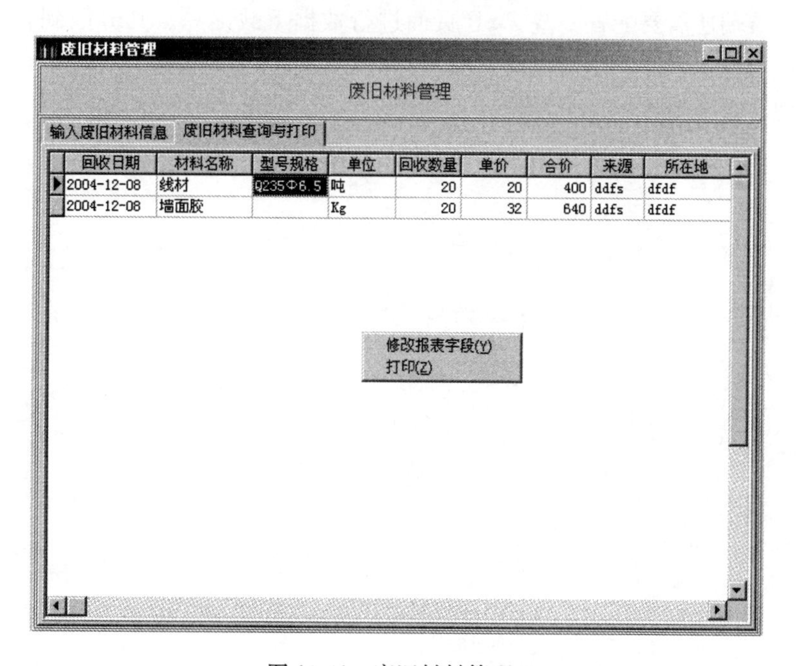

图 10-41　废旧材料管理 2

需要打印则直接点击“打印”即可。

（九）数据通信

数据通信分为两部分，一是服务端（数据接收模块），一是客户端（本程序也是客户端）。

总部的服务器需要能接入 Internet，并且有固定的 IP 地址才可以作为服务端，在服务器上安装服务端程序：

最小化后计算机右下角会出现 标志。当启动服务端后，客户端的上传模块才能准确地将数据上报到总部。客户端只需要接入 Internet，同时配置好总部的 IP 地址，这样就可以把分散在各地的项目数据统一传输到总部进行分析。软件设计原则：客户端软件可以单击运行，因为软件的使用对象多为项目经理或材料管理人员，大部分时间会在项目上，不能保证实时连通 Internet，当进行收发存的处理时，完全可以单机操作，如果总部有需要，便可以回到家中进行上传，因为项目数据仅是一个数据库文件，一个 U 盘即可轻松解决，非常方便，因此现场材料管理软件深受项目工地上的好评。

总部服务器端还需要配置一些 ASP 页面进行数据下载汇总。其分散到各地的项目端定期进行数据上报。软件非常恰当地解决了当前施工项目工地信息化面临的困难，也非常灵活和方便地对每个项目进行了管理。

参 考 文 献

[1] 毕星，翟丽. 项目管理. 上海：复旦大学出版社，2007.

[2] 吴涛，丛培经. 建设工程项目管理规范实施手册. 北京：中国建筑工业出版社，2006.

[3] 湖南大学等. 土木工程材料. 北京：中国建筑工业出版社，2011.

[4] 冉云凤. 工程材料采购全过程管理初探. 铁道物资科学管理，2002.

[5] 魏鸿汉. 建筑材料. 北京：中国建筑工业出版社（第四版），2012.

[6] 项建国. 建筑工程施工项目管理. 北京：中国建筑工业出版社，2005.

[7] 魏鸿汉. 建筑施工组织设计. 北京：中国建筑工业出版社，2005.

[8] 全国一级建造师执业资格考试用书编写委员会. 建设工程项目管理（第三版）. 北京：中国建筑工业出版社，2012.

[9] 全国一级建造师执业资格考试用书编写委员会. 建筑工程管理与实务（第三版）. 北京：中国建筑工业出版社，2012.

[10] 全国二级建造师执业资格考试用书编写委员会. 建设工程施工管理（第三版）. 北京：中国建筑工业出版社，2011.